41 Alb und Donau
Kunst und Kultur

Schätze der Natur

im Alb-Donau-Kreis

und in Ulm

Finanziell gefördert durch die
Oberschwäbischen Elektrizitätswerke (OEW)
und die Sparkasse Ulm

Impressum

© 10/2004	Landratsamt Alb-Donau-Kreis
Herausgeber:	Wolfgang Schürle
Autoren:	Siehe Autorenvorstellung auf Seite 263
Leitende Redaktion:	Johannes Kiefer, Albert Koch, Hermann Muhle, Reinhold Ranz, Hans-Peter Seitz, Bernd Weltin
Fotos:	Siehe Bildnachweis auf Seite 262
Grafik, Layout und Satz:	Johannes Kiefer, Landratsamt Alb-Donau-Kreis
Druck:	Gulde-Druck GmbH, Tübingen
	ISBN 3-9808725-7-2

41 Alb und Donau
Kunst und Kultur

Schätze der Natur

im Alb-Donau-Kreis
und in Ulm

Grußwort

Der Alb-Donau-Kreis ist eine wahre Schatzkammer der Natur. Mit seinen geologischen Besonderheiten gehört der Landkreis zum Nationalen Geopark Schwäbische Alb. Interessante Höhlen mit einmaligen frühgeschichtlichen Funden, Quelltöpfe, die charakteristischen Wacholderheiden der Schwäbischen Alb, die Flusslandschaften an Donau, Blau oder Iller – das alles wird im vorliegenden Buch ausführlich und verständlich behandelt.

Aber auch die Waldgebiete, einzelne Bäume und andere Naturdenkmale mit ihrer Geschichte, Parkanlagen oder Streuobstwiesen werden vorgestellt.

Stark bereichert wird dieses Buch durch die vielen beeindruckenden Bilder. Viele sind eigens für dieses Buch entstanden.

Natürlich ist auch das Gebiet des Stadtkreises Ulm einbezogen. Entstanden ist also ein Natur- und Heimatführer, der nicht nur für Besucher von auswärts, sondern auch für viele Leser im Stadt- und Landkreis Neues und Unbekanntes bereithält. Auch vor der Haustür lässt sich noch eine ganze Menge entdecken.

Ich danke dem Autorenteam, das sich aus versierten Fachleuten auch aus dem Landratsamt zusammengesetzt hat, für die engagierte und erfolgreiche Arbeit.

Die Spur ist gelegt zu vielen neuen und vertrauten Schätzen der Natur.

Diese Spur möchte ich weiter verfolgen. Deshalb habe ich den Wunsch, in dieser Form bald auch Themen wie Wald, Landwirtschaft und Baukultur aufzugreifen.

Alb-Donau-Kreis
Dr. Wolfgang Schürle
Landrat

Inhaltsverzeichnis

Gewässer

Feuchte Riede

Feldflur

Wälder

Bäume

Bäume

Anhang

Einführung

Schätze der Natur
im Alb-Donau-Kreis und in Ulm

Albert Koch

Die Landschaft des Alb-Donau-Kreises, wie wir sie heute erleben, ist das Ergebnis einer Entwicklung von Jahrmillionen. Im Laufe der verschiedenen Erdzeitalter entstand durch das Zusammenwirken geologischer und klimatischer Prozesse sowie der gestaltenden Kraft des Wassers die Grundstruktur unserer Landschaft. Die nachhaltigste Wirkung für das Erscheinungsbild der Landschaft hatte ohne Zweifel die erst wenige Jahrtausende andauernde Kulturtätigkeit des Menschen. Aus einer mehr oder weniger geschlossenen Waldlandschaft entstand so eine abwechslungsreiche Kulturlandschaft mit ganz unterschiedlichen Lebensräumen.

Die natürlichen Grundlagen der Landschaft verändern sich in menschlich nicht fassbaren Zeiträumen. Aber die Kulturlandschaft unterliegt einem deutlich wahrnehmbaren, sich ständig beschleunigenden Wandel. Wie jede und jeder Einzelne eine Landschaft wahrnimmt, empfindet und bewertet - das ist individuell sehr unterschiedlich. Auf jeden Fall empfinden Menschen abwechslungsreiche und reich strukturierte Landschaften durchweg als schön und erholsam.

Viele Elemente solcher Landschaften gehören zum natürlichen Tier- und Pflanzenbestand, der durch eine pflegliche Nutzung in der Vergangenheit bis heute erhalten werden konnte. Diese Landschaftselemente zu bewahren und die Landschaft verantwortungsvoll weiterzuentwickeln, ist nicht nur eine Aufgabe von Fachleuten des Naturschutzes. Hier kommt es ganz entscheidend auf die richtige und verantwortungsbewusste Verhaltensweise bei uns allen an.

Der Alb-Donau-Kreis besitzt in den Naturräumen der Schwäbischen Alb und dem Alpenvorland südlich der Donau noch einen reichen Schatz an solchen wertvollen Natur- und Landschaftselementen: Reizvolle Täler, markante Albkuppen, einsame Trockentäler, feurig-bunte Buchenwälder, imposante Felsen, faszinierende Höhlen, blumenreiche Wacholderheiden, geheimnisvolle Quelltöpfe, ehrwürdige Baumriesen. Viele dieser Schönheiten und Besonderheiten sind in »verborgenen Winkeln« zu finden und erschließen sich dem Betrachter erst auf den zweiten Blick.

Dieses Buch soll nicht nur die »prominenten« Naturschönheiten des Landkreises vorstellen. Die einzelnen Kapitel berichten über die Entwicklung und die Bedeutung vieler verschiedener Elemente unserer Landschaft auf der Alb, an der Donau und der Iller. Texte und Bilder sollen dazu anregen, die Landschaft mit Herz und Verstand zu entdecken und zu erleben. Denn man sieht nur, was man weiß. Wer mehr weiß, der sieht auch mehr.

Zur Einstimmung folgen einige Impressionen aus allen Jahreszeiten.

Januar
Weidbuche
bei Westerheim

April
Felsgruppe »Küssende
Sau« bei Blaubeuren

Juli
Donaualtwasser
bei Öpfingen

Februar
Rechtenstein mit
Blick auf Obermarchtal

Mai
Blühender Birnbaum
in Grundsheim

August
Kornernte auf der »Kuppenalb«

März
»Küchenschellen«
kündigen den Frühling an

Juni
Besuch von
»Meister Adebar«

September
Tropfsteinformation
in der Sontheimer Höhle

Oktober
Naturschutzgebiet »Rabensteig«

November
Landschaftsimpression bei Oberstadion-Rettighofen

Dezember
Winterstimmung südlich von Heroldstatt

Landschaft

Landschaftsbild und -entstehung
– aus wissenschaftlicher Sicht

Herbert Birkenfeld

Ein Bild mit Symbolcharakter:
Das Donautal südwestlich von Erbach.
Die Donau als verbindendes Element
zwischen zwei Großlandschaften:
der Schwäbischen Alb - im Nordwesten
(Bildhintergrund) das Hochsträß in einer
erkennbar ausgeprägten Stufe - sowie
dem sich südlich anschließenden Alpenvorland.

Dreiklang:
Alb – Donau –Alpenvorland

Aus der Vogelperspektive betrachtet, zeigt sich dem Beobachter beim Blick auf den Alb-Donau-Kreis ein überaus abwechslungsreiches Landschaftsmosaik: Den kuppigen weiten, nur von kleinen Flüssen und Trockentälern durchzogenen Flächen im Norden steht ein terrassenförmig gegliedertes Relief mit breiten Höhenzügen und Talmulden im Süden des Kreisgebietes gegenüber. Als verbindendes Element zwischen diesen beiden Landschaftstypen, der Schwäbischen Alb und dem Alpenvorland, fungiert die Donau, die als große Tiefenlinie das Kreisgebiet von Südwest nach Nordost durchzieht.

In einer 50 bis 70 Meter hohen Stufe, der Donauflexur, markiert sie den Südrand der Alb, die von 854 m über NN als dem höchsten Punkt des Kreises auf unter 500 m nach Südosten hin abfällt. Die weichen, ausladenden - wenn auch genetisch unterschiedlichen - Formen nördlich und südlich der Donau belegen, dass das Kreisgebiet morphologisch, bezogen auf die Lage seiner nächsten Erosionsbasis, dem so genannten danubischen Relieftyp (Dongus 1989) zuzuordnen ist.

Erdgeschichtliche
Entwicklung

Um die vorgestellten Landschaftseinheiten in ihrem heutigen Erscheinungsbild zu verstehen, bedarf es eines Blickes zurück in die Erdgeschichte. Drei Erdzeitalter bzw. morphogenetische Großphasen gilt es hierbei näher zu betrachten.

Die Schwäbische Alb ist in ihrem geologischen Aufbau sehr weitgehend durch mehrere hundert Meter mächtige jurazeitliche Ablagerungen geprägt, die sich in einem Zeitraum von 60 Millionen Jahren (vor 205 bis 145 Millionen Jahren) gebildet haben. Für uns ist vor allem die Entwicklung im Weißen Jura (Malm) von besonderem Interesse, gehörte das Untersuchungsgebiet zu jener Zeit doch zu einem 150 bis 200 Meter flachen Schelfmeer, das dem offenen Weltmeer im Süden vorgelagert war. Kennzeichnend für diesen Zeitabschnitt ist die Ablagerung von Meeressedimenten, die so genannte Karbonatsedimentation. Durch die aus dem Meerwasser periodisch ausgefällten Karbonate entstanden die hellen, gebankten Kalke. Die regelmäßigen Kalk-Mergel-Wechselfolgen in Form einer wohlgeschichteten »Mauerwerksstruktur« (gebankte Fazies) zeigen an, dass diese Kalkschlämme immer wieder überlagert wurden von festländischen Tonmineralen, die durch Flüsse eingebracht wurden. Daneben treten ab dem mittleren Weißjura (delta) ungeschichtete, massige Riffkörper auf, die hauptsächlich von Kieselschwämmen und Algen (sog. Algen-Schwamm-Fazies) aufgebaut wurden. Im oberen Weißjura schließlich begann das Meer sich zurückzuziehen, so dass Korallen ideale Lebensbedingungen vorfanden und es so zu markanten Riffbildungen bei Wassertemperaturen von 19 bis 23 Grad Celsius (Geyer und Gwinner 1991) kam. Insbesondere am Albrand sowie in den Tälern sind die Massen- und Bankkalke aufgeschlossen und von der Verwitterung nicht selten zu eindrucksvollen Felsen, wie beispielsweise den Schwammstotzen im Blautal, herauspräpariert.

Als zweiter prägender Zeitabschnitt ist das Tertiär (vor 65 bis 2 Millionen Jahren) zu nennen. Bedingt durch die Heraushebung der Alpen wurde das nördliche Alpenvorland zum Sedimentationsraum, dem so genannten Molassetrog. Meeresvorstöße wechselten sich ab mit limnisch-fluviatilen Phasen, was sich in der Natur der Molassesedimente deutlich niederschlägt. Ablagerungen der Unteren Süßwassermolasse, die sich im mittleren Tertiär (Oligozän) am Rande von Süßwasserseen bildeten, sind teilweise heute noch in den Lutherischen Bergen, am Hochsträß sowie auf der Niederen Alb nordöstlich von Ulm erhalten. Eine großräumige Landsenkung im Untermiozän vor etwa 20 Millionen Jahren führte dazu, dass sich das Meer besonders weit nach Norden ausdehnte und es dabei zur Ablagerung glaukonitischer Sande und Sandmergel (Obere Meeresmolasse) in unserem Raum kam. Wie weit dieses Molassemeer auf die Alb hinauf reichte, lässt sich anhand einer Geländestufe, der so genannten Klifflinie, eindeutig bestimmen. Diese durch die Brandung des Meeres geschaffene Steilküste mitsamt der südlich vorgelagerten Abrasionsfläche ist am Suppinger Berg, aber auch im Raum Altheim eindrucksvoll zu erkennen. Nördlich dieser Steilstufe liegt die stärker reliefierte Kuppenalb, ein aus den Sedimentgesteinen des Weißjura delta-epsilon aufgebauter, ehemaliger Meeresboden (als flachkuppige Schichtfläche ausgebildet), südlich die donauwärts abgedachte Transgressionsplattform, die ebene Flächenalb.

Die Hebung der Schwäbischen Alb wie auch die West-Ost-Aufkippung haben erst nach der Kliffbildung, das heißt im Obermiozän / Pliozän vor etwa acht Millionen Jahren, eingesetzt. Mit diesen tektonischen Hebungsphasen einher ging die Entwicklung der Fluss- und Talsysteme im Bereich der Kuppen- und Flächenalb. Eine zentrale Rolle für die Formung der Landschaft fiel dabei der Donau zu. Die auf der Hochfläche in ihren Anfängen angelegten Mäander der Urdonau wurden im Zuge der Hebung eingesenkt, Felsterrassen mit teilweiser Schotterauflagerung markieren dabei die verschiedenen Eintiefungsstufen in den Albkörper. In diese Formbildungsphase fällt auch die Entstehung des Schmiech-Blau-Tals und Kirchener Tals. Erst während des Höhepunkts der Mittelrißvereisung, das heißt vor etwa 240.000 Jahren, hat die Donau diese Talbereiche »verlassen«; sie wurde im Zuge der Hebung der Albtafel in ihr heutiges Flussbett abgedrängt.

Bedingt durch die starke Eintiefung der Donau und das hiermit verbundene Absinken der Grundwasseroberfläche konnte eine tiefreichende unterirdische Verkarstung einsetzen; ein Prozess, der insbesondere die Massenkalke des Weißjura delta/epsilon betraf und zur Anlage des weit verzweigten Karstsystems der Alb mit seinen eindrucksvollen Höhlen führte (Villinger 1986). Auch wenn diese Hebungsphasen im-

*Niedere Flächenalb nordwestlich
von Bernstadt (Butzenhöfe).
Links oben im Bild angeschnitten das Lonetal.*

mer wieder von Rücksenkungsphasen abgelöst wurden, so lassen sich doch weite Teile des im Jungtertiär angelegten Formenschatzes heute auf diese Anfänge zurückführen. Als wichtigste Karstgroßform hervorzuheben sind in diesem Zusammenhang die trocken gefallenen Fluss- und Bachtäler auf der Albhochfläche.

Obwohl das Quartär nur einen Zeitraum von etwa zwei Millionen Jahren umfasst, haben die Ereignisse dieses bis in die Gegenwart reichenden Erdzeitalters das Bild der Landschaft vor allem im südlichen Teil des Kreisgebietes sehr nachhaltig geprägt. Gravierende Veränderungen des Klimas hatten sich bereits am Ende des Tertiärs bemerkbar gemacht. Während der folgenden Kaltzeiten (Absenkung der Durchschnittstemperaturen um 6 bis 8 Grad gegenüber heute) kam es zu mehrmaligen Gletschervorstößen in das nördliche Alpenvorland; die jeweiligen Interglaziale (Zwischeneiszeiten) mit deutlich günstigeren Klimabedingungen hatten einen Gletscherrückzug und ein erhöhtes Schmelzwasseraufkommen zur Folge. Das Gebiet des Alb-Donau-Kreises zählte damals zum gletschernahen (periglazialen) Raum, das heißt selbst die weitesten Vorstöße des Rheingletschers in der Mindel- und

Unteres Illertal mit nach Westen ansteigendem, höher gelegenen Terrassenkörper (Schloss Oberkirchberg in typischer Spornlage). Der bewaldete Steilhang ist aus tertiärer Brackwassermolasse, den sogenannten Kirchberger Schichten, aufgebaut.

Rißkaltzeit erreichten das südwestliche Kreisgebiet nur randlich. Dennoch haben die Eiszeiten auch bei uns deutliche Spuren hinterlassen. Kennzeichnend ist ein eher stockwerkartig aufgebautes Landschaftsgefüge im Bereich der Donau-Iller-Lech-Platten. Langgestreckte, von Süd nach Nord gerichtete Höhenzüge, so genannte Riedel, wechseln ab mit flachen, muldenförmigen Tälern. Die aus den tertiärzeitlichen Molassemeeren stammenden Sedimente bilden den Untergrund. An einzelnen Stellen, wie beispielsweise am westlichen Steilufer der unteren Iller (fossilreiche Süßbrackwassermolasse der Kirchberger Schichten), sind diese Sedimente gut aufgeschlossen (Thost 1986). Sie werden überlagert von pleistozänen Schotterfeldern, die von den zur Donau fließenden Schmelzwasserflüssen der Gletscher aufgeschüttet wurden. Durch den mehrfachen Wechsel von Glazialen (Eiszeiten) und Interglazialen, von Ablagerungs- und Ausräumungsphasen entstanden so die heute typischen Schotterterrassen. Die am höchsten gelegenen, altpleistozänen Deckenschotter werden der Günzkaltzeit zugerechnet. Sie sind somit annähernd eine Million Jahre alt. Wie am Beispiel der Holzstöcke gut zu erkennen, bilden sie die meist bewaldeten Höhen der lang gezogenen Riedel.

Die jungpleistozänen Schotter der Würmkaltzeit liegen am tiefsten; sie bauen die Niederterrasse auf, deren Schotterkörper allerdings vielfach - wie im Rißtal nachgewiesen (Graul 1962) - unter den im Holozän gebildeten Torfen der vernässten Aue zu suchen ist.

Wenn auch nicht vom Eis und seinen Schmelzwasserströmen berührt, so zeigt die Schwäbische Alb während der Kaltzeiten doch einige, für eine Tundrenregion typische Periglazialerscheinungen. Der häufige Wechsel zwischen Frost- und Auftauperioden hatte insbesondere an den Talflanken eine Frostschuttbildung, in Hanglagen ein Fließen der obersten Bodenschichten (Solifluktion) zur Folge. Von den Sand- und Kiesbänken der glazialen Schmelzwasserflüsse wurden feinste Quarzpartikel herausgeweht. Am Albsüdrand als äo-

Landschaftliche Gliederung

lisches Sediment (Windtransport) abgelagert, bildet der Löß heute - durch Entkalkung zu Lößlehm umgewandelt - bis in etwa 600 Meter Höhe eine vielfach deckenhaft ausgeprägte Auflage.

Seit dem Ende der letzten Eiszeit (Würm), d.h. vor etwa 12 000 Jahren, hat sich das Bild der Landschaft nur geringfügig verändert. Typische postglaziale Bildungen in diesem als Holozän bezeichneten Zeitabschnitt sind die alluvialen Ablagerungen in den Talauen der Flüsse. Ein hervorragendes Beispiel ist die aus Schottern, brauner Mudde und Kalktuffen aufgebaute Talfüllung im Blautal, die über weite Strecken eine Mächtigkeit von über zehn Metern erreicht. Landschaftsprägend sind darüber hinaus die Moore mit ihren Torfbildungen, wie etwa das an der Wende Pleistozän/Holozän entstandene Donauried im Osten des Kreisgebietes, sowie die Kalktuffablagerungen an Quellaustritten.

Aufbauend auf der von Renners (1991) erarbeiteten naturräumlichen Gliederung Deutschlands ergibt sich für den Alb-Donau-Kreis ein vielfältiges, nach unterschiedlichen Maßstabsebenen strukturiertes Gefüge. Dadurch, dass das Kreisgebiet an zwei großen Naturräumen Süddeutschlands Anteil hat (Alpenvorland, Schwäbische Alb), sind die Gegensätze vor allem in geomorphologischer und hydrographischer Sicht besonders prägnant.

Mit der Steilstufe der Klifflinie erfährt die Albhochfläche eine markante Differenzierung in zwei naturräumliche Einheiten, die Kuppen- und die Flächenalb. Kategorial nachgeordnet ist demgegenüber die Unterscheidung zwischen Mittlerer Flächenalb - einer tiefgreifend zerschnittenen und in einzelne Hochflächen aufgelösten Rumpffläche mit teilweiser Tertiärüberdeckung - und Ostalb (Lonetal-Kuppenalb sowie Niedere Flächenalb) entlang einer Linie Amstetten - Bermaringen. Der kuppig bis flächenhaft ausgebildete Gebirgskörper ist in vieler Hinsicht ein »Trockengebiet« - trotz Niederschlagswerten von annähernd 1000 mm im Nordwesten bzw. 700 mm im Lee der Niederen Alb. Begründet liegt dies in der Natur des Karstes (relativ schnelle Versickerung des Wassers). In Abhängigkeit von der

In weiten Schleifen (Mäandern) fließt die Nau durch das Donauried.
Das ursprüngliche Niedermoor - durch die Stauung der gefällsschwachen Albbäche entstanden - ist seit der Donaukorrektion im 19. Jahrhundert Feldern und Wiesen gewichen.

Höhenlage bewegen sich die Jahresmitteltemperaturen zwischen 6,5 und 7,5 Grad Celsius bei einer Schwankungsbreite von ca. 18 Grad zwischen Januar (Mittel -3° C) und Juli. Nachtfrostgefahr besteht bis in den Frühling hinein; die Vegetationszeit ist - abgestuft von Nord nach Süd - mit 195 bis 210 Tagen die kürzeste im Kreisgebiet. Weit verbreitet sind auf der Hochfläche der Alb Terra fusca - Böden (Kalkverwitterungslehme) sowie Rendzinen, die - soweit nicht als Kulturland genutzt - Buchen- und Steppenheidewälder tragen.

Den Karstflächen des Albkörpers stehen im Süden des Landkreises die so genannten Donau-Iller-Platten gegenüber, die sich aus glazialen und postglazialen Strukturen, wie den Holzstöcken, dem angrenzenden unteren Illertal und dem auf einem mächtigen Schotterkörper aufliegenden Donauried, aber auch aus tertiärzeitlicher Molasse (Hügelland an der unteren Riß) aufbauen. Charakteristisch für dieses Gebiet ist eine gewisse Kleinkammerung; auch ist die hydrogeographische Situation verglichen mit derjenigen auf der Schwäbischen Alb deutlich günstiger. Dem bis zu zwei Kilometer breiten Donautal fällt hierbei eine gewisse Sonderrolle zu. Innerhalb des Alb-Donau-Kreises ist es der klimatisch am

stärksten begünstigte Raum mit relativ mild gemäßigten Temperaturen (Jahresmittel über 8° C) und - bedingt durch die geschützte Lage im Lee der Alb - geringeren Niederschlägen. Moore und Weichholzauwälder sind die dem hohen Grundwasserstand angepasste natürliche Vegetation im Auebereich. Auf den Parabraunerden der lößbedeckten Hochterrassen gedeihen - soweit nicht für agrarische Zwecke genutzt - Eichen-Hainbuchenwälder. Das sich südlich anschließende Hügel- und Plattenland ist gekennzeichnet durch einen engräumigen Wechsel von Riedeln und Tälern, was sich mikroklimatisch durchaus bemerkbar macht (u.a. Luv-Lee-Effekte, Temperaturinversionen). Auffallend sind die erhöhten Niederschläge (750 bis 900 mm), die den allmählichen Übergang zum stärker beregneten Oberschwaben bzw. Allgäu anzeigen. Böden und potenzielle Vegetation gleichen in den Talbereichen den obig für das Donautal dargestellten Verhältnissen; die hochgelegenen, altpleistozänen Schotterfluren mit ihren tief greifend entkalkten Parabraunerden sind heute - wie am Beispiel der Holzstöcke gut zu erkennen - waldbestanden.

Dass das Bild der Landschaft, so wie es über Jahrmillionen hinweg von exogenen und endogenen Kräften geprägt

wurde, durch die Eingriffe des Menschen auch im Alb-Donau-Kreis eine doch sehr weitgehende Umgestaltung erfahren hat, sollte abschließend nicht unerwähnt bleiben. Belegen lässt sich dies an einer Vielzahl von Beispielen. So haben die Regulierungen von Donau, Iller und der meisten kleineren Flüsse bzw. Bäche, der Abbau von Rohstoffen (Kalke, Kiese und Sande), vor allem aber der immense Flächenverbrauch (Wohnen, Gewerbe und Verkehr) der letzten fünfzig Jahre das Gefüge der Landschaft zumindest in Teilbereichen - verwiesen sei hier insbesondere auf die Täler - nachhaltig verändert.

Geologische Besonderheiten

Die Klifflinie und deren besondere Ausprägung in Heldenfingen

Kurt Niedziolka

Fährt man die Autobahn A 8 von Ulm in Richtung Stuttgart, so fällt einem geübten Beobachter auf, dass sich das Landschaftsbild ändert. Während wir von Ulm kommend von einem flachwelligem Landschaftsbild umgeben sind, dessen Eindruck durch die intensive landwirtschaftliche Nutzung in einer weitgehend ausgeräumten Landschaft verstärkt wird, steigt ab Temmenhausen das Gelände deutlich an und wir sehen bewaldete Höhen direkt vor uns. Dabei wird ein Höhenunterschied von ca. 50 – 60 m überwunden. Oben angekommen stellen wir fest, dass nicht mehr eine flachwellige Landschaft vorliegt, sondern die Morphologie deutlich unruhiger geworden ist und nun neben Ackerland zunehmend Wald und Wacholderheiden das Landschaftsbild prägen. Wir haben soeben von der Flächenalb kommend die Klifflinie, die ehemalige Steilküste des Molassemeeres, überwunden und befinden uns nun auf der Kuppenalb.

Vor etwa 20 Millionen Jahren drang von Südwesten kommend das Molassemeer (Obere Meeresmolasse) auf den Südrand der schwäbischen Alb vor. Die nördliche Küstenlinie ist noch heute über weite Strecken von der Schweiz bis nach Franken zu verfolgen und morphologisch wirksam. Im Alb-Donau-Kreis ist die Klifflinie besonders gut zwischen Altheim/Alb über Weidenstetten und Temmenhausen zu sehen, wo sie von Süden kommend als bewaldeter Höhenzug her-

Blick von Süden auf Temmenhausen mit der »Klifflinie« am nördlichen Dorfrand. Die Waldflächen befinden sich bereits auf der »Kuppenalb«.

vortritt. Dort wo das ehemalige Flachmeer auf die Ablagerungen aus dem Jura traf, wurden diese eingeebnet. Es entstand eine ebene Abtragungsfläche, die als Flächenalb bezeichnet wird. Zwar wurde nach dem Rückzug des Meeres dieser Bereich wieder Festland und die dort abgelagerten Sedimente der Erosion preisgegeben, seinen flachen Charakter als Einebnungsfläche hat er aber bis heute behalten.

Da das vordringende Molassemeer auf die harten Kalke des Juras traf, die schon damals über den Meeresspiegel hinausragten, bildete sich die nördlichste Küste vorwiegend als Steilküste aus. Weil das Meer schubweise nach Norden vordrang, sind auch noch südlich der Klifflinie weitere Küstenlinien entstanden, die jedoch z.B. bei Ermingen und Baltringen nur als flache Brandungsküsten ausgebildet waren. Besonders eindrucksvoll zeigen sich die Reste des Kliffs bei Heldenfingen. Das Heldenfinger Kliff ist als Naturdenkmal ausgewiesen und eine Tafel informiert die Besucher.

Die Brandung des Meeres schuf im anstehenden Kalkstein eine Brandungshohlkehle, die noch heute zu erkennen ist. Auch haben die damaligen Meeresbewohner ihre Spuren hinterlassen. Bohrmuscheln schabten in die Kalke runde Löcher, in denen sie mit ihren Schalen steckten. Diese Löcher sind auch heute noch nach ca. 20 Millionen Jahren zu erkennen. Aber auch andere bohrende Organismen wie Schwämme und Würmer sind nachweislich benannt. Neben Zähnen moderner Knochenfische (z.B. Meerbrassen) kommen überwiegend Zähne von Haien und Rochen zum Vorschein. Die große Anzahl von Haifischzähnen haben wir dem glücklichen Umstand zu verdanken, dass diese ihre Zähne kontinuierlich ersetzen. Untersuchungen an heutigen Haien ergaben, dass jeder Zahn im ersten Lebensjahr alle acht bis fünfzehn Tage ersetzt wird. Baltringen ist ein altbekannter und berühmter Fundort für die vielgestaltige Lebenswelt aus der Oberen Meeresmolasse, aber auch im Alb-Donau-Kreis können noch heute an verschiedenen Stellen, z.B. bei Altheim/Alb, Ballendorf und Söglingen Haifischzähne und andere Fossilien gefunden werden.

»Heldenfinger Kliff«

*Haifischzähne
aus einer ehemaligen
Kiesgrube bei Ballendorf.*

Naturdenkmal Turritellenplatte in Ulm-Ermingen

Das Meer der Oberen Meeresmolasse hat auch auf dem heutigen Ulmer Stadtgebiet seine Spuren hinterlassen. Im Bereich der Ortschaft Ermingen sind kleinräumig Reste der ehemaligen Strandablagerungen dieses Meeres erhalten geblieben, leider nur auf wenigen hundert Quadratmetern. Diese weit über die Grenzen des Ulmer Raumes bekannten Sedimente mit ihrem massenhaften und gesteinsbildenden Vorkommen der namengebenden Turmschnecke (Turritella turris) sind aufgrund ihrer Einzigartigkeit und der nur sehr kleinräumigen Verbreitung 1980 als geologisch flächenhaftes Bodendenkmal ausgewiesen und unter Schutz gestellt worden.

Bereits 1833 ist der Name Turritellenplatte in der Literatur für die mehrere Meter mächtigen Schneckenkalkablagerungen erwähnt. Der teilweise sehr harte Molassestein wurde früher von Erminger Einwohnern zur Gewinnung von Baumaterial, Gemarkungssteinen und Wegkreuzen abgebaut.

Das massenhafte Auftreten der Turritellen ist darauf zurückzuführen, dass die Schnecken auf dem flachen ehemaligen Sandstrand durch die Brandung zusammengespült wurden. Wegen der Abriebvorgänge sind die meisten Schneckengehäuse nicht mehr vollständig erhalten. Daneben sind, wenn auch untergeordnet, andere Fossilien wie Muscheln und vereinzelt Zähne von Haien und Rochen zu finden.

Im Zusammenhang mit der Anlage des Naturlehrpfades Ermingen wurden am Naturdenkmal Erminger Turritellenplatte in beispielhafter Weise umfangreiche und sehr informative Schautafeln aufgestellt, die einen guten Überblick über die Entwicklungsgeschichte während der Molassezeit geben.

Versteinerte Turmschnecken und Muscheln.

Elefanten in Langenau

Was heute nur noch zu sehen ist, wenn ein Zirkus in der Stadt weilt, war vor 17 bis 18 Millionen Jahren noch alltäglich.

Im Zusammenhang mit dem Bau der Autobahn A 7 wurden westlich von Langenau zwei Fundstellen entdeckt, die eine reiche Fauna und Flora der damaligen Zeit (höheres Untermiozän, Tertiär) überlieferten. Bei den 1976 und 1977 vom Staatlichen Museum für Naturkunde Stuttgart durchgeführten Grabungen konnte eine Vielzahl von Pflanzen (hier vor allem Samen und Früchte), aber auch Muscheln, Schnecken, Fische, Amphibien, Reptilien und Säugetiere (fast 40 Arten) geborgen werden.

In Verbindung mit den vorgefundenen Gesteinsschichten (Wechsellagerungen von Tonen, Sanden und Kiesen) und den geborgenen Fossilien war eine weitgehende Rekonstruktion der damaligen Lebensverhältnisse möglich. Die Fundstellen befinden sich im Mündungsgebiet eines aus dem Norden kommenden Flusses mit seinen Alt- und Nebenarmen, der in das südlich anschließende Molassebecken (Süßbrackwassermolasse) mündete. Die Zusammensetzung der Pflanzengesellschaft lässt erkennen, dass das damalige Klima deutlich wärmer war als heute, was auch die Funde von Krokodilen bestätigen, die ein wärmeres Klima zum Überleben benötigen.

Ein besonderer Stellenwert kommt der bei den Grabungen geborgenen Säugetierfauna zu. Neben zahlreichen Resten von Kleinsäugern, die für die Altersdatierung der Fundstelle und deren Fossilinhalt sehr wichtig sind, wurden auch nahezu vollständige Skelette von Großsäugern gefunden, vor allem von Rüsseltieren und Nashörnern. Die damaligen Elefanten (Deinotherium, Gomphotherium) unterscheiden sich in ihrem Aussehen von ihren heutigen Verwandten deutlich. So weisen bei Deinotherium die Stoßzähne des Unterkiefers nach unten, während Gomphotherium sowohl im Unter- als auch im Oberkiefer Stoßzähne besaß.

Die Skelettmontage eines Hauerelefanten Deinotherium bavaricum sowie der Schädel und Unterkiefer eines Nashorns (Prosantorhinus) von dieser Fundstelle befinden sich im Staatlichen Museum für Naturkunde in Stuttgart. Aber auch im Naturkundlichen Bildungszentrum in Ulm sind Funde zu besichtigen.

Die Bedeutung der Langenauer Fundstelle beruht aber nicht nur auf den spektakulären Funden von Großsäugerskeletten, ihre Besonderheit zeigt sich ebenfalls in der artlichen Zusammensetzung der Säugetiere.

Mit der hohen Fundzahl und der durch sie repräsentierten Artenvielfalt ist Langenau die bedeutendste Fundstelle aus der Zeit des höheren Miozän in Süddeutschland (Heizmann, 1992).

Fasst man alle bekannten Fundstellen mit ihren Fossilienfunden aus Ulm, dem Alb-Donau-Kreis und den angrenzenden Gebieten zusammen, so hat diese Region für das Miozän Europas einen überragenden Stellenwert.

Schädel und Unterkiefer eines Nashorns sowie Skelettmontage des Hauerelefanten. Beides aus dem Jungtertiär.

Schätze der Steinzeit

Winfried Hanold

Felsen mit großen oder tiefen Höhlen, diese dunklen, unheimlichen Orte regten die Phantasie der ortsansässigen Bevölkerung schon immer an. Je weniger man über das Innere der Höhle wusste, desto blühender war die Ausmalung dessen, was dort verborgen sein sollte. Das Interesse der Menschen war zunächst durchaus kein archäologisches.

Und heute? Die folgenden Felsgebilde brachten wertvollste archäologische Schätze hervor und sind auch als Naturdenkmale geschützt.

Der Schelklinger »Hohle Fels«

Der bekannte »Höhlen-Fels« liegt in einem tief in die Flächenalb eingeschnittenen Tal der heutigen Schmiech, Ach und Blau. Es ist ein Durchbruchstal der Urdonau, welches bis zum Höhepunkt der Riß-Kaltzeit von der Donau durchflossen wurde. Damals lag der Talboden im Raum Schelklingen noch 35 bis 40 Meter tiefer als heute. Der Talgrund wurde im Laufe der Zeit von Schmiech, Ach und Blau mit Sedimenten verfüllt.

Der »Hohle Fels« bei Schelklingen.

Wasservogel aus Mammutelfenbein,
»Hohle Fels« bei Schelklingen.

Östlich von Schelklingen ragen auf der rechten Talseite drei Schwammriffe des »Malm epsilon« empor. Der mittlere dieser Felsklötze wird Hohler Fels genannt. An seinem Fuße öffnet sich auf 528 m über NN der Eingang zur Höhle.

Sagen über den Hohlen Fels bei Schelklingen sucht man vergebens. Der Hohle Fels darf jedoch mit Recht als Keimzelle der Höhlenarchäologie auf der Schwäbischen Alb bezeichnet werden.

Trotz oder gerade wegen seiner Größe und des gut zugänglichen Höhleneingangs scheint er in den Alltag der Menschen im Achtal eingebunden gewesen zu sein. Bei den neueren archäologischen Grabungen wurden Medaillen gefunden, die darauf hindeuten, dass die Höhle als Unterschlupf für Pilger auf dem Weg zur St. Afra – Kapelle auf dem Schelklinger Friedhof gedient haben könnte. Bei Unwettern suchten die Schelklinger Schaf- und Ziegenhirten von den umliegenden Talhängen mit ihren Tieren dort Schutz. Und die Bauern schätzten nach der schweißtreibenden Feldarbeit im Sommer die Kühle des Höhlentores bei der Mittagsrast. In einer solch frequentierten Höhle nach einem verborgenen Schatz zu suchen, kam zunächst niemanden in den Sinn.

Einen Schatz ganz anderer Art vermutete der Gerhausener Häfner Karl Friedrich Riexinger, genannt »Seehäfner«, in der Höhle. Er kam deshalb Anfang des 19. Jahrhunderts auf die Idee, seine Töpfererde aus dem Hohlen Fels zu holen. Nach Fraas (1872) grub er in der Höhle nach »Ocker«, womit vermutlich gelbbrennender Lehm oder aber Ton für gelbe oder orange Engoben gemeint sein dürfte. Bei seinen Lehmgrabungen stieß Riexinger auf Höhlenbärenknochen, welche er ohne genaue Fundortangabe an den Ulmer Sammler Graf von Mandelsloh verkaufte.

Wenige Jahre später, 1844, berichtete das Amtsblatt des Oberamts Blaubeuren vom Abbau von Höhlenablagerungen im Hohlen Fels durch eine Fabrik aus Ursprung, die Düngeversuche mit dem »Höhlenguano« machte. Beim Abbau des Fledermausmistes wurden wiederum Knochen, Zähne und menschliche Werkzeuge gefunden (Fraas, 1872). Zu dieser Zeit war das Interesse der Wissenschaft an den Höhlen überwiegend ein paläontolo-

gisches. Dies umso mehr, nachdem Charles Darwin 1856 seine bahnbrechenden Erkenntnisse zur Evolution veröffentlicht hatte. So nimmt es nicht Wunder, dass der Pfarrer J. Hartmann nicht ruhte, bis er die Herkunft der an Mandelsloh verkauften Knochen herausgefunden hatte. Nachdem der Hohle Fels als Quelle feststand, führte er zusammen mit dem Leiter des Stuttgarter Naturalienkabinetts, Oskar Fraas, in den Jahren 1870/71 umfangreiche Ausgrabungen im Hohlen Fels durch. Dabei wurden fast die gesamten Fundschichten im Innern der Höhle ausgeräumt. Die Funde, darunter mehrere vollständige Höhlenbärenskelette, waren so Aufsehen erregend, dass der 1872 in Stuttgart tagende Anthropologische Verein eine Exkursion zum Hohlen Fels unternahm.

Vor der Höhle waren damals Tische mit Fundstücken aufgestellt, von denen sich die Exkursionsteilnehmer welche als Andenken mitnehmen durften. Der Rest, ein ganzer Eisenbahnwaggon voll, wurde nach Stuttgart verbracht. Damit

Das Geißenklösterle

war der Hohle Fels als paläontologische, aber auch als urgeschichtliche Fundstelle weit über Württemberg hinaus bekannt und es war nur eine Frage der Zeit, bis die ersten gezielten archäologischen Untersuchungen in der Höhle erfolgten.

Seit 1977 finden im Hohlen Fels Ausgrabungen durch das Institut für Ur- und Frühgeschichte und Archäologie des Mittelalters der Universität Tübingen statt, welche zunächst von Prof. J. Hahn und nach dessen Tod, seit 1997 von Prof. Nicholas J. Conard geleitet werden. Die dabei gemachten Funde verschaffen der Höhle Weltgeltung unter den archäologischen Fundplätzen.

Die Archäologen gliedern die bisher ergrabenen Fundschichten im Hohlen Fels in vier Haupthorizonte, welche in sich weiter unterteilt werden. Die Hauptfundschichten konnten wie folgt datiert werden (benannt nach französischen Fundstellen):

Aurignacien:
44.000 bis 30.000 Jahre vor heute

Gravettien:
30.000 bis 27.500 Jahre vor heute

Magdalénien:
15.000 bis 11.500 Jahre vor heute

Die Haupthalle hat gewaltige Ausmaße. Sie ist 39 m lang, 29 m breit und steigt steil etwa 23 m nach Süden hinan. An ihrem oberen Ende befindet sich ein Schacht, der bis zur Oberfläche führt. Er wurde jedoch um 1960 verschlossen. Die Halle mit 500 m² Grundfläche und einem Rauminhalt von 6.000 m³ ist eine der größten Hallenhöhlen der Schwäbischen Alb.

Das Geißenklösterle liegt südlich von Blaubeuren-Weiler am Westhang des Achtales etwa 60 m über dem heutigen Talgrund. Der Prallhang des Urdonau-Tales ist in diesem Abschnitt sehr steil. Beim Geißenklösterle handelt es sich um keine eigentliche Höhle, sondern um eine Höhlenruine. Sie wird immer wieder mit einem hohlen Zahn verglichen. Den Gegebenheiten nach

»Bruckfels« mit »Geißenklösterle« südlich von Blaubeuren-Weiler.

dürfte es sich ursprünglich um eine große Hallenhöhle, ähnlich dem Hohlen
Fels, gehandelt haben, von welcher
mehrere schmale Gänge in den Berg
hineinzogen. Nach den Grabungsbe-
funden von Joachim Hahn stürzte der
größte Teil des Höhlendaches, wenn
nicht das ganze, vor etwa 31.000 Jahren ein und begrub die Aurignacien-
Schichten unter sich. Heute betritt man
das Höhleninnere durch einen imposanten Felsbogen. Der ansteigende In-
nenraum ist von einem Kranz hoher Felsen umgeben, die sich zum Tal hin öffnet. Diese Besonderheit hat der Höhle
auch zu ihrem Namen verholfen. Ziegenhirten nutzten den Felskranz als
natürlichen Pferch.

Im Gegensatz zum Hohlen Fels ist
beim Geißenklösterle nicht erkennbar,
dass die Höhle zu einem größeren Höhlensystem gehört.

Bereits um 1960, als Gustav Riek in
der Großen Grotte unter dem Rusenschloss grub, entdeckten von der Stein-
zeit begeisterte Schüler im Hangschutt
unterhalb des Geißenklösterle einzelne vom Steinzeitmenschen hergestell-
te Gegenstände. 1973 stieß E. Wagner
bei einer Probegrabung im Geißenklösterle in 2 Meter Tiefe auf eine Fund-
schicht. Unter der Leitung von Profes-
sor Joachim Hahn wurden die Ausgra-

bungen fortgesetzt. Diese Entscheidung
stellte sich alsbald als Glücksgriff
heraus, enthält doch die Höhle eine ungewöhnlich vollständige kulturelle Ab-
folge vom Mittelpaläolithikum bis zum
Magdalénien. Außer durch die vollständige Schichtenfolge erlangten die Ausgrabungen im Geißenklösterle auch
durch die geborgenen Kleinplastiken
der Eiszeit und die vollständige Auswertung der Begleitfauna Bedeutung. Sie
erlauben tiefreichende Einblicke in die
Lebens- und Vorstellungswelt der Stein-
zeitjäger. Das Material für die Klein-
kunstwerke, alles Kleinplastiken aus Elfenbein, waren Stoßzähne des Mam-
muts.

»Adorant«
35.000 Jahre alte
figürliche Menschen-
darstellung im Halbrelief
aus dem Geißenklösterle.
Urgeschichtliches Museum
mit Galerie 40tausend Jahre
Kunst, Blaubeuren.

Von besonderer Bedeutung ist auch ein Fund, den Dr. Susanne Münzel 1994 im Geißenklösterle machte. Sie entdeckte Bruchstücke eines Vogelknochens mit künstlich angebrachten Löchern. Aus 22 Einzelteilen konnte sie schließlich eine kleine Flöte zusammensetzen. Zusammen mit Funden aus anderen Höhlen lässt dieser Fund den Schluss zu, dass unsere Vorfahren vor rund 35.000 Jahren bereits ein ganzes Inventar von Musikinstrumenten besaßen.

Die Auswertung der Begleitfauna zeigt deutliche Übereinstimmungen mit dem Hohlen Fels. So dürften unsere frühen Vorfahren bei ihrer Einwanderung vor 35.000 Jahren auf ein recht artenreiches Spektrum an Jagdtieren getroffen sein. Es kann nach Susanne Münzel als gemäßigt kaltzeitlich bezeichnet werden. Neben Tieren der Tundra, wie Rentier, Eisfuchs und Schneehase, kommen solche der Steppe, wie Mammut, Wildpferd und Nashorn vor. Rothirsche bevorzugen die Galeriewälder an Flussläufen

oder die Busch- und Strauchvegetation. Arten wie Steinbock, Gams und Murmeltier sind heute im Gebirge zu finden.

Während des Höhepunkts der Würmkaltzeit fand ein Faunenwechsel statt. Sowohl Artenvielfalt als auch die Größe der Arten hatten sich verändert. Jetzt sind es vor allem Tiere der offenen Landschaft, Mammut, Pferd und Rentier, welche erbeutet wurden, während andere Arten nur noch schwach vertreten sind.

Flöte aus Schwanenknochen, gefunden im »Geißenklösterle«.

Eine CD mit Musik, gespielt auf einer Nachbildung dieser Flöte, ist beim Urgeschichtlichen Museum in Blaubeuren erhältlich.
www.urmu.de

Das »Steinerne Haus«

Die Höhle »Steinernes Haus« liegt gegenüber der bekannten Schauhöhle »Schertelshöhle« bei Westerheim auf der Schwäbischen Alb. Die Höhle gehört zum Typ der Hallenhöhlen. Durch einen 7 m breiten und 4 m hohen Eingang betritt man eine Höhlenhalle von 25 m Länge, 17 m Breite und 8 m Höhe. Da der Hallenboden zum Höhleninnern abfällt, kann sich im Winter dort die Kaltluft sammeln (Eiskeller-Typ). Das Tropfwasser erstarrt dann zu Hunderten von Eiszapfen, welche der Höhlenhalle ein märchenhaftes Aussehen verleihen.

Über archäologische Funde ist aus dem »Steinernen Haus« nicht allzu viel bekannt. Für die Menschen der Eiszeit scheint diese kalte Höhle nicht interessant gewesen zu sein.

In späterer Zeit sollen, so erzählt es der Volksmund, die Nonnen des Klosters Wiesensteig in unruhigen Zeiten in der Höhle Zuflucht gesucht haben.

Mehr Informationen zu den Schätzen der Eiszeit in unserem Raum gibt es auf einer neuen Webseite unter:
www.eiszeitkunst.de

Das »Steinerne Haus« bei Westerheim.

Steinige Alb

Höhlen und Dolinen

Ein Schweizer Käse? – Einführung

Richard Frank

Die Landschaft der Schwäbischen Alb ist geprägt durch das Fehlen von Gewässern auf der Albhochfläche und ergiebig schüttenden Quellen in den Tälern. Zu den charakteristischen Formen gehören ein weit verzweigtes Netz von Trockentälern, Karstwannen, Dolinen, Flussversickerungen und natürlich Höhlen. Diese Formen sind auf den als Verkarstung bezeichneten Vorgang zurückzuführen. Das Regenwasser nimmt in der Luft und beim Einsickern durch die Pflanzendecke und den Boden Kohlendioxid auf und wird sauer. Dadurch kann der - im reinen Wasser nicht lösliche - Kalkstein im Untergrund entlang von Klüften und Fugen gelöst werden. Es entstehen immer größere Hohlräume, die für eine schnelle Entwässerung der Erdoberfläche sorgen.

Doline bei Laichingen. (©LMZ-BW)

Leben im Untergrund - Biotop Höhle

Im Bereich des Alb-Donau-Kreises sind aktuell 340 Höhlen bekannt, in der gesamten Schwäbischen Alb knapp über 2.500. Die meisten der Höhlen sind Kleinhöhlen, jedoch sind immerhin 39 Höhlen als Mittelhöhlen (über 50m lang) und 4 Höhlen als Großhöhlen (über 500m lang) eingestuft. In Höhlen im Alb-Donau-Kreis wurden die ältesten Kunstwerke und Musikinstrumente der Menschheit gefunden. Allein vier der zwölf Schauhöhlen der Schwäbischen Alb liegen im Kreis.

Das Innere von Höhlen unterscheidet sich von anderen Lebensräumen deutlich. Es ist charakterisiert durch völlige Dunkelheit, hohe Luftfeuchtigkeit und konstante Temperatur. Es gibt keine periodischen Umweltveränderungen, die in Form von Jahreszeiten und Tageszeiten oberirdische Biotope stark prägen. Von außen nach innen ändern sich die Lebensbedingungen dramatisch. Um die damit verbundene Veränderung des Lebensraums Höhle genauer zu beschreiben, unterscheidet man 3 Regionen: die Eingangsregion, die Übergangsregion und die Tiefenregion.

Höhlen haben vielfältige Eingangsregionen, in denen sich Außenweltbiotope mit dem Höhleninneren verzahnen. Hier machen sich tagesbedingte Temperaturschwankungen und der Einfluss des Tageslichtes bis hin zur direkten Sonneneinstrahlung noch bemerkbar. Das Gedeihen von Schattenpflanzen ist in dieser Region gut möglich. Die Vegetation in der Eingangsregion hängt von verschiedenen Faktoren ab (Winterstein 1989), wie der Feuchtigkeit, der Vegetation der Umgebung, der Öffnungsweite des Portals und dem damit verbundenen Lichteinfall und der Exposition der Eingänge. Es gibt keine Tierart, die ausschließlich

in der Eingangsregion von Höhlen vorkommen. Aber für einige Arten, die an schattig-feuchte Lebensräume angepasst sind, bieten die Eingangsregionen der Höhlen geradezu optimale Lebensbedingungen. Solche Tiere sind aufgrund ihrer Lebensweise dem Lebensraum Höhle gut angepasst und können dort leben, ohne ihn regelmäßig verlassen zu müssen. Zu diesen Tieren zählt zum Beispiel die Höhlenkreuzspinne (Meta menardi). Sie ist in windgeschützten Nischen der Eingangsregion häufig anzutreffen. Im Spätsommer baut das Weibchen einen bis zu 2 cm großen weißen Eikokon, den es mit

Höhlenkreuzspinne

Höhlenflohkrebs

einem Faden an die Höhlendecke heftet. Die Jungen schlüpfen dann ab Herbst aus. Einige von ihnen gehen auf Wanderschaft und suchen sich neue Höhlen.

Zwischen der Eingangsregion und der Tiefenregion befindet sich eine Zone, in welcher noch jahreszeitliche Temperaturschwankungen feststellbar sind. Die bis hier hin eindringende Lichtmenge reicht nicht mehr aus, um das Wachstum von höheren grünen Pflanzen zu ermöglichen.

Für viele Tierarten sind die Höhlen wichtige Überwinterungsquartiere. Die meisten dieser Überwinterer halten sich in der Übergangsregion auf. Hier trifft man auf Vertreter sehr unterschiedlicher Tiergruppen, zum Beispiel auf die zu den Nachtfaltern gehörenden Schmetterlinge Zackeneule (Scoliopteryx libatrix) und Olivbrauner Höhlenspanner (Triphosa dubitata), außerdem auf Amphibien, wie den Feuersalamander (Salamandra salamandra) und den Grasfrosch (Rana temporaria), sowie auf Fledermäuse. Zu den Übersommerern gehört die Köcherfliege Stenophylax permistus, die in den Monaten März bis September die Höhlen aufsucht.

Die hier beschriebenen Tiere suchen die Höhle nur zu einem bestimmten Zweck auf. Sie sind nicht in der Lage, ständig in der Höhle zu leben, da sie

dort weder Nahrung finden noch sich fortpflanzen können. Die bekanntesten Vertreter dieser Gruppe sind die Fledermäuse.

In der Tiefenregion einer Höhle herrschen das ganze Jahr über konstante Lebensbedingungen. In den Höhlen der Schwäbischen Alb liegt dort die Temperatur bei ca. +8° C und die Luftfeuchtigkeit bei 95 bis 98%. Der Nahrungstransport erfolgt durch Spalten und Klüfte, welche die Tiefenregion über oft große Distanzen mit der Außenwelt verbinden. In der Tiefenregion herrscht in der Regel Nahrungsknappheit. Hier leben fast ausschließlich die so genannten echten Höhlentiere. Sie können aufgrund ihrer Anpassung den Lebensraum Höhle nicht mehr verlassen. Sie sind zum einen gekennzeichnet durch deutliche

Rückbildung oder vollständiges Fehlen der Augen, zum anderen besitzen sie meist eine dünne Haut ohne Farbpigmente. Weitere typische Merkmale der echten Höhlentiere sind stark ausgeprägte Tastorgane in Form von langen Beinen, Fühlern und Tasthaaren. Zu den echten Höhlentieren zählen bei uns eher unscheinbare Bewohner, wie der zu den Urinsekten gehörende Doppelschwanz Plusiocampa dobati.

Feuersalamander

Flattertiere im geschichtlichen Umfeld – die Sontheimer Höhle

Die Sontheimer Höhle liegt südlich von Heroldstatt-Sontheim im Tiefental, einem der schönsten Trockentäler der Schwäbischen Alb.

Kaum eine Höhle hat eine so umfangreiche Geschichte wie die Sontheimer Höhle. In ihr wurden vorgeschichtliche Funde gemacht, sie ist die älteste Schauhöhle Deutschlands und von ihr wurde einer der ersten Höhlenpläne gefertigt. Sie wurden erstmals 1488 vom Ulmer Dominikanerprior Felix Fabri erwähnt. Der Tübinger Humanist Weinmann verfasste um 1530 einen Bericht über einen Besuch der Sontheimer

Höhle. Dort wurde er mit seinem Begleiter von einem Bauern geführt, der erzählte, dass er auch Herzog Ulrich als Führer gedient habe und auch die Höhe des herzoglichen Trinkgelds mitzuteilen wusste. Dies ist der erste Hinweis von der Sontheimer Höhle als Schauhöhle. Der Blaubeurer Prälat Weißensee fertigte 1753 eine Beschreibung und einen der ersten Höhlenpläne Deutschlands an. Schon im 18. Jahrhundert fanden Höhlenfeste statt.

Die Sontheimer Höhle ist der Rest einer ehemalige Flusshöhle Die Fließrichtung ging von Norden nach Süden, also parallel zum heutigen Tal. Am nördlichen Ende sind gewaltige Lehmeinschwemmungen, im Süden ist die Höhle verstürzt. Mit den aufwärts führenden Schloten zusammen hat die Höhle eine Gesamtlänge von 530 Metern, der Führungsweg ist 192 Meter lang.

Die Sinterbildungen der Höhle sind vielseitig, jedoch sind über 500 Jahre als Schauhöhle nicht spurlos vorüber gegangen: Viele Tropfsteine wurden abgeschlagen, andere sind bis zur Unkenntlichkeit mit einer dicken Rußschicht überzogen. Im Jahr 1976 wurde in der Höhle eine frühalemannische

Bestattungsstätte entdeckt. Die Grabstätte war vermutlich im Mittelalter schon von Räubern geplündert und verwüstet worden. Es wurden Knochen von acht Menschen, Glasperlen, Eisen- und Kupferstücke sowie Holzreste gefunden. Das Grab, 125 Meter vom Eingang entfernt, stammt aus dem 4. Jahrhundert und ist der einzige derartige Fund in Europa.

Die Sontheimer Höhle ist eines der bedeutendsten Fledermausquartiere in Baden-Württemberg. Unsere einheimischen Fledermäuse ernähren sich von Insekten. Da das Nahrungsangebot im Winter verschwindet, verbringen sie die kalte Jahreszeit vorwiegend in Höhlen und Bergwerken. Sie haben sich den Sommer über dicke Fettpolster angefressen. So gerüstet kann der Winterschlaf beginnen. Bei Körpertemperaturen nahe der Umgebungstemperatur sinken Stoffwechsel und Energieumsatz im Körper auf ein Minimum ab. Das

Herz schlägt weniger als 20 mal in der Minute, Atempausen von bis zu 90 Minuten wurden festgestellt.

Helmut Frank schätzte die Anzahl der überwinternden Fledermäuse in der Sontheimer Höhle anlässlich einer Befahrung 1951 auf etwa 1000. Die Situation hat sich seitdem jedoch geändert. Die Mopsfledermäuse (Barbastella barbastellus) gelten heute, ebenso wie die früher häufige Kleine Hufeisennasenfledermaus (Rhinolophus hipposideror), als in Baden-Württemberg ausgestorben. Der Fledermausbestand in der Sontheimer Höhle erlebte einen dramatischen Rückgang von über 1000 Tieren in den fünfziger Jahren auf 17 (!) Stück 1977. Die Bestände haben sich wieder erholt und stabilisiert, allerdings, verglichen mit den fünfziger Jahren, auf niedrigerem Niveau. Insgesamt

sind 12 der 22 in Deutschland heimischen Arten in der Sontheimer Höhle nachgewiesen worden. Die große Zahl von Fledermäusen und besonders der damals schon seltenen Mopsfledermaus hat zu der ersten Schutzmaßnahme für Fledermäuse der Schwäbischen Alb geführt, denn schon 1959 wurde vom Höhlenverein Sontheim das Fledermaustor eingebaut, das zum Vorbild für andere derartige Sicherungsmaßnahmen wurde.

Die Ursachen für den starken Rückgang der Fledermäuse sind vielfältig. Die Veränderungen der Landschaft und des Nahrungsangebots, sowie die Knappheit der Sommerquartiere sind die Hauptursachen. Im Winterschlaf sind die Tiere besonders empfindlich. In einigen Höhlen wurden sie durch Lagerfeuer und Fackeln ausgeräuchert.

Seit 1959 erfolgreich im Einsatz und Vorbild für weitere Schutzmaßnahmen: Das »Fledermaustor« an der Sontheimer Höhle.

In der der Sontheimer Höhle wurde eine Halle nach ihr benannt: Die Mopsfledermaus.

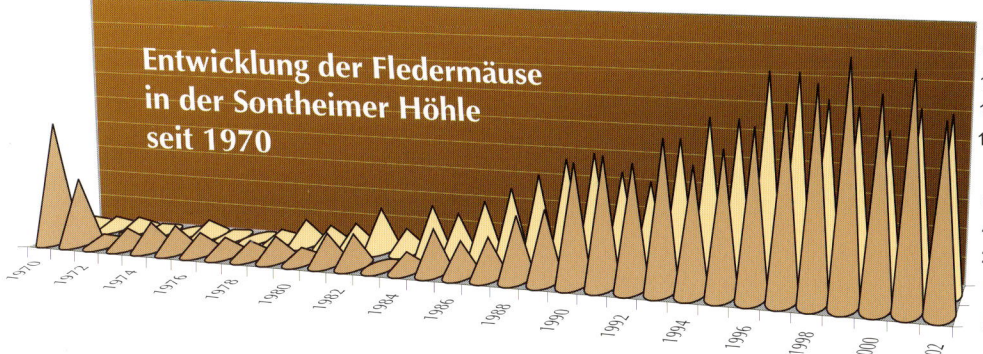

Entwicklung der Fledermäuse in der Sontheimer Höhle seit 1970

Sonstige
Mausohrfledermaus (Myotis myotis)

Vom Schwarzen Vere und den Höllenlöchern

Reichhaltiger Tropfstein-schmuck am Ende des linken Ganges.

Auf der Neckarseite der Alb, 4 Kilometer nordwestlich von Westerheim liegt die Schertelshöhle. Das »Kuhloch«, der natürliche Eingang der Höhle, wurde bereits 1470 urkundlich als »Scherzenloch« erwähnt. Dies zeigt die Angst der Bevölkerung vor solch »unergründlichen Höllen-Löchern« auf. Eine andere Geschichte hört sich unglaublich an: Um das Jahr 1800 trieb der »Schwarze Vere«, ein Räuberhauptmann, in Oberschwaben sein Unwesen. Seinen schrecklichen Ruf verdankte er vor allem der Tatsache, dass er immer wieder spurlos verschwand. Er wurde jedoch gefangen. In Biberach wurde er in seinem Turmgefängnis während eines Gewitters vom Blitz erschlagen. Mehr als 50 Jahre später soll eine alte Frau aus Wiesensteig, die in ihrer Jugend Mitglied der Bande gewesen war, erzählt haben, wohin der Schwarze Vere mit seiner Bande verschwand: Er habe sich durch das Kuhloch in die Schertelshöhle zurückgezogen.

Die Ersten, die 1822 belegbar den Schacht hinunter stiegen, waren Bergleute, die die Gegend nach Steinkohlevorkommen durchforschten. Das Interesse an der Höhle war nun geweckt, doch bot der schwierige Einstieg ein zu großes Hindernis, um sie einer breiten Öffentlichkeit zugänglich zu machen.

– Die Schertelshöhle

Amtsnotar Scheuffele aus Wiesensteig ließ dann 1830 einen 40 Fuß (etwa 13 Meter) langen Stollen, den heutigen Eingang, in den Berg treiben, um die Höhle zu erschließen.

Die Höhle wird durch den künstlichen Eingang in zwei Teile, den 95 Meter langen linken Gang und den 117 Meter langen rechten Gang geteilt. Sie ist eine kluftgebundene Höhle, in der vor allem der trotz vieler Zerstörungen ungewöhnlich reichhaltige Tropfsteinschmuck auffällt.

Zeitweise wurde sie als Bierkeller genutzt und war »Allgemeingut« bis 1902 eine Ortsgruppe des Albvereins die Betreuung übernahm, aus der 1977 der Höhlenverein Westerheim hervorging.

Das »Kuhloch«: der natürliche Eingang der Schertelshöhle.

Eine Besonderheit von Schauhöhlen ist die so genannte Lampenflora. Mit dem Sickerwasser, mit Luftströmungen oder durch Einschleppung gelangen winzige Algen, Sporen von Pilzen, Moosen und Farnen sowie kleinere Früchte und Samen verschiedener Pflanzen von der Erdoberfläche in die Höhlen. Die Beleuchtung in den Höhlen erlaubt manchen Pflanzen, sich zu entwickeln. Ein ungewöhnlicher Lebensraum: Konstante Temperatur von etwa 8° C, fast 100 % Luftfeuchtigkeit und nur in der sommerlichen Jahreshälfte für wenige Stunden am Tag relativ schwaches Licht. Dies führt dazu, dass sich Algen, Moose und Farne der Lampenflora in morphologischen und anatomischen Besonderheiten von ihren oberirdischen Artgenossen unterscheiden. Überflüssiges wird eingespart, nur das unbedingt notwendige wird ausgebildet. Eine weitere Standortbesonderheit, nämlich die Abnahme der Lichtintensität der Lampen nach außen hin führt dazu, dass sich ein besonderes Ökosystem mit typischem Ordnungsgefüge bildet. Die verschiedenen Pflanzen können sich nur auf eng begrenzten Standorten um die Lichtquelle herum behaupten.

Die Sporen vieler Pilze können auch ohne Licht auskeimen, Fadengeflechte und sogar Fruchtkörper entwickeln. Sie und die unzähligen anderen eingetragenen Algen, Sporen, Samen und andere organische Substanzen ermöglichen die Entstehung und das Leben der unterirdischen Tierwelt in der Tiefenregion der Höhlen.

Köpfchenschimmel auf Fledermauskot.

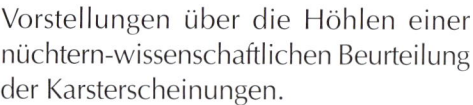

Mensch und Höhle

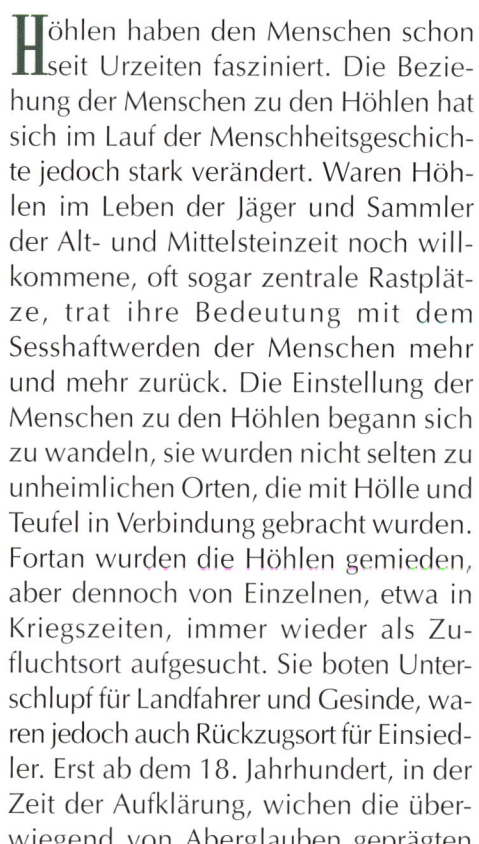

30.000 Jahre alt:
Der »Löwenmensch«

Höhlen haben den Menschen schon seit Urzeiten fasziniert. Die Beziehung der Menschen zu den Höhlen hat sich im Lauf der Menschheitsgeschichte jedoch stark verändert. Waren Höhlen im Leben der Jäger und Sammler der Alt- und Mittelsteinzeit noch willkommene, oft sogar zentrale Rastplätze, trat ihre Bedeutung mit dem Sesshaftwerden der Menschen mehr und mehr zurück. Die Einstellung der Menschen zu den Höhlen begann sich zu wandeln, sie wurden nicht selten zu unheimlichen Orten, die mit Hölle und Teufel in Verbindung gebracht wurden. Fortan wurden die Höhlen gemieden, aber dennoch von Einzelnen, etwa in Kriegszeiten, immer wieder als Zufluchtsort aufgesucht. Sie boten Unterschlupf für Landfahrer und Gesinde, waren jedoch auch Rückzugsort für Einsiedler. Erst ab dem 18. Jahrhundert, in der Zeit der Aufklärung, wichen die überwiegend von Aberglauben geprägten

Vorstellungen über die Höhlen einer nüchtern-wissenschaftlichen Beurteilung der Karsterscheinungen.

Im Lonetal sind als erstes die Fundstellen im Hohlenstein nordwestlich von Asselfingen zu nennen. Die Bärenhöhle, die Kleine Scheuer und der Stadel liegen nur knapp über der Talsohle des Lonetals. Der Hohlenstein ist die Geburtsstätte archäologischer Höhlengrabungen in Baden-Württemberg. Oskar Fraas grub 1861 im vorderen Teil der Bärenhöhle und förderte unzählige Knochen des Höhlenbären zu Tage. Er erkannte damals noch keine Hinter-

lassenschaften des steinzeitlichen Menschen, korrigierte diesen Irrtum aber vier Jahre später. Im benachbarten Stadel wurde der berühmte Löwenmensch gefunden, eine mindestens 30.000 Jahre alte Schnitzfigur aus Elfenbein, die im Ulmer Museum ausgestellt ist.

Weitere wichtige Fundstellen im Lonetal sind die Bocksteinhöhle bei Rammingen, die Haldensteinhöhle bei Ursping und das Fohlenhaus bei Bernstadt.

Eine spätere Nutzung von Höhlen durch Menschen ist zum Beispiel von der Schuntershöhle im Rauhtal bei Weilersteusslingen und der nicht weit entfernten Kätherenküche bei Briel bekannt. In der Schuntershöhle hauste um 1780 ein vagabundierender Uhrmacher namens Schunter. Seine Tochter Katharina soll auch in der Kätherenküche gehaust haben. Die »Käther« ist die Urmutter der Hexenzunft bei der Ehinger Fasnet.

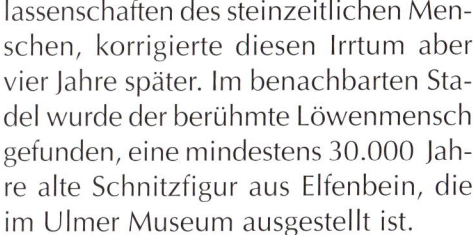

Ein Beispiel für die heutige Nutzung von Höhlen ist die Mönchsschmiede bei Gerhausen. Verursacht durch viele Feste mit Lagerfeuer ist die Höhle verrußt und verschmutzt. In Höhlen sind schon kleinste Verunreinigungen kaum reparierbar, Fußabdrücke können sich tausende von Jahren erhalten. Der Sinterschmuck von neu entdeckten Höhlen ist manchmal schon kurz nach bekannt werden der Neuigkeit geplündert. Eine Höhle im Urzustand kann man jedoch zum Bespiel in der Hinteren Kohlhaldenhöhle, nahe der Sontheimer Höhle, besichtigen. Die Höhle ist fest verschlossen und wird nur einmal im Jahr, zum Höhlenfest an Pfingsten, geöffnet.

Die Suche nach der schönen Lau
– die Blautopf-Unterwasserhöhle

»Unter den berühmten Quellen hat Dich, Blauquelle, die ich besingen will, die Natur als Mutter der Dinge gemacht. Du bist wert besungen zu werden, Du klarste unter den schönen Quellen; Du lässt kristallklares Wasser aus unerschöpflichem Abgrund fließen. Aus einer tiefen Schatzkammer holst Du nämlich das Wasser; eine tiefere kann es, glaube ich, nicht geben.« (Reysmann 1531).

Der Blautopf ist eine der größten und schönsten Quellen Deutschlands. Die mittlere Schüttung beträgt 2.300 Liter pro Sekunde; die Maximalschüttung von über 32.000 Litern pro Sekunde war im März 1988. Nicht nur Reysmann hat sich daher über die Herkunft dieser gewaltigen Wassermengen Gedanken gemacht. Der Laichinger Pfarrer Mayer (1681) schloss aus einem Erdeinbruch bei Wennenden, dass von diesen Löchern »eine verborgene Wasser-Quelle« zum »Ursprung der Blau durch einen weiten Canal« hinführe. Doch erst im 20. Jahrhundert begann sich das Geheimnis der hinter dem schönsten deutschen Quelltopf liegenden Höhle zu lüften. Zwei Münchner Sporttaucher berichten 1957 erstmals über eine Spalte am Grunde des Topfes, aus der ein starker Quellstrom hervorbricht. Die

»Die schöne Lau«, Märchenfigur Mörikes (oben) und der »Blautopf«, eine der schönsten Quellen Deutschlands (rechts).

Der Traum von
der Blauhöhle
– Schächte der Albhochfläche

»Düse« benannte Eingangsengstelle wird 1960 erstmals von der Höhlentauchgruppe Eschenbach/Göppingen bezwungen. Die Gruppe forschte bis zu einem tödlichen Unfall im Jahr 1968 in der Höhle und fertigte einen Höhlenplan der ersten 105 Höhlenmeter. Der Pforzheimer Höhlentaucher Jochen Hasenmayer begann 1961 seine Blautopfforschungen. Immer weiter konnte er in die Höhle vorstoßen. Nach 1.250 Meter Tauchstrecke erreichte er 1985 erstmals einen lufterfüllten Raum, den »Mörikedom«. Neben Jochen Hasenmayer forscht seit 1997 die Arbeitsgemeinschaft Blautopf, ein Zusammenschluss verschiedener Höhlenforschungstaucher, in der Blautopf-Unterwasserhöhle. Das Ziel dieser Forscher ist die wissenschaftliche Dokumentation der Höhle. Ein Projekt ist dabei die exakte Vermessung. Bis jetzt sind die Gänge bis zum »Mörikedom« dokumentiert. Die Gruppe entdeckte dabei weitere Hohlräume, darunter zwei Hallen über dem Wasserspiegel. Die Höhle zieht zuerst nach Westen, dann folgt sie dem Verlauf des Galgentäles nach Nordwesten (Bohnert 2002). Jedoch ist erst ein Bruchteil des Höhlensystems im Einzugsgebiet des Blautopfes erforscht.

Der Blautopf fasziniert nicht nur die Besucher, die sich an seinem schönen Anblick erfreuen, sondern auch die Höhlenforscher. Das Einzugsgebiet des Blautopfes ist über 160 km² groß und reicht im Westen bis fast nach Zainingen. Das Wasser, das dort versickert, tritt nach relativ kurzer Zeit im Blautopf wieder aus. Deshalb wird vermutet, dass sich unter der Albhochfläche eine große Wasserhöhle, die Blauhöhle, befindet. Der Weg durch den Eingang der Blautopf-Unterwasserhöhle ist trotz moderner Ausrüstung nur wenigen erfahrenen Spezialisten vorbehalten. Deshalb ist es ein uralter Traum, von oben in die Blauhöhle hineinzukommen. Für die örtlichen Höhlenvereine ist deshalb jeder neue Erdfall und jede angeschnittene Spalte in einer Baugrube interessant.

Bis jetzt konnte jedoch in keiner der zum Teil recht tiefen Schachthöhlen der Durchbruch zu der Wasserhöhle bzw. zum Karstgrundwasserspiegel erreicht werden.

Abstieg in die »Gräfinbronnenhöhle«. Schluckloch (Ponor) beim Schloss Mochental.

Das »geologische Röntgenbild der Alb« – die Laichinger Tiefenhöhle

Auf der Albhochfläche gibt es nur wenige natürliche Höhleneingänge, beinahe alle Höhlen der Hochfläche wurden nicht durch gezieltes Absuchen des Geländes, sondern durch Zufall entdeckt. Im Herbst 1892 grub Johann Georg Mack im Gewann Schallenlauh südlich von Laichingen nichts ahnend nach Dolomitsand, der früher als Feg- oder Scheuersand Verwendung fand. Durch hinabrieselnden Sand bemerkte er, dass er eine Spalte angeschnitten hatte. Eine kleine Gruppe Eingeweihter kam nach Schallenlauh, um das Geheimnis des Spalts zu lüften. Nach der Erweiterung der Spalte wurde der Schlankeste, Macks Sohn Ulrich, an einem Seil in die Höhle hinabgelassen.

In der Laichinger Tiefenhöhle sind heute Gänge mit einer Gesamtlänge von 1253 Metern und einer Tiefe von 80 Metern bekannt. Der Führungsweg ist 320 Meter lang und führt bis in 55 Meter Tiefe. Die Höhle ist damit die tiefste für Besucher zugänglich gemachte Höhle Deutschlands. Sie führt durch ein Schwammriff des ehemaligen Jurameers. Die Transparenz des Gesteinsaufbaus, der Stockwerksbildung und der Verkarstung brachte Hans Schwenkel, als Leiter der »Staatlichen Stelle für Naturschutz« in Stuttgart erster hauptamtlicher Naturschützer in Württemberg, zu dem Ausspruch vom »Geologischen Röntgenbild der Alb«.

In der Großen Halle in 40 Meter Tiefe zweigen mehrere in westsüdwestliche – ostnordöstliche Richtung ausgerichtete Gänge ab. Der Formenreichtum der Decken und Wände lässt die Wirkung

der Korrosion erkennen. Ufrecht (1987) kommt auf Grund verschiedener geologischer und geomorphologischer Erkenntnisse zur Vermutung, dass dieser Teil der Tiefenhöhle zum Zeitpunkt seiner Entstehung noch zum Einzugsgebiet der heutigen Kleinen Lauter gehört habe und gibt das Alter des Höhlenteils mit ca. 4 bis 5 Millionen Jahren an.

Der Höhlen- und Heimatverein Laichingen hat 2002 im Eingangsgebäude der Tiefenhöhle das neu gestaltete Höhlenkundliches Museum eröffnet. Hier werden die verschiedensten Aspekte rund um die Themen »Höhle« und »Höhlenforschung« dargestellt.

*Die Laichinger Tiefenhöhle ist eine Schachthöhle.
Die Besucher bewegen sich daher meist auf Treppen und Leitern.
Das touristische Angebot wird durch das Höhlenkundliche
Museum und ein schönes Rasthaus ergänzt.*

Dolinen

Dolinen sind wertvolle Biotope und stehen aus diesem Grund unter besonderen Schutz. Außerdem sind diese typischen Karsterscheinungen Zeugen der Erdgeschichte und daher auch als geologische Gebilde schutzwürdig.

Dolinen oder »Erdfälle« können als kleine, flache Mulden in Erscheinung treten, aber auch als gewaltige Erdtrichter oder gar Einstürze mit senkrechten Felswänden. Für den Alb-Donau-Kreis schätzt Striebel (2001) die Dichte der Dolinen auf etwa 3,5 bis 4 pro Quadratkilometer. Von den auf topographischen Karten eingetragenen Dolinen sind nur noch die Hälfte intakt - die meisten davon befinden sich in Wäldern. Eine Untersuchung auf der Schwäbischen Alb im Regierungsbezirk Tübingen ergab folgendes Bild: In der Feldflur wurden rund 86 % der Dolinen eingeebnet, während es im Schnitt aller Standorte 40 % sind (Bronner 1995). Bei diesen Statistiken ist jedoch zu beachten, dass etwa 25-30% aller Objekte künstlicher Natur sind. Dolomitsandgruben, aber auch Granat- oder Bombentrichter sind von Dolinen oft nicht zu unterscheiden, erfüllen jedoch die gleiche ökologische Funktion.

Dolinen können entstehen, wenn unterirdische Hohlräume einstürzen, weil die Decke zu dünn geworden ist; und sich der Deckennachbruch bis an die Oberfläche »durchpaust«. Dann spricht man auch von »Erdfällen«. Die Mehrzahl der Dolinen sind jedoch Lösungsdolinen. Diese entstehen, wenn an bevorzugten Wasserversickerungsstellen Kalk gelöst und Erdreich abgeschwemmt wird und sich dort allmählich ein Trichter bildet.

Dolinen mit steilen Flanken in landwirtschaftlichem Gelände werden meist nicht genutzt und unterscheiden sich oft völlig in Fauna und Flora von der angrenzenden Feldflur. Neben der fehlenden Nutzung spielen dabei andere Bodenverhältnisse und ein spezielles Mikroklima eine Rolle. Vielfach ist der Boden in Dolinen besonders flachgründig, stellenweise steht auch direkt das Gestein an. An solchen Stellen können sich Trockenrasengesellschaften ansiedeln. Bei Dolinen in freier Feldflur findet in der Regel ein gewisser Dünger- und Nährstoffeintrag statt. Oft werden auch unbrauchbares Heu, Stroh und anderes organisches Material abgekippt. Der Boden wird auf diese Weise vor allem mit Stickstoff angereichert. Da die Trichterwände von Dolinen selten oder gar nicht gemäht werden, siedeln sich Hochstaudenfluren mit Brennnesseln (Urtica dioica), Himbeeren (Rubus idaeus) und Doldenblütlern an, die ihrerseits Lebensraum und Nahrung für Vögel, Insekten und andere Kleintiere bieten.

Auf der Hochfläche der Schwäbischen Alb finden sich viele abflusslose Senken mit tiefgründigen Böden, die meist als Ackerland genutzt werden. In diesen Senken treten Dolinen gehäuft auf und sind in der Feldflur oft die einzigen ungenutzten Stellen. Im Lauf der Zeit siedeln sich dort Bäume und Sträucher an und manche Dolinen sehen von der Ferne aus wie Feldgehölze. Erst beim Näherkommen wird der Erdtrichter erkennbar. In solchen Fällen kommt den Dolinen eine ähnliche ökologische Bedeutung wie Hecken oder

Schematische Schnitte durch verschiedene Dolinentypen nach Bronner (1988 verändert).

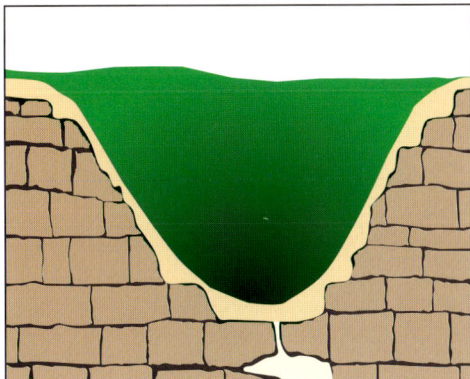

Links: Einsturzdoline über Höhle.
Mitte: Lösungsdoline mit dicker Verwitterungsdecke und nachgesacktem Trichter.
Unten: Lösungsdoline mit dünner Verwitterungsdecke.

Feldgehölzen zu. Hier wird inmitten einer landwirtschaftlich genutzten Fläche Nistgelegenheit für Vögel und Deckung für das Wild geboten.

Dolinen im Wald unterscheiden sich in geringerem Maße von ihrer Umgebung. Doch zeichnen sich große Dolinen, speziell im »naturfernen« Wald, oft durch größere Artenvielfalt und Naturnähe gegenüber dem umgebenden Wirtschaftswald aus. Ebenso ist in

Walddolinen das Mikroklima anders als im umgebenden Wald: Kaltluft bleibt in diesen Senken besonders lange stehen, und auch die Feuchte hält sich länger. So weisen sie eine besonders reiche Farn- und Moosflora auf.

Löcher in der Landoberfläche, wie sie die Dolinen nun einmal darstellen, verleiten dazu, sie zu verfüllen. Dies war in der Vergangenheit die größte Bedrohung der Dolinen und ist es auch heute noch.

In den fünfziger und sechziger Jahren des 20. Jahrhunderts wurden viele Dolinen im Zuge der Mechanisierung und Intensivierung der Landwirtschaft verfüllt und ihre Fläche einer landwirtschaftlichen Nutzung zugeführt.

Auch heute noch bilden sich Dolinen. Geschieht dies in der freien Feldflur, so werden sie leider umgehend zugefüllt und eingeebnet, bevor diese Naturereignisse überhaupt bekannt werden.

Von Menschenhand geschaffene Dolinenformen

Eine Wacholderheide mit sehr ungewöhnlichem Charakter finden wir ganz im Westen des Landkreises, unweit des Dorfes Ingstetten-Justingen. Der Magerrasen ist mit einem Mosaik von schachtartigen Vertiefungen übersät; Einbrüche, Schlunde mit unterschiedlichen Formen. Mehrere Meter tief hinein in den Karst reichen die Löcher, aus denen bis in die Mitte des letzten Jahrhunderts »Dolomitsande« gewonnen wurden. Bei dem griesig verwitterten Material handelt es sich um Kalzium-Magnesium-Karbonat in Zuckerkornstruktur, dessen Entstehungsprozess mit »Dolomitisierung« umschrieben wird. Genannt auch »Bitterkalke«, die über Jahrhunderte als wertvoller Baustoff zum Verputzen und als Sandersatz aus den umgebenden Massenkalken (aus dem steinigen Untergrund) gekratzt wurden. Diese »Sandlöcher« sind ein Phänomen der Kuppenalb, hier jedoch besonders ausgeprägt, weil sie zu großen Teilen vor Verfüllung bewahrt worden sind.

Juwelen an Felsen des Blautales sind Niedriges Habichtskraut (links), Pfingstnelke (Mitte) und Felsenblümchen (rechts).

Hermann Muhle

Felsen

Es gibt im Alb-Donau-Kreis nur noch einen Landschaftstyp, der die Bezeichnung »ursprünglicher und unveränderter Primärbiotoptyp« zu Recht trägt: Dies ist der Lebensraum Fels.

Diese Kalkfelsbildungen, fossile Algen- und Schwammstotzen z.B. im Blautal sind durch tektonische Vorgänge während des Tertiärs emporgehoben worden und anschließend durch Ausbildung der Flußtäler herauspräpariert worden. Im Laufe der nacheiszeitlichen Vegetationsbesiedlung wanderten südliche und östliche Arten ein, die Verbindung zum Mittelmeergebiet bzw. zu den südosteuropäischen Steppen zeigen. Bei einigen botanischen Glanzlichtern in den Naturschutzgebieten des Blautales und der Seitentäler wie Kleine Glockenblume (Campanula cochleariifolia), Immergrünes Felsenblümchen (Draba aizoides), Traubensteinbrech (Saxifraga paniculata), Pfingstnelke (Dianthus gratianopolitanus), Niedriges Habichtskraut (Hieracium humile) ist man heute sogar geneigt, sie zu Eiszeitrelikten zu erklären. Sie könnten als Ausliegerpopulation von einem alpinen Grundstock in Felsspalten der tiefen Albtäler in den Eiszeiten hier überlebt haben.

Uhu

Aber nicht nur für die Pflanzen sind unsere Felsbiotope einmalige Denkmäler, sondern auch für die Tierwelt. So sind Turmfalke und Wanderfalke typische Felsbewohner. Während der Turmfalke (Falco tinnunculus) auch auf Gebäuden brütet, brauchen der seltenere Wanderfalke (Falco peregrinus) und der Uhu (Bubo bubo) Höhlungen und Felsbänder für ihr Brutgeschäft. Beide Arten waren fast ausgerottet, konnten aber durch aktiven Artenschutz in den letzten Jahrzehnten vor dem regionalen Aussterben bewahrt werden. Von den Rabenvögeln findet man zwei Arten besonders in der Nähe der Felsen: Die Dohle (Coloeus monedula) und den Kolkraben (Corvus corax). Während man den letzteren gelegentlich fälschlicherweise Übergriffe auf Schafe unterstellt, tragen doch beide durch ihren Ruf wesentlich zum Erlebniswert der Alblandschaft bei. Auch der Kolkrabe war in großen Teilen der Alb ausgerottet und seine Rückkehr

lässt hoffen, dass er demnächst nicht mehr zu den gefährdeten Vogelarten der Felsen gerechnet werden muss.

Die Felsbiotope nehmen nur einen geringen Teil der Landkreisfläche ein, aber für die Erhaltung des Artenreichtums (Biodiversität) haben diese Ausnahmestandorte einen hohen Naturschutzwert. Wer einmal als Wanderer die standörtliche Vielfalt der Jurafelsen erleben möchte, sollte auf steilem Pfad vom Blautopf den Glas- oder Blaufels besuchen und dort z.B. Felsenblümchen und Traubensteinbrech beobachten. Dieser Steinbrech hat an seinen gezähnten Blatträndern kleine kalkabscheidende Drüsen, mit denen er das Überangebot von Kalzium an diesen extremen Standorten regelt. Auch eine Wanderung zum Rusenschloss ober-

Wanderfalke

halb Gerhausen kann um die Pfingstzeit reizvoll sein. Am Knoblauchfelsen kann man die geschützte Pfingstnelke zusammen mit dem Blassen Schwingel (Festuca pallens) in Felsbandgesellschaften beobachten. Diese Felspflanzen sind sehr trittempfindlich und ein Betreten sensibler Felsköpfe ist strikt zu vermeiden. Auch viele abgelegene Felsen sollten in einer Ruhezone bleiben. Denn nur so können die Brutbiotope von Uhu oder Wanderfalke geschützt werden. Andere Beutegreifer nutzen die Felsköpfe als Ansitzwarten oder Kröpfplätze. Auch viele unscheinbare Pflanzen und Tierarten, die nur dem Fachmann bekannt sind, verdienen den vollen Schutz des Naturschutzgesetzes und in bestimmten Fällen der europäischen Schutzkategorie »NATURA2000«. Dies sind insbesondere kleine Felsschnecken, unscheinbare graue Kissenmoose und zum Teil im Felsen lebende Warzenflechten, die man nur mit optischer Vergrößerung erkennt.

Einige herausragende Felsen des Blautales und der Seitentäler sind mit den Jahren immer beliebtere Kletterfelsen geworden. Besonders Anfänger der Sportkletterei suchen gerne ungefährliche Übungsfelsen in Ortsnähe auf. Um Schäden von den hochwertigen, weit aus den Wäldern herausragenden Felsbiotopen besonders an siedlungsfernen Standorten abzuwenden, wurde eine Lösung für die Kletterer im Bereich der Felssteilwände gesucht. Diese Kletterkonzeption wurde vom Umweltamt Alb-Donau-Kreis mit den Vertretern des Deutschen Alpenvereins erarbeitet. Durch den Verzicht der Bekletterung der obersten Felskuppen konnte diese Freizeitnutzung in vertretbare Bahnen gelenkt werden. Da auch Wanderer Felsaussichtspunkte aufsuchen, bleibt weiterhin Untersuchungsbedarf, ob die bestehenden Einschränkungen einen nachhaltigen Biotopschutz ermöglichen. Die Einhaltung der spezifischen Kletterregelungen, erläutert durch Hin-

weisschilder beim Einstieg, wird überwacht. So ist das Ziel, biotopgerechtes Klettern zu ermöglichen, vielfach schon erreicht worden. Weiterhin ist zu erwarten, dass Kletterwände und Klettergärten in Siedlungsnähe diesem Freizeitsport weitere Interessenten zuführen werden. Deshalb sollte die alpine Variante insbesondere vom DAV stärker gefördert werden.

Trockenvegetation am »Hohlen Fels«. Wasserscheide von Schmiech- und Achtal mit »Sirgenstein« im Hintergrund.

Lesetipps zum Thema Felsen:

- Alb-Donau-Kreis [Hrsg.] (2003): Höhlenreich. 18 S., Ulm/Donau.
- Binder, H. (1995): Höhlenführer Schwäbische Alb. Theiss-Verlag: 255 S., Stuttgart.
- Gradmann, R. (1992): Das Pflanzenleben der Schwäbischen Alb. Band 1, 5. Auflage. Stuttgart.
- Hanold, W. (1980): Geologischer Führer für den Raum Ehingen-Schelklingen-Blaubeuren. Ehingen.
- Ulmer Geographische Hefte [Hrsg. Birkenfeld, H.]
  - Das Blautal – Mosaik einer Tallandschaft. Heft 4 (1987): 136 S.
  - Lone und Lonetal – Ein Karst-Ökosystem auf dem Prüfstand. Heft 5 (1988): 108 S.
  - Der Nägelesfelsen – Charakterisierung eines Felsbiotops. Heft 11 (1996): 80 S.
- Hepp K.F., F. Schilling & P. Wegner (1995): Schutz dem Wanderfalken. Beiheft zu den Veröffentlichungen der Landesanstalt für Naturschutz und Landschaftspflege in Baden-Württemberg 82: 1-392. Karlsruhe.
- Künkele G. & F. Schilling (2003): Europäische Juwelen - Felsen der Schwäbischen Alb. [Hrsg.]: Bund Naturschutz Alb-Neckar e.V. Reutlingen: 1-128.

Block- und Geröllhalden

Hermann Muhle

An den Hängen der Donau und des Blautales und den tiefer eingeschnittenen Seitentälern findet man besonders in der Nähe der Felsen Hangschuttmassen von großer Mächtigkeit. Der Klammerfels bei Lauterach-Neuburg und die Halden im Kleinen Lautertal sind anschauliche Beispiele hierfür.

Die durch intensive Verwitterung vorrangig während der Kaltzeiten entstandenen Hang- und Felsabtragungen können schotterig sein oder auch als Blockfluren auftreten. Auch unter heutigen Bedingungen findet man diese Verwitterungsphänomene, was man leicht in aufgelassenen Steinbrüchen beobachten kann. Insbesondere in den Feinschuttbereichen am Fuße der Felsen haben sich Spezialisten wie der Schildampfer (Rumex scutatus), der Ruprechtsfarn (Gymnocarpium robertianum) und auch der Schmalblättrige Hohlzahn (Galeopsis angustifolium) angesiedelt.

Im nahen Blautal findet man häufig an stickstoffreichen Stellen unter Felsvorsprüngen (so genannte Balmenstandorte) das Schlangenäuglein (Asperugo procumbens) mit tiefblauen charakteristischen Blüten.

An schattigen Nordhängen kann man in solchen Schotterfluren Reliktarten wie die kleine Glockenblume (Campanula cochlearifolia) oder selten die breitblättrige Glockenblume (Campanula latifolia) beobachten. Auch viele Arten mit Hauptverbreitung in den Kalkalpen wie die Alpen-Distel (Carduus defloratus) und die Alpen-Johannisbeere (Ribes alpinum) gedeihen auf den Blockhalden.

Geröllhalde am Klammerfels unterhalb von Lauterach-Neuburg (oben) und

Geröllhalde im NSG Kleines Lautertal (links).

Schlangenäuglein

Breitblättrige Glockenblume

Rosenmoos

Der Anteil von dealpinen Arten an schattigen Standorten ist bei den Moosen größer. So findet man in schattigen Grobblockhalden vereinzelt das von Bertsch (1966) so treffend bezeichnete Mäuseschwänzchenmoos (Myurella julacea). Die dominierende Art der Geröllhalden ist jedoch das etagenförmig wachsende Glänzende Hainmoos (Hylocomium splendens).

Ein besonders interessantes Laubmoos ist das knospenförmig eintrocknende Rosenmoos (Rhodobryum spatulatum), was wenige Standorte in den Blockschuttwäldern besiedelt.

Erstaunlich ist, dass der sonst auf der mittleren Alb auf fein- bis mittelgrobem Steinschutt am Hangfuß vorkommende Glatthafer (Arrhenatherum elatius) auch in nährstoffreichen Wiesen eine Nische gefunden hat.

So ist die Vegetation der mit den Felsen intensiv verzahnten Schuttfluren sehr trittempfindlich. Das ist häufig ein Grund, das Betreten dieser Biotope einzuschränken.

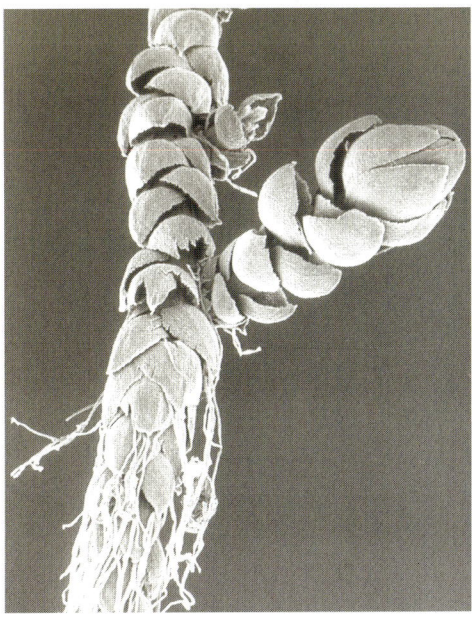

Mäuseschwänzchenmoos

Schildampfer

Abbaustätten – Biotope aus zweiter Hand

**Ulrich Tränkle
und Erich Lauffer**

Die Nutzung und Veränderung der Landschaft durch den Abbau von Steinen und Erden erlangte in den letzten fünf Jahrzehnten durch die stark wachsende Bauindustrie immer mehr an Bedeutung. Trotz des geringen Flächenbedarfs von nur 0,2 % der Landesfläche werden Steinbrüche und Kiesgruben wegen ihrer fehlenden landschaftlichen Wiedereingliederung zu einem besonderen Problem. So galten Abbaustätten als Zivilisationsschäden und offene Wunden, die nach Abbauende möglichst schnell und umfassend verfüllt und rekultiviert werden sollten.

Erst gegen Ende der 70er Jahre des vorigen Jahrhunderts nahm die Erkenntnis zu, dass stillgelegte und erstaunlicherweise auch betriebene Abbaustätten wichtige Funktionen im Haushalt der heutigen intensiv genutzten Kulturlandschaft übernehmen. So tragen Sukzessionsflächen in Abbaustätten innerhalb eines Biotopverbundsystems zur Sicherung und Vermehrung der biologischen Vielfalt und Stabilisierung der umgebenden Ökosysteme bei. Sie können sich zu Rückzugsgebieten für seltene und bedrohte Arten, Lebensgemeinschaften und Biotoptypen entwickeln. Dies gilt insbesondere für nicht durch Ansaat oder Bepflanzung künstlich rekultivierte Abbaustätten.

Heute steht die Rekultivierung vor dem Problem, diesem Naturschutzwert durch angepasste Renaturierungsverfahren Rechnung zu tragen und gleichzeitig die rechtlichen Rahmenbedingungen zu erfüllen.

*»Blauer Steinbruch« bei Ehingen
mit Mücken-Händelwurz im Vordergrund.*

Die Situation
im Alb-Donau-Kreis

Der Alb-Donau-Kreis ist reich an mineralischen Rohstoffen, wie Kiese und Sande, Kalksteine, hochreine Kalksteine, Zement- und Ziegeleirohstoffe. Historisch bedeutsam waren der Abbau von Kalktuff und Kalkgries.

Mit der Umsetzung des Rekultivierungsplanes wird der Steinbruchbetreiber den gesetzlichen Vorgaben einerseits gerecht und verhilft gleichzeitig der Natur zu einer eigenständigen Entwicklung. So kann der Naturschutzwert der Abbaustätten erhalten und »Paradiese« aus zweiter Hand geschaffen werden.

Prinzipiell lassen sich die landwirtschaftliche, forstwirtschaftliche Rekultivierung und sonstige Folgenutzungen, wie Freizeit- und Erholungsnutzung sowie Arten- und Naturschutz unterscheiden. Letztere leiten zu den Renaturierungsverfahren über. Eine Waldbegründung über Ansaat ist eine nach wie vor selten benutzte Methode, obwohl sie zahlreiche Vorteile inklusive eines relativ hohen Naturschutzwertes aufweist. Renaturierungsverfahren dienen der gezielten Anlage und Ansiedlung von naturschutzrelevanten Arten, Biotopen bzw. Pflanzengesellschaften, in deren Zuge sich zahlreiche Tiere ansiedeln. Man kann eine ganze Reihe von Verfahren wie Mähgutauftrag, Ansaat,

Pflanzung von Wildarten, Verpflanzung und ganz einfach das unberührte Liegenlassen (freie Sukzession) unterscheiden. Beim Mähgutverfahren werden geeignete Kalk-Magerrasen gemäht und dieses frische Mähgut in die Abbaustätten eingebracht. Das Verfahren weist sehr gute Erfolge auf und führt innerhalb weniger Jahre zu artenreichen, naturnahen Lebensgemeinschaften in den Steinbrüchen.

Lebensraumtypen

Eine Abbaustätte ist ein komplexer Lebensraum, der sich aus zahlreichen Teillebensräumen zusammensetzt. Die standörtliche Vielfalt wird durch Lage- und Lichtverhältnisse, Nährstoffgehalt, Wasserhaushalt, Gestein, Feinmaterialanteil und Bodenverdichtung noch wesentlich erhöht. Abbaustätten verfügen dadurch über ein feines Standortsmosaik mit zahlreichen Übergangsbereichen. Gerade diese Übergangsbereiche fehlen der heutigen Kulturlandschaft im Gegensatz zu früher weitgehend.

Unterschieden werden können Steinbruchrand, Steil- bzw. Felswand mit Felssimsen und -köpfen, Spalten und Klüf-

Legende:
1. *Steinbruchrand*
2. *Bermen/Fahrwege*
3. *Felsköpfe, -simsen*
4. *Felsspalten, Klüfte*
5. *Verwitterungskegel*
6. *Abraumhalde*
7. *Plateau/Verebnung der Abraumhalde*
8. *Steinbruchsohle*
9. *Ausdauernde Gewässer*
10. *Temporäre Gewässer*
11. *Instabile Hänge*
12. *Ruhende Hänge*

Naturschutzwert von Abbaustätten

ten, Bermen (Abbausohlen), Verwitterungskegel vor den Bruchwänden, Abraumhalden (instabil bis ruhend), trockene Sohlen mit Felsblöcken, Schutt-, Stein- und Kieshaufen, Erdaushubhalden, Gewässer mit Flach- und Tiefwasserzonen, zeitlich begrenzte Gewässer in Senken, Rinnen und Fahrspuren sowie zahlreiche Sonderformen wie Fahrwege, Förderbänder, Eisenbahntrassen, Gondelsysteme, rekultivierte Bereiche, Betriebsgebäude, Maschinen und Ruinen.

Ähnliche Lebensraumtypen mit substratabhängiger Mikrostruktur gibt es auch in den Sand- und Tongruben. Kiesgruben weisen neben den im Trockenabbau ebenso entstehenden Steilwänden, Halden und Verwitterungskegeln bei Nassabbau meist große Gewässer auf, die während des Abbaus steile Ufer und weite Kiesflächen zeigen. Nach Abbauende werden die Gewässer mit Flachwasserzonen, vegetationsfreien Kiesflächen, in Teilen auch inselförmigen Anschüttungen ausgestattet, um die Habitatvielfalt zu erhöhen und die Gewässer naturnäher zu gestalten.

Abbaustätten weisen einen hohen Naturschutzwert für Tiere und Pflanzen auf. Während man bis vor rund 10 Jahren noch davon ausging, dass dies nur für aufgelassene Abbaustätten gilt, hat die Forschung des letzten Jahrzehntes sehr deutlich gezeigt, dass auch betriebene Abbaustätten bedeutend für den Naturschutz sind. Es gibt jedoch deutliche Unterschiede. Während aufgelassene Steinbrüche häufig höhere Anteile gefährdeter Arten und seltener Lebensgemeinschaften aufweisen, sind die Gesamtartenzahlen in betriebenen Abbaustätten meist deutlich höher. Anders sieht dies bei den Kiesgruben aus. Neue Untersuchungen haben gezeigt, dass die Anteile gefährdeter Pflanzenarten in betriebenen Kiesgruben enorm hohe Werte erreichen können, was für die Wissenschaftler eine Überraschung war (Rademacher 2001).

Auch das Spektrum der Arten, die man beobachten kann, ist in betriebenen und aufgelassenen Abbaustätten sehr unterschiedlich. Erstere sind von großer Bedeutung für Arten, deren natürliche, meist vegetationsarme Lebensräume in unserer Kulturlandschaft weitgehend verschwunden sind. So sind betriebene Abbaustätten ein hervorragender Lebensraum für Flussregenpfeifer, Uferschwalbe, Kreuzkröte und Gelbbauchunke. In den Felswänden der Steinbrüche sind Wanderfalke und Kolkrabe nicht selten, auch der Uhu und die Hohltaube zeigen sich mehr und mehr in Steinbrüchen.

Die Kreuzkröte (oben) weist auf dem Rücken einen weißlichen Streifen auf, der ihr den Namen gibt. Ohne Abbaustätten wäre diese Art vom Aussterben bedroht. Die Gelbbauchunke (links) wirft sich bei Gefahr auf den Rücken und schreckt Feinde mit ihrer auffälligen Unterseite ab.

Aufgelassene Steinbrüche

Steinbrüche bieten seltenen Vogelarten durch die hohen und steilen Felswände einen wichtigen Lebensraum. Durch erfolgreiche Brut in den bis 30 m hohen Felswänden konnten sich an vielen Stellen die Zahl der Wanderfalken im Alb-Donau-Kreis wieder deutlich erholen. Der Lonseer Steinbruch zum Beispiel beherbergt seit Jahren ein erfolgreich brütendes Wanderfalkenpaar, obwohl die Sohle immer noch mit Erdaushub verfüllt wird. Trotz LKW-Verkehr haben sich die Tiere etabliert, zumal die reiche Strukturierung der Wand Elternpaar und Jungen einen guten Schutz bietet. Auf den Felskuppen stocken lockere Feldgehölze mit angrenzenden Magerrasenfragmenten. Auch kleinere Felsvorsprünge sind mit Magerrasenarten wie Rötliches Fingerkraut, Aufrechte Trespe oder Karthäuser Nelke bestanden.

Doch auch andere, meist nicht so leicht sichtbare Artengruppen aus Tier- und Pflanzenwelt finden in aufgelassenen Steinbrüchen Rückzugsräume.

Die aufgelassenen Abbaustätten im Alb-Donau-Kreis haben sich seit ihrer Betriebsaufgabe vor 60-90 Jahren zu wahren Kleinodien für Tiere und Pflanzen entwickelt. Von besonderer Bedeutung im Alb-Donau-Kreis sind der Blaue Steinbruch bei Ehingen, der Sotzenhausener Steinbruch und der Stuttgarter Steinbruch.

Eisvogel

Blauer Steinbruch

Der Blaue Steinbruch bei Ehingen (siehe Bild auf Seite 58) ist als Naturschutzgebiet ausgewiesen. Als einmalige Besonderheit im Alb-Donau-Kreis findet sich hier ein von Kalkmagerrasen, einer kleinen Steilwand und einem kleinen See begrenzter Kalk-Quellsumpf mit so seltenen Arten wie Gewöhnliche Simsenlilie, Bunter Schachtelhalm, Schmalblättriges und Breitblättriges Wollgras und Fieberklee. Dieses Kleinod ist der letzte Rest der im Bereich von Schmiech und Ach einst weiter verbreiteten Quellsümpfe. Von den 261 Pflanzenarten sind 18 Arten gefährdet (Rote Liste Baden-Württemberg).

Im See fühlen sich alle Molcharten, verschiedene Frösche und die Ringelnatter wohl. Von besonderer Bedeutung ist der leicht zu erkennende Kammmolch, der inzwischen europaweit als Art der **F**auna-**F**lora-**H**abitat-Richtlinie (FFH) besonderen Schutz genießt. Wer Glück hat, kann auch den Eisvogel beobachten.

Sotzenhausener Steinbruch

Der Sotzenhausener Steinbruch wurde vor 70-90 Jahren zum letzten Mal betrieben und ist wohl einer der bedeutendsten alten Steinbrüche Deutschlands. Für die Tiere und Pflanzen der ursprünglich ausgedehnten Kalkmagerrasen war der Steinbruch das letzte Rückzugsgebiet.

Mergelhalden sind extreme Wuchsstandorte.

Stuttgarter Steinbruch

Der kaum zu entdeckende Eingang mündet in einen schmalen, fast hohlwegartigen, von großen Abraumhalden gesäumten und von artenreichen Laubgehölzen beschatteten Weg. Rechts und links finden sich hier im tiefen Schatten unter den Bäumen bereits in großer Zahl Rundblättriges und Nickendes Wintergrün, Türkenbund und verschiedene Orchideen. Nach rund 50 Metern öffnet sich der Steinbruch in einen mit Kiefern licht durchsetzten Kalkmagerrasen. Begrenzt wird er durch die stark verwitterten, blaugrauen Halden der Zementmergel. Der Steinbruch ist mit 14 Arten ungemein orchideenreich. Darunter konnten auch die seltene Dreispaltige Korallenwurz und die Bienen-Ragwurz

beobachtet werden. Während die alten Abraumhalden an den Hängen dichte waldartige Bestände tragen, findet sich auf dem extrem trockenen und heißen Plateau eine bunte Erdflechtengesellschaft. Besonders hübsch ist hier der Zarte Lein mit seinen helllila gefärbten, vergänglichen Blüten. Im Steinbruch können auf rund 14 Hektar insgesamt 217 Pflanzenarten nachgewiesen werden. Mit 30 gefährdeten Arten ist die Altanlage eines der bedeutendsten Sekundärhabitate Deutschlands. Als Besonderheit kommt hier nur im tiefen Schatten und unter Kalksteinplättchen das winzige, leicht zu übersehende Kalkzwergmoos (Seligeria calcarea) vor.

Der Steinbruch ist ein Eldorado für zahlreiche Tierarten. Neben vielen Schmetterlingen wie Zwerg-Bläuling und Sonnenröschen-Bläuling ist die Rotflügelige Schnarrschrecke in guten Jahren mit zahlreichen Tieren vertreten.

Der so genannte Stuttgarter Steinbruch liegt östlich von Allmendingen. Große stark verwitterte Halden mit blütenreichen, Wärme liebenden Säumen und bewaldete große Abraumhalden prägen das Bild. Ungewöhnlich groß ist der Bestand der Braunroten Stendelwurz (Epipactis atrorubens) auf den auch noch nach 80 Jahren ständig rutschenden Verwitterungshalden. Nur der geübte Beobachter wird die Echte Mondraute unter den 290 vorkommenden Pflanzenarten entdecken können. Die ehemaligen kleinen Gewässer auf der untersten Sohle sind immer noch am Vorkommen der Purpur-Weide zu erkennen, obwohl die Gewässer inzwischen durch blütenbunte Kalk-Magerrasen ersetzt wurden.

Bienen-Ragwurz

Zarter Lein

Betriebene Steinbrüche

Stellvertretend für die zahlreichen im Betrieb befindlichen Steinbrüche werden drei Steinbrüche beschrieben. Zwei liegen im Blautal, der dritte in einem Seitental des Schmiechtales.

Espersetten-Widderchen

Kalksteinbruch Wippingen

Der Steinbruch bei Wippingen ist etwas Besonderes. Nach Albrecht (1991) wird die Abbaustätte seit 1913 betrieben und hat sich im Laufe der Zeit tief in die Hangkante bzw. die nördlich anschließende Hochfläche hinein entwickelt. Abgebaut wird hier das so genannte Ulmer Weiß, ein hochreiner Kalkstein mit nahezu 100 % Kalkgehalt, der beispielsweise für die Herstellung von Zahnpasta und in der chemischen Industrie dringend benötigt wird. Der Steinbruch hat eine Fläche von rund 35 Hektar und besteht aus drei Teilstücken: dem eigentlichen Steinbruch, den inzwischen sehr schön entwickelten Halden nicht verwertbaren Materials und den vom Steinbruch entfernten ehemaligen Absetzteichen, in denen das Waschwasser des Kalksteines gesammelt wurde.

Der Zugang zum Steinbruch erfolgt durch einen nur schmalen Durchbruch auf Höhe des Blautales. Erst nach rund 70 Metern öffnet sich die eigentliche Abbaustätte mit ihren im Endzustand bis 120 Meter hohen Felswänden.

Der Steinbruch zeichnet sich durch eine Vielzahl von Pflanzen- und Tierarten aus. Auf den noch in Bewegung befindlichen Geröllhalden hat sich mit Schild-Ampfer und Schmalblättrigem Hohlzahn eine bemerkenswerte und seltene Gesellschaft von Pflanzen entwickelt. Auch der einjährige und gefährdete Trauben-Gamander kommt hier in zahlreichen Exemplaren vor. Insgesamt können allein hier 224 Pflanzenarten gefunden werden. Darunter sind 11 Arten in Baden-Württemberg in ihrem Bestand gefährdet.

Der heiße und trockene Standort bietet einer Vielzahl von Schmetterlingen einen Lebensraum. Es finden sich zahlreiche Bläulinge wie der Violette Waldbläuling und verschiedene Widderchen, darunter auch das inzwischen so selten gewordene Sonnenröschen-Grünwidderchen. Sehr schöne auffallende und gleichzeitig gefährdete Tiere sind der Feurige Perlmuttfalter und der Rote Scheckenfalter.

Die ehemaligen Klärschlammbecken sind, obwohl nach Aufgabe des Betriebes stark zugewachsen, immer noch ein Lebensraum für zahlreiche Frösche und Lurche. Sechs Arten können hier gefunden werden, die auffälligste ist hierbei sicher der grün leuchtende Laubfrosch.

Die Vogelwelt des betriebenen Steinbruches zeichnet sich durch eine regelmäßige Brut des Wanderfalken

Alpen-Mauerläufer

Steinbruch Gerhausen-Beiningen

Der durch die Zementindustrie betriebene Steinbruch gehört zu den wohl am besten untersuchten Abbaustätten Deutschlands. Die besondere Geologie der hier häufig auftretenden so genannten Zementmergel (Weißer Jura-ζ) führt auf den Abbausohlen zu zahlreichen, ausdauernden und nach Regen nur kurze Zeit vorhandenen Stillgewässern.

Im Steinbruch können auf einer Fläche von rund 65 Hektar 333 Pflanzenarten, darunter 14 gefährdete, gefunden werden. Für eine betriebene Abbaustätte ist dies ein sehr hoher Wert. Besonders hübsch, aber selten sind beispielsweise

Nickendes und Rundblättriges Wintergrün. Unter den drei vorkommenden Orchideen fällt das Gefleckte Knabenkraut im Randbereich einiger Gewässer auf. Der große Pflanzenreichtum bietet zahlreichen Schmetterlingen Nahrung und Versteck. Im Steinbruch leben 32 tagaktive Schmetterlingsarten. Besonders zahlreich ist das gefährdete Esparsetten-Widderchen.

Die vielen Gewässer sind ein idealer Lebensraum für Frösche, Lurche und Libellen. Von großer Bedeutung ist der betriebene Steinbruch für Gelbbauchunke, Kreuzkröte und Laubfrosch. Ins-

aus, der in den hohen, seit mehreren Jahrzehnten nicht mehr abgebauten Steilwänden lebt. Im Winter wandert als Nahrungsgast der prächtige rotflügelige Mauerläufer aus den Alpen ein.

*Steinbruch Beiningen,
HeidelbergCement.*

Laubfrosch

Naturschutzgebiet »Pfaffenwert« bei Ehingen-Dettingen.

besondere die Gelbbauchunke kommt in so großer Zahl vor, dass der Steinbruch als einer der bedeutendsten Lebensräume für dieses Tier in Baden-Württemberg angesehen werden muss. In warmen Frühsommernächten kann man nach Regen die Wanderung von zigtausenden Jungtieren der Kreuzkröte beobachten. Während Gelbbauchunke und Kreuzkröte typische Steinbrucharten sind, die die offenen Abbaugewässer dringend zum Überleben benötigen, ist der Laubfrosch auf kleine Seen mit Büschen angewiesen. In lauen Nächten können im Mai und Juni Dutzende rufende Männchen gehört werden.

Fast schon als Charakterart in betriebenen Steinbrüchen kann der Flussregenpfeifer bezeichnet werden. Diese scheue Vogelart lebt in fast allen betriebenen Steinbrüchen im Alb-Donau-Kreis. Im Steinbruch Gerhausen-Beiningen können ohne weiteres bis zu 10 Tiere beobachtet werden. Das Nest wird zwischen Steinen am Boden angelegt und ist mit den »steinfarbenen« Eiern perfekt getarnt.

Kiesabbau

Grundsätzlich lassen sich Kiese im Trocken- oder im Nassabbau gewinnen. Trockenabbau oberhalb der Grundwassergrenze betrifft vor allem die Moränenschotter der Eiszeiten, wie sie in Oberschwaben landschaftsprägend sind. Bei Datthausen-Obermarchtal wird Kies trocken abgebaut. Der für unseren Raum typische Nassabbau wird in den Flusstälern betrieben, wo die abbauwürdigen Schotter direkt im oder im Einflussbereich des Grundwassers liegen. Es wurden vorhandene Flussaltarme, oder neue Flächen ausgebaggert. Entlang der Donau sind so viele Seen entstanden, bei Erbach bilden sie eine flächige »Seenplatte«.

Kiesgruben sind, ob in Betrieb oder aufgelassen, wichtige Trittsteinbiotope im Biotopverbund. Nach Abbauende sollten Untersuchungen klarstellen, welche Folgenutzung für diese Abbaustätten anzuraten ist und in welchem größeren Lebensraum-Zusammenhang diese Flächen stehen. Die Folgenutzung Naturschutz ist bei zwei Nassabbauflächen von besonderer Bedeutung: Das Naturschutzgebiet »Pfaffenwert« bei Ehingen und das Schutzgebiet »Gronne« auf Ulmer Stadtgebiet.

Naturschutzgebiet »Gronne«

Dieser frühere Altarm der Donau, deren Begradigung Anfang des zwanzigsten Jahrhunderts abgeschlossen war, wurde bereits um 1930 ausgebaggert. Nach dem Zweiten Weltkrieg wurde der Abbau deutlich vergrößert und 1962 schließlich eingestellt. Bereits 10 Jahre später erfolgte die Ausweisung als Naturschutzgebiet, das 1982 nochmals deutlich erweitert wurde. Die Altarm- und Abbauflächen der Donauniederung bilden einen wichtigen Biotopverbund für zahlreiche Lebewesen der offenen und gehölzbewachsenen Feuchtbiotope. Zungen-Hahnenfuß, Froschbiss, Dreiteiliger Zweizahn, Sumpf-Schafgarbe, Tannenwedel, Fluss-Greiskraut und Gelbe Wiesenraute wachsen im Wasser und in Verlandungszonen.

Das NSG Gronne ist ein mehr als 12 ha großer, flacher See, der neben den Ufergehölzen vor allem durch ausgedehnte randliche und mittige Röhrichte gekennzeichnet ist. Diese Lebensräume sind hochattraktiv für Lurche und Vögel, die den See auch mit zahlreichen anderen seltenen Arten besiedeln, so Rohrammer, Teichrohrsänger, Sumpfrohrsänger, Eisvogel und Zwergtaucher. Eine wichtige, weil überregionale Bedeutung hat das NSG Gronne als Rastplatz für Zugvögel.

Durch die Nähe zum Ballungsraum Ulm/Neu-Ulm kommt aber auch der Erholungsfunktion dieser Landschaft eine hohe Bedeutung zu.

Gelbe Wiesenraute

Sandabbau

Im Erdzeitalter des Tertiärs (Miozän) bildeten sich im Molassebecken der Voralpen Sandrinnen, in denen Feinkiese, Sande, Lehme, Tone und Mergel durch mäandrierende Flüsse abgelagert wurden. Diese werden heute in Gruben vor allem in Oberschwaben und im südlichen Teil des Alb-Donau-Kreises am Nordrand des Molassebeckens abgebaut und gelten als begehrter Rohstoff für Ziegel und Bausand. Die Nutzung und Veränderung der Landschaft durch den Sandabbau im Alb-Donau-Kreis hält sich in engen Grenzen.

Die Sandgruben bieten diversen Tier- und Pflanzenarten einen neuen Lebensraum. Für die Uferschwalbe haben sich die im Abbau befindlichen Sandgruben im Molassesand inzwischen zu zentralen populationserhaltenden Brutplätzen entwickelt (Altheim/Allmendingen und Oberstadion).

Darüber hinaus werden Fossilien, darunter diverse Schalentiere oder Haizähne, geborgen. Mitunter lassen sich auch ganze Abschnitte unserer Naturgeschichte in solchen Sandschichtenanschnitten erkennen. So enthält die Sandgrubenwand bei Öllingen/Rammingen viele Informationen über Entstehung und Entwicklung der Oberen Meeresmolasse. Bei Oberstadion können 20 Millionen Jahre alte Süßwassersedimente der Un-

*Graupenquarzsandgrube
Emeringen*

Das »Echte Tausendgüldenkraut«

Tiere und Pflanzen in Sandgruben

teren Süßwassermolasse aus dem Oligozän im Übergang zum Miozän untersucht werden.

Eine Besonderheit der Sande stellen die grobkörnigen so genannten Graupensande dar, wie sie z.B. bei Emeringen oder Altheim-Allmendingen vorliegen. Die so genannte Graupensandrinne erstreckt sich von Dillingen/Bayern südlich der Alb über Günzburg, Neu-Ulm und das Hochsträß bis zum westlichen Ende des Bodensees. Dieses während des jüngeren Tertiärs gebildete Rinnensystem erreicht bei Ulm bis 10 km Breite und ist in ältere Tertiär- und Juragesteine eingeschnitten. Die Ablagerung erfolgte in einem verzweig-

ten Gewässersystem. Die unteren Schichten sind sehr quarzreich und werden daher auch abgebaut (Grimmelfinger Graupensande). Darüber liegen die tonig-mergeligen oder sandigen Kirchberger Schichten. Die Mächtigkeit der Grimmelfinger Graupensande erreichte dabei maximal 25 m, sie wurden allerdings während des Quartärs teilweise wieder abgetragen.

Sandgruben stellen in der meist deutlich nährstoffreicheren und vielseitig genutzten Landschaft Rückzugsräume für viele Lebewesen dar. Der Übergang von trockenen mit lückigen Sandrasen bewachsenen Flächen zu den meist auch vorhandenen Stillgewässern mit ihren Binsen-, Seggen- und Rohrkolbenzonen sorgt für eine artenreiche Lebensgemeinschaft, die auch viele gefährdete Arten enthält. So kommt das Echte Tausendgüldenkraut und das auf der Alb stark gefährdete Kleine Tausendgüldenkraut vor. Gerade die lückigen, sich nur langsam bewachsenden Biotope der Sandgruben sind wegen ihrer Seltenheit schützenswert. Aufwachsende Weiden-

Besonders Interessant:
Die Uferschwalbe

gebüsche bieten Schutz vor Fraßfeinden. An die stark wechselnden Feuchteverhältnisse haben sich Spezialisten angepasst und treten hier besonders in Erscheinung.

Aus dem Tierreich sind es besonders Vögel, Lurche, Libellen, Laufkäfer und Wildbienen, die von den Gruben profitieren. Ebenso wie in den Steinbrüchen siedeln in den Gewässern verschiedene Molcharten, Kreuzkröte, Gelbbauchunke, Grasfrosch, Erdkröte und Laubfrosch. Seltene und gefährdete Vogelarten sind Rebhuhn, Schilfrohrsänger, Dorngrasmücke und Schafstelze, aber auch Baumpieper, Sumpfrohrsänger, Mönchsgrasmücke oder Rohrammer kommen hier vor.

Durch ihre Strukturen bieten Sandgruben vielen Durchzüglern einen Rastplatz, so dem vom Aussterben bedrohten Steinschmätzer. Daher sind derzeit viele Gruben als Naturdenkmale unter Schutz gestellt.

Steinschmätzer

Bei vielen Sandgruben sind die alten oder neuen Bruthöhlen der gefährdeten Uferschwalbe schon von weitem sichtbar. Sie ist der typische Kies- und Sandgrubenvogel. Die während des Abbaus entstehenden Steilwände werden von den Uferschwalben für die Aufzucht ihrer Brut gerne angenommen und genutzt. Bei dieser kleinsten Schwalbenart gräbt das Männchen mit seinen befiederten Füßen Röhren in den Sand, die bis zu einer Tiefe von 1 m reichen können. Das fast gleich aussehende Weibchen schaut solange interessiert zu und legt dann nach der Befruchtung 4-5 weiße, fast durchscheinende Eier in den hinteren Teil der Höhlung, die beide Geschlechtspartner 14 bis 16 Tage bebrüten. Die Uferschwalbe fängt ihre Nahrung – Insekten – ausschließlich im Flug. Sie bevorzugt die Jagd an Gewässern.

Kennzeichnend für Uferschwalben ist der unruhige Flug, bei dem sie Unmengen von Insekten erbeuten. Sie schaffen es, bei günstigem Wetter bis Mitte September, zwei Bruten hochzuziehen und ihre Kolonie in einem Jahr zu verzehnfachen.

Uferschwalben sind Zugvögel. Anfang September sammeln sie sich und ziehen häufig in großen Trupps gemeinsam mit anderen Schwalbenarten in den Süden. Die europäischen Tiere überwintern im Mittelmeerraum und in Nordafrika. Leider wird der bei uns gefährdeten Uferschwalbe in Afrika immer noch nachgestellt, da sie dort als Delikatesse gelten. Ihre Brutröhren müssen immer wieder wegen der darin befindlichen Parasiten (Milben und Flöhe) und der Gefährdung ihrer Jungvögel neu gegraben werden. Natürliche Feinde wie Wiesel, Greifvögel und Rabenkrähen stellen ihnen nach. Ist eine Sandgrube länger aufgelassen, sammeln sich am Steilwandfuß größere Mengen erodierten Sandes, die es den kleinen »Räubern« ermöglichen, in die dann ungeschützten Nester zu gelangen.

Sandgruben sind Ausweichhabitate für die Uferschwalben. Vor der Begradigung der Donau waren die Schwalben vorwiegend an den durch Hochwasserereignisse sich ständig verändernden Ufern zu finden. Ob die heute ca. 2.500 Brutpaare in Baden-Württemberg überleben können, wird sich zeigen.

Gewässer

Flüsse und Bäche – »Ohne Wasser läuft nichts«

Hans-Helmut Klepser

Gewässerlandschaft
Alb-Donau-Kreis

Donau

Iller

Große Lauter

Lone

Deshalb bezeichnen viele Menschen die Fließgewässer als Adern in unserer Landschaft. Dieser Ausdruck verdeutlicht sehr schön die Funktion der Flüsse und Bäche als Leitlinien für Menschen, Tiere und Pflanzen. Zusammen mit der sie umgebenden Aue bilden sie die typische Gewässerlandschaft. Vor allem für vom Wasser abhängige Tiere, wie etwa Frösche, Kröten und Unken, sind die begleitenden Feuchtzonen lebensnotwendig. In allen Fließgewässern, ob Rinnsal, Bach oder Fluss stellt die Strömung den beherrschenden Umweltfaktor dar. Sie sorgt für dauernde Wassererneuerung, den Durchfluss auch unter und neben dem Bachbett, den Austausch mit dem Grundwasser, den für biologische Vorgänge so wichtigen Sauerstoffeintrag und damit auch für den Abbau von Nährstoff- und Schadstoffeinträgen.

Alle Pflanzen und Tiere, die im Fließgewässer leben, müssen sich den Bedingungen anpassen. Sie entwickeln besondere Anheftpunkte, besondere Körperformen oder spezielle Verhaltensweisen.

Fische des fließenden Wassers besitzen einen torpedoförmigen Körper, mit dem sie zumindest kurzzeitig gegen die Strömung anschwimmen können (z. B. Bachforellen). Pflanzen müssen sich fest verwurzeln oder wenig Angriffsfläche bieten. Die Schwarzerle, unsere typische Vertreterin an den Ufern, hält sich mit einem ausgedehnten und tief unter die Gewässersohle reichenden Wurzelwerk fest. Ganz anders die Strategie des Rohrglanzgrases: Es wurzelt ebenfalls am Ufer, dem Hochwasser weicht es jedoch aus, indem es sich einfach flach legt und damit gleichzeitig die Nachbarpflanzen schützt. Nach abgelaufenem Hochwasser richten sich die Halme wieder auf.

Andere Organismen wiederum, wie Insekten, deren im Wasser lebende Larven sich starken Hochwässern nicht widersetzen können, fliegen nach dem Schlüpfen bachaufwärts und können so ihren Lebensraum wieder besetzen.

Vierflecklibelle

Gewässerlandschaft Alb-Donau-Kreis

Ein Fließgewässer bietet umso mehr Raum für verschiedene Pflanzen und Tiere, je mehr Strukturen es ausbildet. Raue Sohlen, feinsandige, flache und vom wechselnden Wasserstand geprägte Uferzonen, die sich mit senkrechten oder überhängenden, durchwurzelten Bereichen abwechseln, bieten die notwendige Vielfalt für ein buntes Mosaik von Kleinlebensräumen. Findet man in der Aue dann noch Altwässer, Quellaufbrüche, umgestürzte Bäume und - als Besonderheit - trockene Kiesrücken vor, hat man die gesamte Palette an mitteleuropäischen Lebensräumen beisammen.

Dazu kommt, dass sich ein Gewässer von der Quelle bis zur Mündung ständig ändert durch Zuflüsse und Gefälleverhältnisse, aber auch durch wechselnde Wasserstände zwischen Niedrig- und Hochwasser. Naturnahe Gewässerlandschaften bieten ein Mosaik von Lebensräumen und sind schon deshalb etwas Besonderes.

Ganz pauschal unterscheiden wir im Alb-Donau-Kreis zwei verschiedene Gewässerlandschaften. Die eine hat so gut wie kein dauerhaftes Oberflächengewässer aufzuweisen: die Schwäbische Alb. Im nicht ganz scharf abgetrennten, südlich daran angrenzenden Donautal und Oberland finden wir vom breiten Flusstal bis zum kleinen Quellhorizont alle Fließgewässertypen.

In Fließrichtung gesehen links entwässern folgende Albbäche zur Donau: Ehebach, Braunsel, Große Lauter, Schmiech, Dischinger Bach, Erlbach, Blau, Nau.

Von rechts Fließen Haseltalbach, Marchbach, Stehebach, Ehrlos, Riß, Westernach, Rot, Weihung und Iller als Hauptgewässer in die Donau.

Die Wasserführung der Donau schwankt zwischen den Extremwerten 4,58 m³ je Sekunde und 445 m³ je Sekunde. Im Mittel sind es bei Niedrigwasser (NQ) 38 m³ und bei Hochwasser (HQ) 201 m³ je Sekunde.

Donau bei Rottenacker.

Diese Zahlen zeigen einen riesigen Unterschied in der Wasserführung des größten Flusses im Landkreis. Zwischen NQ und HQ liegt der Faktor 100.

Während sich die Gewässergüte, die auf der Grundlage der im Gewässer vorhandenen Kleintiere ermittelt wird, in sämtlichen Gewässern des Alb-Donau-

Kreises in den letzten 25 Jahren erfreulich verbessert hat, steht es mit der Gewässerstruktur nicht zum Besten. Die Gewässerstruktur setzt sich aus Linienführung, Uferverbau, Gehölzsaum, Gewässerrandstreifen, Talbodennutzung und künstlichen Wanderungshindernissen zusammen. Eine Übersichtskartierung (Einzugsgebiete

von weniger als 20 km² wurden allerdings nicht erfasst) erbrachte folgendes Ergebnis (in Klammern die Zahlen für Baden-Württemberg):

Weitgehend naturnah	10,5 %	(21,7 %),
beeinträchtigt	29,5 %	(30,7 %),
naturfern	60,0 %	(47,6 %).

Hier spiegelt sich vor allem der landwirtschaftliche Einfluss wider. Sehr viele Gewässer sind in ihrem Lauf befestigt und die Bewirtschaftung geht bis fast unmittelbar ans Ufer.

Die einzigen weitgehend naturnahen Abschnitte befinden sich an der Donau zwischen Zwiefaltendorf und Munderkingen, an der Großen Lauter zwischen Unterwilzingen und der Mündung, an der Blau kurz oberhalb von Ulm und im Mündungsbereich der alten und auch neu verlegten Weihung.

Donau

Es zeigt sich sehr deutlich die Notwendigkeit, die Gewässer in Richtung mehr Natur zu entwickeln. Im Zuge des Integrierten Donauprogramms nimmt sich die Wasserwirtschaftsverwaltung beispielgebend der Donau an. Die Durchgängigkeit für Fische und Kleintiere wird derzeit Zug um Zug entwickelt, bei den Kraftwerken Donaustetten, Öpfingen und Obermarchtal stellte man sie in den letzten Jahren her.

An der Donau zwischen Ehingen und Öpfingen sind größere Renaturierungen geplant, man möchte dem Fluss wieder seinen eigenen Aktionsraum zurückgeben und, wo es geht, auf befestigte Ufer verzichten.

Bei Erbach hat die Natur solche Flächen bereits angenommen. Schwierigkeiten für den in Grundstücken und an Grundstücksgrenzen denkenden Menschen bereiten die Gewässer, wenn sie sich dynamisch verhalten, also ihre Grenzen bei Hochwässern verändern. Hier ist bei den Anliegern Flexibilität gefragt. Die Zukunft wird zeigen, ob dies in unserer engräumig gewordenen Landschaft noch möglich ist. Vielfach sind die Gewässerränder nicht nur durch die Landwirtschaft besetzt. Infrastruktureinrichtungen wie Wege, Abwasserleitungen, Gasversorgung, Telefonkabel liegen am Gewässer. Es ist allerdings unbestritten, dass wir den Gewässern mehr Platz in unserer Landschaft einräumen müssen. Die Hochwässer der letzten Jahre und Jahrzehnte zeigen uns deutlich unsere Grenzen. Das Wassergesetz von Baden-Württemberg lässt die Selbstentwicklung der Gewässer ausdrücklich zu, betroffene Grundstückseigentümer werden finanziell entschädigt.

Die heutige Fließlänge der Donau beträgt im Alb-Donau-Kreis exakt 58 km und 750 m. Die im Wesentlichen im 19. Jahrhundert durchgeführten Begradigungen verkürzten die Donau um ca. 30 %. Während der Eiszeiten floss die damalige Ur-Donau

Von der Donau (links oben bis rechts Mitte) abgeschnittenes Altwasser »Wert«, im Hintergrund Gamerschwang und Öpfingen (rechts).

eine mindestens doppelt so lange Strecke. Sie verließ ihren heutigen Weg in der Gegend von Untermarchtal, zog durch das breite Kirchener Tal nach Ehingen, bog ins heutige Schmiechtal nach Norden ab und suchte sich einen völlig anderen Weg nach Ulm.

Für einen besonders hübschen Überblick über dieses Geschehen empfiehlt sich der kurze Anstieg auf den Kogelstein, den man vom Parkplatz am Tennisheim von Schmiechen nach wenigen Schritten 15 m über dem Talboden erreicht. Er bietet neben einem Halbtrockenrasen mit bunter Vegetation (Sonnenröschen, Mauerpfeffer und Schafgarbe, um nur einige zu nennen) einen schönen Einblick in vier Täler. Schaut man zuerst nach Südwesten (die Schmiech fließt hier Richtung Ehingen und ist nach ihrem Durchfluss durch Schmiechen und der Unterquerung der Bahntrasse durch ihren üppigen Gehölzbestand in den Talwiesen gut zu sehen), kann man sich vorstellen, wie einst die Donau auf den Beobachter zufloss und genau am Kogelstein nach Süden abbog. Wo heute Tennisplatz, Sportanlagen, ein Bauernhaus und ein Umspannwerk die Landschaft gestalten, floss zwischen Steinsberg im Süden und Schelklinger Berg im Südosten die Donau durch. Den Schmiecher See erkennt man in ca. 1,5

Schmiechener See, bei Hochwasser im Jahr 1983.

km Entfernung an den Buschweiden. Vor dem Kühberg unmittelbar dahinter bog die Urdonau nach links ab und wäre für den damaligen Beobachter erst wieder dort zu erkennen gewesen, wo heute das mächtige Zementwerk in Schelklingen (nordöstlich vom Kogelstein) steht. Nach der Kreuzung des Tals floss die Urdonau um den Herz-Jesu-Berg in Schelklingen herum, um dann dem heutigen Aachtal nach Blaubeuren zu folgen.

Vom dortigen Ruckenfels – das weiße Gipfelkreuz erinnert an die gefallenen des Ersten Weltkriegs – kann man die grandiose Landschaftskulisse sehr gut weiter verfolgen. Durch die Altstadt von Blaubeuren floss die Urdonau wie

die heutige Aach, sie streifte die Blauquelle und folgte der heutigen Blau Richtung Ulm. Die Urdonau schaffte es gerade eben nicht mehr, den Felssporn zwischen Blaubeuren und Gerhausen südlich des Bismarckfelsens zu durchbrechen. Im Gegensatz zum Herz-Jesu-Berg stellt der Rucken deshalb keinen perfekten Umlaufberg dar. Den Durchbruch schaffte erst die Eisenbahn in der zweiten Hälfte des 19. Jahrhunderts.

Allerdings floss die Donau bis zu 40 m unter dem heutigen Talgrund. Vor ca. 150.000 Jahren, dem Höhepunkt der Risseiszeit, floss die Donau im Bereich des Meisenberges und des Herz-Jesu-Berges den »kurzen« Weg, beide Umlaufberge bei Schelklingen und südlich von Schmiech waren nun perfekt. Den Rucken und den Schelklinger Berg konnte die Donau nicht mehr abschneiden. Die »Berger Pforte« bei Ehingen brach durch, seither fließt die Donau den heutigen Weg. In der Folgezeit fehlte diesem Teil des Urdonautales die große Wassermenge. Die kleinen Bäche führten zu wenig Wasser, sie konnten das Tal nicht offen halten. Durch Schwemmmaterial, Bergrutsche und Verlandungen füllten sich die Täler rasch auf. Der Schmiecher See ist heute nur noch ein kläglicher Rest der ehemals ausgedehnten Riedflächen. Abgedichtet ist er durch mächtige Tonschichten gegenüber dem karstigen Untergrund.

Halbwegs natürlich fließt die Donau auf der ca. 11 Kilometer langen Strecke zwischen Zwiefaltendorf und Munderkingen. Dieser landschaftlich auffällige Donaudurchbruch veränderte sich lediglich beim Eisenbahnbau. In den Jahren 1868/70 wurden einige Schlingen abgeschnitten und die Donau in Bahndammnähe mit großen Betonplatten befestigt.

Unterhalb von Munderkingen verlässt die Donau den weißen Jura und tritt in die weniger widerstandsfähigen Sande des Tertiärs und in die glazialen Schotterflächen ein. Schon in den Jahren 1838/39 sorgte die Stadt Munder-

kingen zwei Kilometer unterhalb der Ortslage für den Durchstich des Altwassers »Wert«. Dafür waren vorwiegend Hochwasserschutzgründe für die Ortslage maßgebend. Beim 1851 folgenden Ausbau in Rottenacker stand eher die Landgewinnung im Vordergrund, gleichzeitig verlegte man den Stehebach weiter flussabwärts. 1854 folgten die Gemarkungen Herbertshofen und Dintenhofen.

Der Schutz der Brücke in Berg gab den Ausschlag beim dortigen Ausbau im Jahre 1828. Auf den Markungen Ehingen, Nasgenstadt und Gamerschwang wurden 1865 sechs Durchstiche durch Mäander ausgehoben, dabei fielen 28 ha alte Wasserläufe trocken und konnten landwirtschaftlich genutzt werden.

Gegen Ende des 19. Jahrhunderts war die Donaukorrektur im gesamten Landkreis abgeschlossen. Allein zwischen Öpfingen und Ulm konnten 1.200 ha versumpftes Gelände in ertragsfähiges Wiesen- und Ackerland verwandelt werden. Die Beschreibung des Oberamts Ehingen aus dem Jahr 1893 führt aus: »Die heutige Flussrinne ist, zwischen Munderkingen und Donaustetten, zum großen Teil ein Werk der Menschenhand. Einst füllten endlos wechselnde Flussschlingen das Tal

und wer die leichten Kurven des jetzigen Donaulaufes betrachtet, hat keine Ahnung von dem Zustand trostloser Versumpfung, welcher dereinst herrschte; der Kunst des Ingenieurs ist hier ein großes Werk gelungen.«

Diesen ungeteilten Beifall sieht man heute anders. Allerdings sind auch die Hungersnöte aus dem 19. Jahrhundert längst vergessen, in Mitteleuropa gibt es seit über 50 Jahren keine Lebensmittelmarken mehr. Gleichwohl wäre ein Rückbau in die Auelandschaft des frühen 19. Jahrhunderts undenkbar, da seit 1910 die Donau in sieben großen Kraftwerken elektrischen Strom zu produzieren hat. Oberhalb der Ausleitungskraftwerke entstanden deshalb Seen (Öpfinger Stausee, Donaustetter Stauseen) und meistens leere Mutterbettabschnitte, die nur Hochwasser abführen. Diese Nutzung hinterlässt in der Natur ihre Spuren: Fische und sonstige Gewässerorganismen können nicht mehr wandern und verloren gegangene Lebensräume nicht wieder besiedeln. Auch ändert sich durch die Stauhaltungen der Fließcharakter, es entstehen Sedimentationsbecken. Man spricht von einem Hybridgewässer. Durch die Stauseen und verstärkt durch die Kiesbaggerseen blieb immerhin der feuchte Charakter der Landschaft erhalten. Viele Altwässer stehen als Naturdenkmäler

In der Moor- und Seenlandschaft zwischen Donau und der Stadt Langenau können sogar Kraniche beobachtet werden.

oder als Naturschutzgebiete unter Schutz, fachgerecht rekultivierte Kiesbaggerseen weisen ausgedehnte Verlandungsbereiche aus, so dass bis heute das Artenspektrum in der Pflanzen- und Vogelwelt erhalten bleiben konnte. Schlechter sieht es bei der Fischfauna aus. Arten, die fließende Gewässer brauchen, sind selten geworden, einige Arten sind verschollen. Das historische Spektrum bestand aus 39 Fischarten, heute kennen wir 35. Als verschollen gelten Aland, Frauennerfling, Perlfisch, Kaulbarsch, Rapfen, Schlammpeitzger, Schrätzer, Sterlet, Zährte und Zingel. Fischer setzten Aal, Bachsaibling, Giebel, Graskarpfen, Schmerle und Stichling ein, allesamt Arten, die nicht von Natur aus in der Donau vorkommen.

Das Beispiel des 1982 ausgewiesenen Naturschutzgebiets Pfaffenwert bei Ehingen zeigt positive Ansätze zur Entwicklung der Aue. Das gut 10 ha große Schutzgebiet grenzt unmittelbar an das rechte Donauufer an. Dort blieb der Rest eines ehemaligen Mäanders erhalten. Die Umgebung wird intensiv ackerbaulich genutzt. Über eine Dole hat das Altwasser im flussabwärts liegenden Bereich noch immer eine Verbindung zur Donau. Hochwasser überflutet den Altarm gelegentlich, in längeren Trockenperioden schrumpft dessen offene Wasserfläche nie auf Null. Der nördliche Teil des Naturschutzgebiets umfasst einen ehemaligen Baggersee, der ab mittlerem Wasserstand einen Anschluss an die Donau besitzt. So können Fische von der fließenden Welle in den ehemaligen Baggersee ausweichen. Manche Fischarten finden dort Laichplätze, andere, die in ihrer Entwicklung auf Altwässer angewiesen sind, Ruhezonen. Große Fische können bei Hochwasser aus der fließenden Donauwelle ausweichen.

Ökologisch wertvoll ist das allmählich verlandende, von Gehölzen und Röhricht eingesäumte Altwasser insbesondere aufgrund seiner Lage in der weiträumigen Donauebene. Das gesamte Tal stellt eine wichtige Leitlinie für durchziehende Vögel dar und bietet ihnen als Trittstein zwischen Neckartal und Bodenseeraum ideale Rast- und Futterplätze. Bei der Rekultivierung des Baggersees achtete man genau auf diesen Faktor, deshalb ruht hier auch die Jagd auf das Federwild.

Das natürliche Spektrum des Altwassers reicht von offenen Wasserflächen mit breiten Verlandungszonen über geschlossene Schilfbestände und dichte Weidengebüsche bis hin zu Hochwald und einer zusammenbrechenden Pappelaufforstung. Angesichts der intensiv bewirtschafteten Feldfluren bietet der Wechsel zwischen hohen Bäumen und Gebüsch hervorragende Nist- und Aufzuchträume für viele Brutvögel, darunter so seltene Arten wie Pirol, Teichrohrsänger, Rohrammer, Beutelmeise und verschiedene Grasmücken.

Die kleinen und isolierten Wasserflächen im Altwasser bieten zudem günstige Laichbedingungen für unsere Amphibien wie Laubfrosch, Unke, Erdkröte, Teich- und Kammmolch. In der vielfältig gegliederten und reichen Flora an und in diesen Gewässern finden diese Tiere der Feuchtgebiete alles, was sie brauchen.

Gemeinsame Planungen von Wasserwirtschaft und Naturschutz widmen sich der schrittweisen Verbesserung von Gewässer und Aue. Leider sind die Erfolge spärlich, sie sind nicht so rasch zu realisieren wie die früheren Begradigungen. Trotzdem gibt es an Donau, Riss, Blau, Lauter und Lone schon gute Beispiele.

Kaulquappen im NSG »Paffenwert«

Iller

Der Startschuss für die Illerkorrektionen fiel am 28. September 1859 mit einer Übereinkunft der königlich-bayrischen Regierung von Schwaben und Neuburg und der württembergischen Regierung. Da die Iller aus den Alpen kommt und ein steiles Profil hat, bringt sie auch sehr viel grobes Geschiebe mit. Deshalb bauten die Ingenieure immer wieder bis zu 30 Meter lange »Verlandungsöffnungen« in die Dämme, durch die sie das Geschiebe in abgeschnittene Flussarme schleusen konnten. Die aufgelandeten Kiesflächen, die so genannten Grieße, wurden mit Weidenstecklingen bepflanzt, die nach wenigen Jahren wieder neues Material für Weidenfaschinen lieferten. Das Entfernen dieser Kiese aus dem Fließgeschehen führte jedoch zu einer fortschreitenden Eintiefung des Flussbetts und dadurch zu vermehrten Uferabrissen. Die am Anfang von der Landwirtschaft begrüßte Grundwasserabsenkung und damit bessere Ackerfähigkeit führte zur Austrocknung großer Teile der Flussaue und zu Trockenschäden.

Die Flößerei auf der Iller endete 1918, am 4. Juni 1917 wurde der Staatsvertrag über die Nutzung der Wasserkräfte der Iller abgeschlossen. Nun war der Weg zur energetischen Nutzung der Iller frei, es entstanden viele Kilometer lange Ausleitungsstrecken. Trotzdem tiefte sich die Sohle weiter ein mit allen Folgeproblemen der Grundwasserabsenkung im Tal. Seit 1987 belassen die Energieversorgungsunternehmen ein jahreszeitlich gestaffeltes Mindestwasser zwischen drei und acht Kubikmeter in der Sekunde im Illermutterbett. Dies führt wenigstens zu keiner weiteren ökologischen Verarmung des Flusslebensraumes. Im Gegenteil, die neu entstandenen Wasserwechselzonen locken sowohl Vögel als auch Fische und Amphibien an.

Zur Hebung des
Grundwasserspiegels
und Verhinderung
weiterer Eintiefung
wurden an der Iller
»Raue Rampen«
angelegt.

Zusätzlich müssen zahlreiche neue Querriegel entstehen, um die weitere Grundwasserabsenkung zu verhindern und teilweise rückgängig zu machen. Auch dieser Gedanke ist nicht neu, die ersten Überlegungen dazu stellte Oberbaurat Grauer 1903 an. Damals dachte man allerdings an Betonschwellen und harte Böschungssicherungen. Heute plant man für Fische und Kleintiere durchgängige Sohlrampen und Aufweitungen des kanalartigen Bettes.

Glücklicherweise findet man noch an einigen Stellen im Illertal starke Quellaufbrüche, das Wasser der Holzstöcke erreicht hier das Geländeniveau. In der Wochenau bei Illerrieden und am Steilhang bei Illerkirchberg blieben deshalb naturkundliche Fundgruben erhalten. In klaren Quellaufbrüchen findet hier noch die Wasserfeder, ein Primelgewächs, ein letztes Refugium im Alb-Donau-Kreis.

Große Lauter

Ohne Zweifel liegt der schönste Teil des 44,5 Kilometer langen Großen Lautertals im Alb-Donau-Kreis.

Das Tal wird hier so eng, dass es sich für größere Verkehrswege nicht eignet. Beim Naturdenkmal Hoher Gießel fällt die Lauter über eine ca. 4 m hohe Kalksinterbarriere hinab. Weniger die Höhe des Felsens als die Form und die Wassermenge verleihen dem Wasserfall seinen eigenen Reiz. Die Tuffsteinbarriere quert das gesamte Tal, auf der linken Seite entspringt in einem Trichter der »Blaubrunnen«. Der mächtige Kolk direkt unterhalb des Wasserfalls lockt im Sommer wenige Mutige zum Baden, wenngleich die Wassertemperatur allenfalls 15° C erreicht.

Weiter abwärts verengt sich das Tal zusehends, Kalkfelsen streben bis zu 150 m senkrecht in die Höhe. Eine weitere Tuffsteinbarriere bildet den Absturz an der Laufenmühle. Diese über 10 m hohe Stufe wuchs in ca. 700 Jahren heran. Man kann der Kalksinterbildung fast zuschauen, die Moose sind oben grün und wenige Zentimeter darunter schon vom Kalk überlagert. Ab der Laufenmühle begleitet wieder eine öffentliche Straße die Lauter, hier muss auch das vor allem wegen der Frühjahrsblüher gerne besuchte Wolfstal erwähnt werden. Kurz vor Lauterach verliert die Lau-

Großes Lautertal (oben) und ND Hoher Gießel.

ter beträchtliche Wassermengen in den verkarsteten Untergrund. Dieses tritt in der Braunsel am Rande der Donau wieder zu Tage.

Lone

Mitten im Ort Ursprung liegt 562 m über NN der Lonetopf. Er hat 15-20 m Durchmesser und ist 4-6 m tief. Große Quadersteine fassen das blitzsaubere und klare Quellwasser, in dem sich Fische tummeln, ein. Die Quellschüttung variiert zwischen 4 und 1.840 Liter in der Sekunde und beträgt im Mittel 220 l (800 Kubikmeter in der Stunde). Das heutige Lonetal ist ein kümmerlicher Rest eines riesigen Gewässernetzes, das früher bis in die Gegend von Freudenstadt reichte. Das Neckartal mit seinen günstigen Vorflutverhältnissen entzieht mit seinem Einzugsgebiet am Albnordrand den der Donau zustrebenden Gewässern immer weitere Bereiche. Noch auf der Flurkarte von 1870 finden sich einige Nebenquellen, die heute trocken gefallen sind. Man spricht bei solchen Verhältnissen sehr anschaulich von einem geköpften Tal und vom »Kampf« um die europäische Wasserscheide zwischen Rhein und Donau. Zwischen Ursprung und Lonsee passiert die Lone das floristisch und faunistisch reichhaltige und wertvolle Naturschutzgebiet Salenberg, dessen Magerrasen schon von weitem an schönen Wacholdern und mächtigen Weidebuchen zu erkennen sind. Bis Westerstetten kann man der Lone mit dem Pkw folgen, dann führt nur noch ein Feld- und Wanderweg durch dieses idyllische Tal, das neben einer abwechslungsreichen Landschaft zwischen Hei-

Blick auf Lonsee mit dem Salenberg im Hintergrund – im Abstand von 65 Jahren.

de, Fels und Wald, Wiesen und Äckern die Ruhe eines friedlichen Albtales bietet. Unterhalb von Breitingen steht am rechten Hang ein Fels, der Kahlenstein mit seinen zwei stumpfen Stotzen im schwach zerklüfteten und schichtungslosen Massenkalk des Weißen Jura epsilon mit einer grobkristallinen Struktur (so genannter zuckerkörniger Kalk). Diese Kalke verkarsten sehr leicht. Hier verliert die Lone einen großen Teil ihres Wassers in ein schon von der Urlone angelegtes Karstsystem, bis es in den Langenauer Nauquellen wieder zutage tritt. Der Bach trocknet hier im Sommer gelegentlich aus. Seit 2003 bauen die Gemeinden Stück für Stück die begradigte und teilweise mit Betonsohlschalen befestigte Lone zurück.

Knapp außerhalb des Alb-Donau-Kreises liegt die wohl berühmteste Höhle des Lonetals, die Vogelherdhöhle mit ihren zwei Eingängen. Diese Höhle wurde von Gustav Riek gründlich erforscht, er förderte zahlreiche frühgeschichtliche Funde zutage, unter anderem Elfenbeinkleinplastiken von Mammut und Wildpferd. Unterhalb von Setzingen, gerade noch im Alb-Donau-Kreis, finden wir die Bocksteinhöhle, eine breite und wenig tiefe Brandungshöhle, wenige Meter oberhalb des heutigen Talniveaus. Den freien Blick in die Landschaft verwehrt

ein schöner Eichenhain, erst oberhalb der Höhle steht in der Heidefläche eine Schutzhütte, von der aus das ganze bewaldete Panorama im Nahbereich der Lone zutage tritt. Die hier sehr schön freiliegenden Felsflächen bedeckt eine besonders angepasste und trockenheitsliebende Vegetation mit Thymian, Mauerpfeffer, Weißer Fetthenne, Karthäusernelke und Sonnenröschen. Den größeren Höhlenzugang sprengte der Langenauer Forstmeister Bürger 1884 auf, als er in der Höhle grub. Die kleinere Öffnung auf der Nordseite benutzten steinzeitliche Bewohner als Eingang.

Scharfer Mauerpfeffer.

Umgebung der Bocksteinhöhle im Lonetal.

Quellen

Gerhard Maier

Quellen treten überall da auf, wo Grundwasser an die Erdoberfläche tritt, also wo die stauenden Grundwasserschichten die Erdoberfläche schneiden oder wo - aufgrund geologischer Gegebenheiten - Grundwasser zum Austritt an die Erdoberfläche gezwungen wird. Treten mehrere Quellen nebeneinander auf gleicher Ebene aus, so spricht man von einem Quellhorizont. Quellaustritte kommen meist an einem Hang oder am Grunde von Tälern vor. Die meisten Quellen finden sich in Berg- und Hügellandschaften.

Hinsichtlich ihrer Struktur, den Abflussverhältnissen, der Temperatur, des Wasserchemismus u.s.w. lassen sich verschiedene Quelltypen unterscheiden. Nach der Struktur und dem Abflussregime finden wir drei Haupttypen von Quellen: die Sturz-, Sprudel- oder Fließquellen (Rheokrenen), die Tümpelquellen (Limnokrenen) und die Sumpfquellen (Helokrenen). Bei den Fließ- oder Sturzquellen, die häufig im Bergland zu finden sind und die wegen der starken Geländeneigung mit großer Kraft austreten, fließt das Wasser sofort nach dem Austritt an die Erdo-

Urspringquelle bei Schelklingen.

berfläche ab. Bei den Tümpelquellen, die häufig am Grund einer Erdvertiefung austreten, bildet sich nach dem Austritt des Grundwassers ein kleines Stehgewässer; hier fließt das Wasser über den Rand des Stehgewässers (über eine Schwelle) in den Quellbach ab. Zu den Tümpelquellen gehören auch die Quelltöpfe der Albquellen. Bei den Sumpf- oder Sickerquellen sickert das Quellwasser aus der Erde und bildet einen Quellsumpf. Eine besondere Form der Sumpfquellen sind die so genannten Nassgallen, die wegen der geringen Schüttung keinen oberflächlichen Abfluss aufweisen.

Eine Gemeinsamkeit vieler Quellen ist ihre niedrige Temperatur und deren geringen Schwankungen im Jahresverlauf. Quellen in unseren Breiten sind normalerweise sommerkalt und winterwarm und weisen ganzjährig eine Temperatur von ca. 8-12° C auf. Eine Ausnahme hiervon machen die Thermalquellen, deren Wasser aus großer Tiefe kommt, in der hohe Temperaturen herrschen. Die Temperaturen in solchen Thermalquellen liegen gewöhnlich weit über der Jahresmitteltemperatur der betreffenden Region.

Der Chemismus des Quellwassers wird vorrangig von der Geologie, aber auch der Nutzung des Einzugsgebietes geprägt. Quellen mit weichem Wasser finden sich in Gebieten mit Urgestein (z.B. im Schwarzwald und Bayerischen Wald), solche mit hartem Wasser in Gebieten mit Karbonatgestein (etwa im Bereich der Schwäbischen Alb). Intensive landwirtschaftliche Nutzung im Einzugsgebiet führt oft zu hoher Nährstoffkonzentrationen im Quellwasser.

Charakteristisch für die Schwäbische Alb sind die Karstquellen. Niederschlagswasser nimmt beim Durchsickern des Bodens CO_2 (Kohlendioxid) auf. Die entstehende Kohlensäure löst den Kalk; es entstehen im Laufe der Zeit Spalten, Klüfte und Höhlensysteme, über die das Sickerwasser rasch abfließen kann. Tritt dieses »CO_2-reiche« Wasser an die Erdoberfläche, so gast CO_2 aus und es fällt Kalziumkarbonat in Form von Travertin oder Kalktuff aus. Dieser physikalische Vorgang wird durch die photosynthetische Aktivität von Pflanzen im Quellbereich noch verstärkt; man spricht von biogener Kalkfällung. Karstquellen sind äußerst variabel, was ihre Schüttung angeht. Starke Niederschläge lassen die Karstwasserstände und die Quellschüttung rasch ansteigen. Mit den Niederschlägen und der Quellschüttung variieren auch die chemischen Komponenten. Starke Niederschläge und die damit verbundenen Auswaschungsprozesse lassen etwa die Nährstoff- und Chloridkonzentrationen sowie auch die Trübstoffkonzentrationen zunächst (zu Beginn der Hochwasserwelle) kurzfristig ansteigen. Anschließend überwiegen Verdünnungseffekte, die die Konzentrationen wieder abnehmen lassen (Tessenow 1980). Relativ stabil sind hingegen die Komponenten aus dem direkten Einzugsgebiet, wie Gesamthärte und Kalziumgehalt. Quellen, die oberhalb der Schwankungsbreite des Karstwasserstandes liegen, führen oft nur zeitweise Wasser. Solche Quellen, die im Sommer häufig trocken fallen, werden intermittierende Quellen oder Hungerbrunnen genannt.

Eine gute, allgemeine Übersicht über die Flora und Fauna in Quellen und Quellbereichen gibt Biss (1999). Hier sollen vorrangig die Verhältnisse auf der Schwäbischen Alb berücksichtigt werden. Typische Quelltiere sind meist Pflanzenfresser, die an die kühlen, mageren Bedingungen im Quellbereich angepasst sind; Räuber sind selten. Im unmittelbaren Austrittsbereich der Quellen findet sich eine Reihe von Tieren, die im Grundwasser vorkommen und gelegentlich ausgeschwemmt werden. Hierzu gehören beispielsweise die Höhlenassel (Asellus aquaticus), der Höhlenflohkrebs (Niphargus puteanus), die

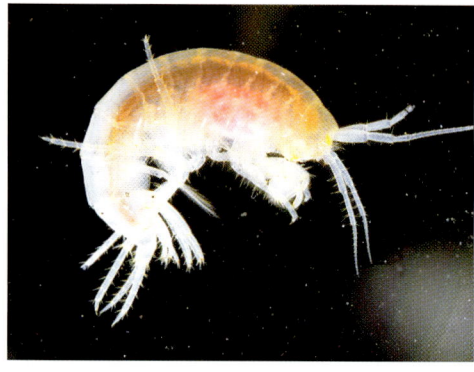

Der **Höhlenflohkrebs,**
Niphargus puteanus/
fonteamus, kann gelegentlich
im unmittelbaren Quellaustritt
nachgewiesen werden. Die
Augen sind bei diesem Krebs
rudimentär; die »Farbe« ist
weißlich durchscheinend.

Der **Wasserfloh,** Eurycerus lamellatus,
ist häufig in den Topfquellen der
Schwäbischen Alb vertreten.
Dieser Krebs ist nur 1-2 mm groß und
kann mittels eines feinmaschigen
Netzes gefangen werden.

Höhlenplanarie (Dendrcoelum cava-
ticum) oder Höhlenschnecken. Typische Arten des Quellbereichs (Kreno-
bionte) sind etwa der Alpenstrudel-
wurm (Crenobia alpina) oder bestimmte Quellschnecken der Gattung Bythi-
nella. Neben den eigentlichen Quell-
bewohnern kommen im Quellbereich
noch verschiedene quellliebende Arten
(Krenophile) und Arten des Bachober-
laufs vor. Hierzu gehören etwa die Stein-

Der **Frühlings-Wasserstern,**
Callitriche palustris, ist eine häufige
Pflanze im Abflussbereich der Albquellen.

Die **Steinfliege,** Diura bicaudata (hier Larve),
gehört zu den quellliebenden (krenophilen)
Tieren. Sie tritt im Abflussbereich
einiger Quellen auf.

Die **Höhlenschnecke,**
Bythiospeum quenstedtiti, ist nur
ca. 2 mm groß. Ihr Körper ist trans-
parent, die Augen sind rückgebildet.

Die Lonequelle

fliege (Diura bicaudata), der Flohkrebs (Gammarus fossarum), sowie verschiedene Eintags- und Köcherfliegen. In den Tümpelquellen, zu denen auch die Quelltöpfe auf der Schwäbischen Alb gehören, finden sich auch zahlreiche Stillwasserbewohner. Zu erwähnen in diesem Zusammenhang ist auch die Fauna überrieselter Felsen (Fauna hygropetrica), die unter anderem auch an den Überlaufschwellen der Quelltöpfe zu finden ist.

Typische Pflanzen von kalkreichen Quelltuff-Fluren sind etwa das Quellmoos (Philonotis calcarea) und das Starknervenmoos (Cratoneurum commutatum). In den Quelltöpfen der Schwäbischen Alb finden sich häufig noch Gemeines Brunnenmoos, Teichfaden, Dichtes-Laichkraut oder Frühlings-Wasserstern.

Die Lonequelle liegt auf der Flächen-Alb inmitten des Ortes Urspring in einer Höhe von 562 m über NN. Der Quelltopf ist fast rund und von einer Mauer eingefasst; sein Durchmesser beträgt ca. 15-20 m. Noch im 18. Jahrhundert galt die Lonequelle als »ergründlich oder bodenlos«. Messungen im 19. und 20. Jahrhundert ergaben eine Tiefe von ca. 4-5 m (Binder 1960). Der mittlere Abfluss (Jahresmittel) liegt bei 220 l/s (Villinger 1977). Das unterirdische Einzugsgebiet beträgt ca. 25 km^2 und erstreckt sich nach Westen über die Orte Radelstetten, Oppingen und Nellingen. Die Lonequelle gehört mit hohen Phosphor- und Nitratgehalten zu den stark nährstoffbelasteten Quellen des Alb-Donau-Kreises. Am Abfluß des Quelltopfes wächst Dichtes-Laichkraut, Kamm-Laichkraut und Brunnenmoos. Detaillierte faunistische Untersuchungen liegen für den Quelltopf nicht vor. Wie in vielen Quelltöpfen der Alb kommen aber zahlreiche Stillwasserarten vor. Innerhalb der Krebse sind dies u.a. die Wasserassel (Asellus aquaticus), der Wasserfloh (Eurycercus lamellatus) sowie einige Ruderfußkrebse.

Lonequelle in Lonsee-Urspring

Keller (1987) berichtet, dass die Lonequelle einmal als heilig angesehen wurde und dass Heiden und Römer an der Quelle ihren Göttern Opfer dargebracht und »Gaben« ins Wasser geworfen hätten. Offensichtlich wurde auch schon nach diesen Gaben gesucht - allerdings erfolglos.

Dichtes Laichkraut

Der Blautopf

Der Blautopf ist wohl die bekannteste und eine der schönsten Karstquellen der Schwäbischen Alb. Sein Einzugsgebiet umfasst ca. 150-160 km² und erstreckt sich über die Orte Westerheim, Laichingen, Feldstetten, Sontheim, Suppingen und Berghülen. Der Blautopf liegt 512 m über NN in einem engen Talwinkel am Rand der Stadt Blaubeuren, in einem ehemaligen Durchbruchstal der Urdonau. Dieses Tal hat die Donau erst während der Riß-Eiszeit (vor ca. 120 000 Jahren) verlassen. Der Blautopf besitzt eine Tiefe von ca. 21 m und einen Durchmesser von ca. 35 m. Der Topf setzt sich unterirdisch, jenseits der so genannten »Düse« in westlicher Richtung in eine wasserführende Höhle fort, die bis heute nicht vollständig erforscht ist. Das Tauchen im unterirdischen Höhlensystem erwies sich aufgrund der starken Strömung und Verengungen als äußerst schwierig, bei starker Wasserführung als unmöglich. Gegenwärtig ist die Höhle bis auf eine Länge von 1250 m erforscht. Kenntnisse um die Blautopfhöhle sind vor allem dem Höhlentaucher Jochen Hasenmayer zu verdanken. Genaueres zur Blautopfhöhle sind den Ausführungen von Frank (siehe Seite 46) zu entnehmen. Die Schüttung des Blautopfes liegt zwischen 300 und 30.000 l/s; die mittlere Schüttung beträgt ca. 2.300 l/s. Der Blautopf gehört somit zu den ergiebigsten Quellen Deutschlands. Hydrologisch gesehen gehört er zu den Vauclusequellen, das heisst zu den aufsteigenden, permanenten Quellen mit starker Schüttung. Seinen Namen verdankt der Blautopf der blauen Farbe seines Wassers. Die Blaufärbung ergibt sich aus der Tatsache, dass kurzwelliges Licht stärker gestreut wird als langwelliges und dass das zur Wasseroberfläche zurückkehrende Streulicht selektiv absorbiert wird, wobei die Farbe Blau die größte Transmission hat. Ein intensives Blau weist der Blautopf allerdings nur während niederschlagsarmer Zeiten auf. Nach starken Regenfällen und während der Schneeschmelze erscheint der Blautopf wegen der im Wasser vorhandenen Trübstoffe braun oder grünlich. Der Blautopf führt ein relativ nährstoffreiches Wasser mit hohen Phosphorgehalten vor allem zu Beginn von Hochwasserereignissen.

Vor dem Zeitalter des elektrischen Stroms war Wasserkraft eine wichtige Kraftquelle zum Antrieb von mechanischen Geräten. Anfang des 18. Jahrhunderts wurden am Blautopf ein Wasserwerk und eine Schleifmühle gebaut und betrieben. Im Jahr 1804 entstand aus der Schleifmühle eine Hammerschmiede, die 1889 in eine mechanische Werkstatt umgewandelt wurde. Die mechanische Werkstatt war bis 1959 funktionstüchtig.

Zu Beginn der sechziger Jahre wurde im Haus eine historische Hammerschmiede eingerichtet, deren Ausstattung aus Bad Oberdorf im Allgäu stammt und die bis heute besichtigt werden kann. Über ein Wasserrad, das durch den Blautopfabfluss bewegt wird, sowie über ein Antriebssystem (»Wellbaum mit Daumenkränzen«) werden Schmiedehämmer betrieben. Die Geschwindigkeit des Wasserrads und folglich die Schlagzahl der Hämmer wird durch einen Schieber, der die durchlaufende Wassermenge steuert, reguliert.

In der Hammerschmiede wurden Schaufeln, Äxte, Spaten und Sicheln hergestellt. Wer die Hammerschmiede besucht, kann sich lebhaft vorstellen, dass zu den häufigen Krankheiten der Arbeiter in der Hammerschmiede Gehörschäden gehörten, da die Hämmer bei ihrem Betrieb einen ohrenbetäubenden Lärm verursachen. Die Hammerwerksbesitzer waren meist wohlhabend und wurden als »Schwarze Grafen« bezeichnet.

Wegen seiner großen Tiefe, seiner vermeintlichen Unergründlichkeit, seiner Wasserfarbe und Lage hatte der Blautopf etwas Mystisches. Man geht davon aus, dass sich schon in vorchristlicher Zeit Kultstätten am Blautopf befanden. Nach der Christianisierung wurde neben dem

Blautopf

Blautopf in Blaubeuren mit Wasserrad der ehemaligen Hammerschmiede.

Topf ein Kloster gegründet, das bis heute besteht. Maler und Dichter haben sich mit dem Blautopf beschäftigt. Zum Beispiel beschrieb Eduard Mörike in seinem Stuttgarter Hutzelmännle die Geschichte von der schönen Lau, der Frau eines Wasserkönigs im Schwarzen Meer. Diese Wassernixe war in den Blautopf verbannt, lernte im Umgang mit den Blaubeurern wieder das Lachen und durfte so wieder ins Schwarze Meer zurückkehren. Eine Skulptur von der schönen Lau von Fritz von Grävenitz befindet hinter der Hammerschmiede an der Westseite des Topfes. Weitergehende Informationen zum Blautopf und zur Hammerschmiede findet man im touristischen Umfeld der großartigen Karstquelle.

Quellaustritte im Langenauer Becken

Nauquelle beim Naturfreundehaus in Langenau.

Der Bereich des Langenauer Beckens oder Langenauer Kessels im Ostteil des Alb-Donau Kreises ist besonders quellenreich weil hier unter anderem Wasser aus der unterhalb von Breitingen versickernden Lone zu Tage tritt. Beispielhaft soll hier auf die Nauquellen eingegangen werden, deren Lage gut in Heckel (1964) beschrieben sind. Die eigentliche Nauquelle oder die Quelle der so genannten »Warmen Ach« liegt beim Naturfreundehaus am Westrand der Stadt Langenau im Rohngrabentälchen. Das Wasser aus der Warmen Ach trieb zusammen mit dem des Rohngrabens früher die Obere Mühle. Der Quelltopf der Warmen Ach ist ca. 2 m tief und besitzt eine Oberfläche von ca. 600 qm. Etwa 500 m unterhalb der genannten Quelle findet sich ein weiterer Quelltopf bei der Öchslesmühle, dessen Abfluss zusammen mit der Warmen Ach die Öchslesmühle trieb. Weitere wichtige Nauquellen sind der Ochsenwirtsweiher, der Bunzen- oder Badersweiher, der Löffelbrunnen und der Kalmenbrunnen. Aus dem Löffelbrunnen, dessen Wasser früher die Ulrichsmühle trieb entspringt die »Kalte Ach«. Das Wasser aus dem Löffelbrunnen soll früher besonders sauber gewesen und deshalb Kranken verabreicht worden sein (Keller 1987). Die »Warme Ach« vereinigt sich nach einer Fließstrecke von ca. 3-4 km oberhalb der Osterbrücke mit der »Kalten Ach« zur Nau. Die Warme Ach hat im Vergleich zur Kalten Ach einen wesentlich längeren Lauf vor dem Zusammenfluss zur Nau, auf dem sich ihr Wasser stärker erwärmt. Der mittlere Abfluss am Naturfreundehaus liegt bei < 10 l/s, bei der Öchslesmühle bei 350 l/s, am Bunzenweiher bei 55 l/s (Tessenow 1993; Binder 1979). Hinsichtlich der chemischen Komponenten (z.B. Chlorid und Nährstoffe) sind die Nauquellen (am Naturfreundehaus und im Bereich der Öchslesmühle) als belastet anzusehen (Tessenow 1993).

An Wasserpflanzen kommen im Nautopf (Ursprung Warme Ach) nach Müller (1994) Teichfaden, Frühjahrs-Wasserstern, Ähriges Tausendblatt und Brunnenkresse vor. Der Löffelbrunnen, dessen Wasser früher Heilkraft zugesprochen wurde, weist ein besonders klares Wasser und eine reiche Vegetation auf. Hier finden sich - neben den oben genannten Pflanzen - Dichtes-Laichkraut, Berle und am Abfluss Tannenwedel. Daneben kommen im Quellbereich der Nauquellen noch verschiedene Moose (Fontinalis antipyretica, Hygroamblystegium tenax, Leptodicium riparium), Algen (Batrachospermum sp.) und Flechten (Verrucaria sp.) vor.

Warme Quellen

Außerhalb der Stadt Langenau im Donauried oder Langenauer Ried befindet sich ein weiterer Quelltopf, der so genannte Grimmensee. Um diese Quelle rankt sich eine lustige Geschichte: Vor langer Zeit gab es einen besonders geizigen Schlossherrn, der Schätze in seinem Schloss anhäufte. Mit der Zeit wurde das Schloss immer schwerer und soll in einem Gewitter im Grimmensee versunken sein. Manchmal, so heißt es, soll das Dach des Schlosses im Grimmensee zu sehen sein. Der Grimmensee liegt 454 m über NN, sein mittlerer Abfluss beträgt ca. 70 l/s, die Nährstoffgehalte sind ähnlich hoch wie die der Nauquellen. Der Grimmensee entwässert nicht in die Nau, sondern in den Schwarzen Graben im Ried.

Warme Quellen befinden sich ca. 2 km südwestlich von Munderkingen in Algershofen. Dem schwefel- und radonhaltigen Quellwasser wird eine heilende Wirkung, insbesondere bei Hautkrankheiten zugeschrieben; es soll auch im Winter Temperaturen von ca. 17 bis 18 °C aufweisen. Der eigentliche Quellaustritt ist durch Steine gefasst und ergießt sich in ein ca. 150 m langes, wenige Meter breites und maximal ca. 1,5 m tiefes Stehgewässer, in dem gerne gebadet wird. Inmitten dieses Gewässers befindet sich ein Badehäuschen, das wohl als Umkleidekabine gedacht ist und zu dem ein Steg hinführt. Früher

stand in diesem Badehäuschen ein gusseiserner Ofen, der im Winter beheizt wurde. Winterbadegäste brachten Holzscheite mit, heizten den Ofen an und konnten sich im Warmen umziehen. Im Quellwasser befinden sich stattliche Karpfen und viele kleinere Weißfische. Außerdem sollen im Wasser Schildkröten vorkommen, die von Terrarienfreunden eingesetzt wurden. Um welche Schildkrötenarten es sich hierbei handelt, konnte bisher nicht in Erfahrung gebracht werden. An Wasserpflanzen sind unter anderem Teichrosen, Tausendblatt und Tannenwedel vorhanden. In den zwanziger Jahren gab es Bestrebungen,

Warme Quellen befinden sich bei Algershofen nahe Munderkingen.

Venturenquelle nördlich von Algershofen.

Weitere interessante Quellen

die Quelle wirtschaftlich zu nutzen. Es wurden Bohrungen durchgeführt, bei denen noch wärmeres Wasser von über 25 °C zutage trat, die aber keine höhere Schüttung erbrachten. Bei weiteren Bohrungen soll der Karstwasserspiegel angeschnitten worden sein, was zu einer Förderung von »Mischwasser« und insgesamt zu einer Temperaturabsenkung führte. Seit September 1938 ist die Quelle ein geschütztes Naturdenkmal. Zur Geologie nimmt ein Artikel des Hobbygeologen W. Hanold, erschienen in der Schwäbischen Zeitung, Bezug. Nach Hanold »schiebt sich die flach abfallende Alb unter die Oberschwäbische Gesteinsplatte. Wo beide Schichten aufeinander treffen, bekommen die Jura- und Tertiärschichten der Alb eine stärkere Neigung nach unten (Albrandflexur). An dieser Stelle treten Risse auf, über die warmes Wasser aus der Tiefe hoch strömen kann und sich aufgrund seines geringeren spezifischen Gewichtes über schwereres, kühleres Wasser schichtet.« Hochrechnungen von Kiderlen ergaben 1969, dass das Wasser der »warmen Quellen« aus ca. 170 m Tiefe, aus der so genannten Lochfels-Zone des Weißen Jura, stammt. Unweit der oben genannten Warmen Quellen, nördlich von Algershofen findet sich die Venturenquelle. Sie tritt unterhalb einer senkrecht aufsteigenden Felswand aus und fließt nach kurzer Strecke der Donau zu.

Weitere interessante und besonders schöne Quellen im Alb-Donau Kreis sind die Kleine Lauter oder Herrlinger Lauter, die Schmiechquelle bei Springen sowie der Achtopf bei Schelklingen. Während es sich bei der Schmiechquelle um eine Abflussquelle handelt, gehören die Quellen Kleine Lauter und Ach zu den Topfquellen. Sie sind beide mittel belastet. Nach Tessenow (1993) wurden Phosphatgehalte von 30-40 PO_4-P µg/L und Nitratgehalte von 4,5-7 NO_3-N mg/L in der Kleinen Lauter gemessen. Die Phosphatgehalte können jedoch bis 160 µg ansteigen. Die Schmiechquelle hat eine mittlere Schüttung von 250 l/s, die Achquelle und die Kleine Lauter 400 bzw. 500 l/s.

Zusammenfassend lässt sich sagen, dass der Alb-Donau-Kreis eine große Zahl an sehr schönen Quellen aufweist, von denen hier einige nur kurz genannt und beschrieben werden konnten. Praktisch alle diese Quellen gehören zu den besonders geschützten Lebensräumen, deren Erhalt gesichert werden muss und deren Wassereinzugsgebiet weiterhin vor schädigenden Einträgen bewahrt werden sollte.

Achtopf bei Schelklingen.

Hülen der Alb

Gerhard Maier

Dorfhülen – Feldhülen – Waldhülen

Die Wasserqualität

Die Lebewesen

Wenn man über die Flächenalb fährt, so fällt ihre Armut an Gewässern, insbesondere an stehenden Gewässern auf. Größere Seen fehlen völlig. Die Gewässerarmut resultiert aus der Durchlässigkeit des verkarsteten Untergrundes, die sich aus der »Wasserlöslichkeit« der Weißjurakalke ergibt. Aufgrund der Wasserarmut mussten die Älbler früher künstliche Gewässer anlegen; es entstanden die Hülen oder Hülben. Das Wort Hüle stammt aus dem mittelhochdeutschen »Hülwe«, was soviel wie Wasserloch bedeutet. Per Definition sind Hülen (Hülben) von Menschenhand geschaffene, kleine, abflusslose Stehgewässer, die das Regenwasser sammelten und speicherten (Mattern & Buchwald 1987). Zur Abdichtung war es meist notwendig eine Schicht ge-

Dorfhüle in Seißen.

Feldhülen
»Nebelsee« bei Holzkirch (links)
und Hofstett-Emerbuch (unten).

stampften Lehmes auf den Untergrund aufzutragen. Hülen wurden vorrangig als Viehtränke oder zur Entnahme von Löschwasser genutzt. In Notsituationen (in Trockenperioden) diente das Wasser der Hülen auch zum Waschen oder sogar als Trinkwasser. Gewöhnlich wurde der Trinkwasserbedarf aber über so genannte Dachbrunnen gedeckt, deren Wasser durch Zugabe von Salz und Birkenholzscheiten verbessert wurde (Walz 1997). Im Winter wurde Trinkwasser durch Schmelzen von Schnee in großen Kesseln (den »Höllhafen«) gewonnen. Während längerer Trockenperioden musste das Wasser in Fässern aus den Tälern geholt werden.

Zurück zu den Hülen! Typische Kennzeichen der Hülen sind ihre regelmäßige, meist rechteckige oder runde Form. Oft wurden von den Älblern beim Bau von Hülen natürliche Geländevertiefungen, wie Dolinen oder erloschene Krater von Vulkanen des Albvulkanismus genutzt. Letztere erwiesen sich als besonders günstig, da ihre Sedimente im Vergleich zu den verkarsteten Weißjurakalken relativ wasserundurchlässig waren. Hülen wurden bereits von den ersten Ackerbauern, den Bandkeramikern (ca. 6 500 vor heute) angelegt (Walz 1999). Sie waren die Keimzellen für Ortsgründungen, ohne die eine dauerhafte Ansiedlung von Menschen auf der Flächenalb unmöglich gewesen wäre. Der Name Hüle findet sich heute noch in vielen Ortsnamen, beispielsweise Berghülen, Hülben. Viele Albdörfer (Laichingen, Hülben, Feldstetten u.a.) finden sich heute auf Vulkanschloten, da sich diese für die Anlage von Hülen besonders eigneten.

Dorfhülen – Feldhülen – Waldhülen

Die Hülen lassen sich nach ihrer Lage in Dorf-, Feld- und Waldhülen einteilen. Ein Grund dafür, warum viele Hülen im Wald angelegt wurden, ist sicherlich die ehemals betriebene Waldweidewirtschaft, für die Tränken benötigt wurden. Möglicherweise führte auch die Aufgabe vieler Siedlungen im Spätmittelalter dazu, dass sich um ehemalige Dorfhülen der Wald ausbreitete, also Dorfhülen zu Waldhülen wurden (Mattern & Buchmann 1983). Einige Hülen, die jetzt in der freien Flur liegen, befanden sich ehemals im Bereich von vor langer Zeit aufgegebenen Siedlungen.

Hülen sind relativ kleine Stehgewässer. Die meisten Hülen sind nur wenige 100 qm groß (oder kleiner) und nur bis zu 2 m tief. Oberfläche und Tiefe variieren mit den Niederschlägen. Viele Hülen führen als Speicher von Niederschlagswasser ein vergleichsweise weiches Wasser. Die Konzentrationen an Nährstoffen reichen von nährstoffarm bis hin zu nährstoffreich. Hohe Chloridkonzentrationen (über 30 mg / l) finden sich naheliegenderweise oft in Dorfhülen und insbesondere in solchen Feldhülen, die inmitten von intensiv landwirtschaftlich genutzten Flächen liegen. Hohe Nährstoffgehalte sind häufig bereits an einer flächigen Wasserlinsendecke zu erkennen. Waldhülen weisen wegen der starken Beschattung durch die umgebenden Bäume vergleichsweise niedrige Wassertemperaturen auch während der Sommermonate sowie eine lange währende Eisdecke im Winter auf. Lichtmangel hat oft auch eine spärliche Vegetation zur Folge. Waldhülen können durch starken Laubeintrag völligen Sauerstoffschwund bzw. sogar reduzierende Bedingungen über dem Grund aufweisen.

Mit der Inbetriebnahme der Albwasserversorgung Ende des 19. Jahrhunderts sowie mit der Umstellung der Landwirtschaft auf Stallhaltung haben die Hülen ihre ursprüngliche Funktion und Bedeutung verloren. Zahlreiche Hülen wurden als nutzlos und störend angesehen und verfüllt. Dorfhülen mussten Bauwerken weichen, Feldhülen fielen der Flurbereinigung zum Opfer. Erst in neuerer Zeit wurde die Bedeutung der Hülen als typische Komponenten der Kulturlandschaft der Flächenalb sowie als Lebensräume und Rückzugsgebiete für zahlreiche Pflanzen- und Tierarten erkannt. Besonders die Feldhülen, die oft schon an den Bäumen und Sträuchern in ihrer Umgebung zu erkennen sind, aber auch einige Waldhülen weisen oft eine reiche Flora und Fauna auf. Sie dienen beispielsweise zahlreichen Amphibien als Laichgewässer und sind Lebensraum für viele wirbellose Tiere, wie Wasserinsekten. Besonders hervorzuheben sind die temporären Hülen (meist Feldhülen), die nicht während des ganzen Jahres Wasser führen sowie einige Waldhülen

Waldhüle bei Ballendorf.

Bekannte und interessante Hülen

mit moorigem Charakter. Diese Gewässer weisen teilweise eine einzigartige, an die Bedingungen angepasste Tierwelt auf. Tiere in temporären Hülen verfügen über Strategien, die meist während der Sommermonate auftretenden Trockenperioden zu überdauern. Temporäre Hülen weisen meist keine Faulschlammbildung auf, da der Faulschlamm während der Trockenperiode abgebaut wird.

Mittlerweile wurden zahlreiche Hülen als Naturdenkmäler unter Schutz gestellt und einige davon floristisch und faunistisch untersucht.

Viele Hülen im Alb-Donau Kreis wurden verfüllt und zum Teil überbaut. In Berghülen beispielsweise weiß die Ochsenwirtin von sieben Hülen, die allesamt verschwunden sind. In Laichingen befanden sich - wie Urkatasterkarten aus der Zeit um 1830 zeigen - drei große und mehrere kleinere Hülen, die ebenfalls verschwunden sind. Ähnlich sieht die Situation in vielen anderen Orten aus. Bestandsaufnahmen von Walz (1999) zeigten, dass im Gebiet der Laichinger Alb (Westerheim, Laichingen, Merklingen, Berghülen,

Asch, Seißen, Heroldstatt) ursprünglich 80 Hülen vorhanden waren, von denen gegenwärtig nur noch 21 existieren. So wurde die Dorfhülbe im Ortszentrum von Westerheim verfüllt und mit dem Rathaus überbaut.

Bei den Dorfhülen handelt es sich meist um größere, tiefere Hülen (Oberfläche mehr als 500, teilweise mehr als 1000 qm; Tiefe 1-2 m), deren Ufer oft mit Steinen gefasst sind. Einige der Dorfhülen beherbergen Weißfische, z. T. auch Goldfische (z.B. Dorfhülen Seißen, Bühlenhausen) und andere Aquariumflüchtlinge (Lange Lache in Ettlenschieß). Hinsichtlich der Vegetation gibt es gravierende Unterschiede. Während die Dorfhülen Seißen und Asch praktisch keine oder nur eine spärliche Unterwasservegetation und Schwimmblattvegetation aufweisen, ist die Hüle in Bühlenhausen fast flächig mit Wasserpest und stellenweise mit Schwimmendem Laichkraut bewachsen.

Ein wesentlich heterogeneres Bild als die Dorfhülen liefern die Feldhülen. Eine vergleichsweise große Oberfläche (ca.

Ehemalige Dorfhüle in Laichingen.

500-600 qm) weisen etwa die Herdlache, Frank Stülbe und die Hüle nahe der Hessenhöfe auf. Einige Feldhülben, wie Frank Stülbe und die Oberweiler Hüle liegen in Schrebergartenanlagen und wurden früher fischereilich genutzt. Heute wird das Wasser zum Gießen der Gartenanlagen verwendet. Häufige Unterwasser- und Schwimmblattpflanzen sind Wasserpest (z.B. in der Schorrenhüle), Tannenwedel (z.B. in der Herdlache), Wasserknöterich (etwa im Nebelsee) und Schwimmendes Laichkraut (in den Hülen Herdlache, Frank Stülbe, Hessenhöfe, Bucher Hüle). Die Bucher Hüle ist fast flächig mit Krebsschere bewachsen. In einigen Hülen (z.B. Sauhüle, Schorrenhüle und Herdlache) sind auch Seerosen zu finden. An

Schwimmpflanzen sind zum Beispiel Wasserlinsen (Lemna trisulca, Hessenhöfe; bzw. Lemna minor, Dreihülben) vorhanden. Typische Pflanzen am Ufer sind etwa Rohrglanzgras (Binsenlache), Breitblättriger Rohrkolben (Schinderhüle), Binsen (Juncus compressus, J. articulatus, Eleocharis palustris etwa am Nebelsee) sowie verschiedene Sauergräser (Carex riparia, C. vesicaria). An einigen Hülen (z.B. Herdlache) wachsen auch kleinere Bestände der Sumpfschwertlilie. Einige temporär wasserführende Feldhülen, wie Dreihülben oder Luizhausen sind hingegen nur spärlich bewachsen.

Waldhülen mit »anmoorigem« bzw. moorigem Charakter sind die Schmiedhüle sowie Ballendorfer Hüle. Besonders die Schmiedhüle weist einen breiten Saum aus Torfmoos-(Sphagnum sp.) Schwingrasen auf. Reste von Torfmoos befinden sich auch in der Ballendorfer Hüle. Die Waldhüle Eiselau und die Imern Hüle sind praktisch vegetationsfrei. Letztere wird offensichtlich (wie während einer Begehung an Spuren zu erkennen war) von Wildschweinen als Suhle benutzt.

Tannenwedel

Die Wasserqualität

Die Wasserqualität lässt sich an einigen chemischen Parametern demonstrieren, die im Jahr 2000 in 6 Hülen (Dreihülben, Herdlache, Frank Stülbe, Eiselau, Luizhausen und Nebelsee) gemessen wurden. Diese Werte geben einen groben Eindruck von den Nährstoffgehalten und der Wasserhärte etc. Die Werte schwanken in Kleingewässern sehr stark im Jahresgang mit den Niederschlägen bzw. der Witterung und der Vegetationsausstattung. Die Messungen im Jahr 2000 ergaben eine Gesamthärte zwischen 1.4 (Hülbe in Luizhausen) und 5.2 mval/l, was 4 (sehr weich) bis 14,5 (mittelhart) Grad der alten deutschen Härtebezeichnung entspricht. Die Konzentrationen an gelöstem Phosphor lagen zwischen 10 (Dreihülben) und 35 µg/l (Hülbe Luizhausen), die des Nitrat-Stickstoffs bei 0.03 (Frank Stülbe) und 0.3 mg/l (Dreihülben) und die Werte von Chlorid zwischen 7 (Luizhausen) und 48 mg/l (Dreihülben). Die elektrolytische Leitfähigkeit lag zwischen 150 (Luizhausen) und 520 µS/cm (Frank Stülbe). Der pH Wert in der Schmiedhüle lag erwartungsgemäß im sauren Bereich (unter pH 7). Insgesamt spiegeln die Messwerte geringe bis mäßige Belastungen wider.

Die Lebewesen

Die Amphibien, Insekten und Kleinkrebse in einigen Hülen des Alb-Donau Kreises wurden in den achtziger Jahren untersucht. Kirchhauser (1988) konnte in seinen Untersuchungen insgesamt 9 Amphibien-Arten, 18 Libellen-Arten, 23 verschiedene Wasserwanzen-Arten, 90 Käferarten, 14 verschiedene Köcherfliegen-Arten nachweisen, darunter einige vom Aussterben bedrohte und einige stark gefährdete Arten. Eigene Untersuchungen ergaben 27 verschiedene Kleinkrebse in den untersuchten Hülen. Besonders erwähnenswert sind einige seltene Amphibien, wie der Kammmolch oder der Fadenmolch, die etwa in der Schorrenhüle bzw. in der Bucher Hüle vorkommen. Häufige Schwanzlurche in Hülen sind Teichmolch und Bergmolch. Starke Bestände des Bergmolchs finden sich in den Waldhülen Schmiedhüle und Ballendorf, viele Teichmolche in der Schorrenhüle. Laubfrösche gab es im Nebelsee, starke Bestände der Erdkröte finden sich etwa in der Herdlache und Dreihülben. Bei den Kleinlibellen dominieren etwa die Gemeine Binsenjungfer, Glänzende Binsenjungfer, die Becher-Azurjungfer, die Große Pechlibelle und die Hufeisen-Azurjungfer, bei den Großlibellen die Blaugrüne Mosaikjungfer, Vierfleck, Plattbauch und verschiedene Heidelibellen (Sym-

Der Bergmolch (Triturus alpestris) ist in Hülen häufig (oben), während der Laubfrosch (Hyla arborea) eher selten anzutreffen ist (unten). Der Große Wasserfloh (Daphnia magna) ist in der Lage, eine Austrocknung des Gewässers durch dickschalige Dauereier, die Frost und Hitze vertragen, zu überstehen (ganz unten).

petrum flaveolum, Sympetrum sanguineum, Sympetrum striolatum und Sympetrum vulgatum). Seltene Libellen, »Irrgäste« vielleicht, sind etwa die Weidenjungfer oder die von Kirchhauser (1988) einmal nachgewiesene Vogel-azurjungfer. Bemerkenswert ist auch das Vorkommen einiger Kleinkrebse. Beispielsweise kommt der Ruderfußkrebs (Diaptomus castor) in Dreihülben und der Feldhüle bei Luizhausen vor. Dieser Krebs lebt in temporären Hülen; er produziert Dauereier, die die Austrocknungsperiode überstehen. Der Große Wasserfloh (Daphnia magna) kommt in der Dorfhüle Asch vor; dieser Wasserfloh ist sonst aus dem Ulmer Raum nicht bekannt.

Heidelibellen, z.B. die Gefleckte Heidelibelle (Sympetrum flaveolum) können im Sommer und Herbst an den Hülen beobachtet werden (oben). Die Becherazurjungfer (Enallagma cyathigerum) fliegt bereits im Mai; ihre Flugzeit erstreckt sich bis in den September. Die Männchen sind leicht an dem schwarzen Mal (in Form eines »gestielten Bechers«) am zweiten Hinterleibsegment zu erkennen (oben rechts).

Furchenschwimmer (Acilius sp.) sind mittelgroße (ca. 15-18mm) Schwimmkäfer, die häufig in Hülen anzutreffen sind.Die Flügeldecken der Weibchen weisen Längsfurchen auf.
Die **Larve** ist ein guter Schwimmer: sie gleitet »garnelenartig« durchs Wasser.

Die vorliegenden Ausführungen sind nur ein erster Eindruck von der Reichhaltigkeit der Hülen-Fauna. Es wurde nur auf wenige attraktive Gruppen eingegangen. Wasserkäfer, Wasserwanzen, Köcherfliegen, Fliegen usw. können hier nicht besprochen werden. Es sei auch darauf hingewiesen, dass bisher nur für wenige Hülen Untersuchungen zur Fauna und Flora vorliegen. Die Ergebnisse der genannten Untersuchungen unterstreichen aber bereits die biologische Bedeutung und den hohen Wert der Hülen als Lebensraum für viele Tierarten. Zum Schutz und zur Pflege der Hülen ist es besonders wichtig, bei Anpflanzungen nur heimische Pflanzen zu verwenden. Fremdländische »Ziergehölze« sind im Umfeld der Hülen nicht erwünscht. Eine fischereiliche Nutzung der Hülen ist wenig ertragreich und naturschutzfachlich nicht empfehlenswert. Fische ernähren sich oft von Amphibien- und Insektenlarven und begünstigen die Eutrophierung der Hülen. Hülben mit Mooransätzen sollten sich selbst überlassen oder besonders schonend »gepflegt« werden. Bei Entlandungsarbeiten sollte selbstverständlich darauf geachtet werden, dass die wasserhaltende Lehmschicht nicht beschädigt und vorsichtig gearbeitet wird. Manchmal werden die Hülen als »Schnakenbrutstätten«, »stinkende Lachen« u.a.

Liste einiger bekannter Hülen im Alb-Donau Kreis

bezeichnet. Dass einige Hülen in früherer Zeit, in der sie als Tränke für Weidevieh genutzt wurden nicht immer einen ästhetischen Anblick geboten haben ist leicht vorstellbar. Im Laufe der Zeit sind viele Hülen zu wertvollen Lebensräumen und zu »Trittsteinen« für Pflanzen und Tiere geworden. Durch Patenschaften von Vereinen eigens zur Pflege der Hülen lässt sich mit Hilfe dieser wertvollen Biotope der Gedanke des Naturschutzes ins dörfliche Leben tragen.

Erdkrötenpaar auf der »Hochzeitsreise«.

Dorfhülen

Asch

Bühlenhausen

Neenstetten

Seißen

Söglingen

Waldhülen

Ballendorfer Waldhüle
(1.5 km nordwestl. von Ballendorf)

Eiselau
(ca. 1 km nordwestl.
von Beimerstetten)

Schelklinger Waldhüle
(1 km nördlich von
Oberschelklingen)

Schmiedhüle
(2.5 km nordwestl. von Seißen)

Feldhülen

Bucher Hüle
(zwischen Wippingen u. Sonderbuch;
ca. 1 km östl. von Sonderbuch)

Dreihülben
(knapp 1 km nördl.
von Tomerdingen)

Egelseehüle
(ca. 2 km südwestl. von Westerheim)

Frank-Stülbe
(ca. 1 km östl. von Tomerdingen)

Herdlache
(ca. 100 m nordwestl.
von Tomerdingen)

Hessenhöfe
 (2 km nordwestl. von Blaubeuren)

Hofstett-Emerbuch (Binsenlache)
(1.5 km östl. von Hofstett-Emerbuch)

Lange Lache (bei Ettlenschieß)

Nebelsee (2 km östl. von Holzkirch)

Oberweiler Hüle
(ca. 1 km nördl. von Berghülen)

Sauhüle (bei Hessenhöfe,
ca. 1 km nördl. von Blaubeuren)

Schinderhüle
(ca. 2 km südöstl. von Seißen)

Schorrenhüle
(1 km südl. von Suppingen)

Hans-Peter Seitz

Arbeiter der Brauerei
»Sprißler« brechen im
Jahr 1935 Eis aus dem
Eisweiher bei Ober-
stadion.

Eisweiher

Ein Still- und Kleingewässerbiotop von besonderer Bedeutung sind die wenigen noch vorhandenen Eisweiher, sind sie doch Natur- und Kulturgut gleichermaßen. Im Alb-Donau-Kreis finden wir diese letzten und hier als Naturdenkmale geschützten Zeugen früherer Nutzung noch bei Obermarchtal und im Gemeindegebiet von Oberstadion. Bis in die Mitte des letzten Jahrhunderts dienten sie den ortsansässigen Brauereien noch als Eis- und »Kühlmittel«-lieferanten. Wurde der Weiher nur zu diesem Zweck angelegt, oder war dies seine vorrangige Nutzung, gab man ihm den Namen »Eisweiher«. Die meisten wurden später zugeschüttet, obwohl für viele Bewohner Kindheitserinnerungen mit ihnen verbunden waren. Eisweiher sind ein Phänomen Oberschwabens und wurden bis nach 1900 noch für diesen Zweck angelegt. Sie sind ein Natur- und Kulturelement, in dem sich die alte Tradition des Bierbrauens,

Alle 15 bis 20 Jahr werden
die Eisweiher vom Schlamm befreit.

Plattbauchlibelle

die örtliche, ideal-typische Geologie und die Natur begegnen. Die Eisweiher wurden auch gepflegt: Um das Wasser in den Weihern einigermaßen sauber zu halten, wurden sie im Herbst ausgemäht und von Schilf, Rohrglanzgras, Binsen und sonstigen Verunreinigungen befreit. Sobald das Eis im Winter genügend stark und begehbar war (8-10 cm) wurde in der Mitte des Weihers mit der Eisgewinnung begonnen. Mit Äxten und Sägen wurden parallele Linien in 2 m Abstand bis ans Ufer gezogen und dann in ca. ein Meter breite Stücke zerlegt. Mit zweispitzigen Eishaken wurde die Eisplatten ans Ufer gezogen und auf Schlitten oder Wagen in die Keller gebracht, wo sie zerschlagen

und verteilt wurden. Die im Winter gebrauten Lagerbiere konnten so in den ebenfalls kultur- und naturhistorisch interessanten Molassekellern bis in den Sommer gelagert werden.

Heute bilden die Eisweiher wertvolle Biotope in einer meist feuchtflächen- und artenarmen Landschaft. Sie beherbergen schützenswerte Pflanzen und Tiere. Erdkröte, Gras- und Wasserfrosch, Laubfrosch, Teich- und Bergmolch, Schlammschnecken und zahlreiche Schmetterlinge, Libellen, Gerad- und Hautflügler und Vögel werden hier angetroffen. Schilf, Rohrglanzgras, Igelkolben, Froschlöffel, Blutweiderich, Mädesüß, Zweizahn, Sumpfsegge, Teich-

schachtelhalm, Wasserpest und Laichkräuter sind Bestandteile der reichen Wasser- und Ufervegetation.

Das Alter der zwei Eisweiher von Oberstadion-Mundeldingen und des Weihers in Moosbeuren ist nicht genau bekannt. Die beiden Adler-Brauereien blicken jedoch auf eine jahrhundertalte Tradition zurück.

Feuchte Riede

Moore

**Ulrich Mäck und
Hans-Helmut Klepser**

Langenauer Ried

Umenlauh

Watzenried

Hangquellmoore

Wasenlöcher

Unter einem Moor versteht man eine mehr oder weniger dicke Ablagerung von Torf, also Pflanzenmaterial. Wenigstens während des Entstehens durchdringt das Grundwasser den gesamten Boden, in dem sich wegen Sauerstoffmangel die anfallenden Pflanzenreste nur langsam zersetzen. Die Produktion von organischer Substanz ist größer als deren Abbau, deshalb kommt es zur stetigen Anreicherung von Humus. Intakte Torfböden haben viel organische Substanz, sind arm an Mineralstoffen und Sauerstoff, besitzen einen hohen Wasserstand und haben deshalb einen geringen bakteriellen Abbau.

Je nach Werdegang lassen sich zwei grundsätzlich verschiedene Moortypen unterscheiden: die Flach- oder Niedermoore, die vom Grundwasser gespeist werden sowie die Hochmoore, die vom Grundwasser unabhängig sind und dafür vom Regenwasser leben.

Im Alb-Donau-Kreis finden wir lediglich Flachmoore. Typische Hochmoore sind heute in Baden-Württemberg auf das Allgäu und den Schwarzwald beschränkt.

Flachmoore entwickeln sich beim Verlanden von Gewässern und der Versumpfung von Flussauen. Verlanden nährstoffreiche Gewässer, dann entstehen an den Rändern Schilfgürtel und Sauergraswiesen, die durch ihre hohe Stoffproduktion den Boden erhöhen und gegen das freie Wasser verschieben. Als Ablagerungen finden wir Schilf- und Seggentorfe, auf denen sich Gehölze ansiedeln können. Das Endprodukt Erlenwald bezeichnet man auch als Erlenbruch. Im Zentrum des Langenauer Riedes, aber auch im Arnegger Ried bestehen noch Reste davon. Im Iller- und Donautal fielen diese Flächen den Begradigungen zum Opfer.

Werden durch das Torfwachstum die Pflanzenwurzeln vom mineralischen Untergrund isoliert, entsteht sehr rasch Nährstoffmangel und es bilden sich die Kleinseggenriede. Für die Landwirtschaft ist die Nutzung solcher Flachmoore schwierig, da der Grundwasserspiegel hoch liegt. Früher nutzte man diese Flächen allenfalls als Streuwiesen (Streu bedeutet Strohersatz zum Einstreuen in den Stall). Zur Brennstoffgewinnung baute man bis etwa Mitte des letzten Jahrhunderts einzelne Torfgebiete total ab. In der Randsenke des Rottenacker Riedes bei Unterstadion konnte sich mit dem Wasenmoos ein solcher ehemaliger Torfstich erhalten.

Naturkundliche Besonderheiten stellen die Quellmoore dar, die sich im Bereich von Quellaustritten oder

*Rispenseggenbulte
im Langenauer Ried.*

Langenauer Ried

Schichtwasser bilden. Auch diese sind ständig mit Wasser versorgt, sie tragen eine darauf angewiesene Vegetation. Besonders erwähnenswert sind die Hangquellmoore bei Lauterach, Erbach und Schnürpflingen. Durch Drainagen sind diese Kleinode besonders leicht zu entwässern. Der Naturschutzwert sinkt und Fauna und Flora haben das Nachsehen. Besonders schade ist es um die nährstoffarmen Quellmoore, da sie einerseits nach der Entwässerung zuerst aufgedüngt werden müssen, um zu einem bescheidenen landwirtschaftlichen Erfolg zu kommen, andererseits die auf Nährstoffarmut eingestellte Vegetation in unserem überdüngten Land sehr selten ist. Beispielsweise gedeiht dort das Gemeine Fettkraut, eine Insekten fangende Pflanze mit besonderen Klebdrüsen auf den Blättern. Sie ist in Baden-Württemberg gefährdet.

Leider hat die landwirtschaftliche Intensivierung nach dem Zweiten Weltkrieg die Moore entwässert, nutzbar gemacht und die Moornatur zumeist zerstört. Das beste Beispiel finden wir im Langenauer Ried, bis zum Ende des 18. Jahrhunderts landwirtschaftlich als »ärmliche Viehweide« genutzt. Unter König Wilhelm I. beginnt in der ersten Hälfte des 19. Jahrhunderts die Entwässerung (Wilhelmsfeld). Torfstich, Wasserversorgung und dann der Neubau des Grabensystems Ende der 60er-Jahre des 20. Jahrhunderts ließen noch 2 % dieses Niedermoorkomplexes ohne direkten landwirtschaftlichen Nutzen. Durch teilweises Verschließen der Wasserabzugsgräben und oberflächennahe Bewässerung der letzten Riedflächen versuchen Naturschützer des Donauriedes, zumindest einige der charakteristischen Tier- und Pflanzenarten im Zentrum an der Landesgrenze zu Bayern zu erhalten.

Nach langen und zähen Verhandlungen mit der Landwirtschaft konnte das 1966 auf 16 ha ausgewiesene Naturschutzgebiet 1981 auf immerhin 80 ha erweitert werden. Als große Besonderheit gelang es, zwei vom Kernbereich abgetrennte Quell(Tuff-)kalkhügel im Wilhelmsfeld ebenfalls in das Naturschutzgebiet zu integrieren. Hier befin-

den sich artesische Brunnen. Dies sind natürliche Quellen, in denen das Grundwasser bei Überdruck aufsteigt.

Im Naturschutzgebiet gibt es noch besonders viele vom Aussterben bedrohte Pflanzenarten. Insgesamt zählte man bisher 390 höhere Pflanzen, darunter 35 Arten der Roten Liste von Baden-Württemberg.

Der Wert des Gebietes (Langenauer Ried und Umfeld) für die Vogelwelt wurde frühzeitig erkannt. Das Donaumoos zählt zu den letzten natürlichen Feuchtwiesengebieten in Bayern und Baden-Württemberg und die bayerischen Flächen wurden bereits 1976 als Feuchtgebiet internationaler Bedeutung gemäß der »Ramsar-Konvention« anerkannt, mit den Auwäldern entlang der Donau immerhin 80 km². Die Ausweisungen der Kernbereiche als Naturschutzgebiete (mit 489 ha gut 10% des Niedermoorkörpers) lösten dort die Probleme nicht, dienen aber jetzt als Keimzellen für neue Entwicklungen. In den Naturschutzgebieten »Langenauer Ried«, »Leipheimer Moos« und »Gundelfinger Moos« blieb der Charakter der weithin offenen Feuchtwiesen-Landschaft im Gegensatz zum übrigen Donaumoos weitgehend erhalten. Hier findet sich heute noch in Resten das ehemals großflächig prägende Mosaik aus

Rohrweihenpaar über dem Langenauer Ried (oben).

Blick über das Donaumoos mit Gundremmingen im Hintergrund und dem NSG »Donauried« im Vordergrund (rechts).

Torfstichen, Gebüschinseln, Streu- und Futterwiesen. Um das Gebiet zu erhalten, müssen jährlich wiederkehrende Pflegearbeiten geleistet werden. Außerdem muss der Wasserhaushalt verbessert werden. Um beides hat sich seit weit mehr als zwei Jahrzehnten die »Arbeitsgemeinschaft Donaumoos Langenau e.V.« Verdienste erworben. Die Gruppe hat in unzähligen ehrenamtlich geleisteten Arbeitsstunden die Verbuschung weiterer Flächen verhindert. Mittels einer »Wasserleitung« aus der

Nau und Wehren im Landesgrenzgraben wird das Gebiet seit zwei Jahrzehnten bewässert, was das gänzliche Austrocknen des Moorkörpers verhinderte. So konnte sich in den tief liegenden Bereichen die niedermoortypische Pflanzen- und Tierwelt in Restbeständen erhalten.

In den letzten Jahren erhielten diese Bemühungen Unterstützung aus Bayern durch die Gründung des Landschaftspflegeverbandes »Arbeitsgemeinschaft Schwäbisches Donaumoos

e.V.« mit Sitz in Leipheim. Ziel beider Gruppen ist es, eine grenzübergreifende Wiedervernässung des Niedermoorgebietes einzuleiten. Eine Arbeitsgruppe unter der Leitung des Landratsamts Alb-Donau-Kreis versucht, ein Nutzungskonzept für das inzwischen auch europäische »NATURA 2000-Gebiet« zu erarbeiten.

Hierbei werden alle Nutzungsinteressen der Landwirtschaft, der Trinkwassergewinnung und des Naturschutzes einbezogen.

Lebensräume mit ihrer Pflanzen- und Tierwelt

Das Donaumoos und die Wälder entlang der Donau zählen für die Vogelwelt zu den herausragenden Lebensräumen Deutschlands. Die Bedeutung des Gebietes liegt vor allem in den verschiedenen Biotoptypen. Flussläufe treffen mit Stillwasserbereichen, Auwald mit Altwässern und freien Kiesbänken (Brennen), Hangwälder mit Steilabbrüchen und Kalktuffquellen, Riedflächen mit Sumpf- und Trockengebieten zusammen. In der landwirtschaftlichen Flur finden sich weite Wiesen neben Ackerstandorten, periodisch wasserführende Gräben neben ausgedehnten Feldgehölzen und Gebüschen. Die Niedermoore sind geprägt von weiten, baumfreien Grasfluren und feuchten Torfstichen mit Groß- und Kleinseggenrieden, ergänzt von weidenbruchähnlichen Buschformationen.

Die Au- und Hangwälder bieten neben vielen gefährdeten Pflanzen einer Vielfalt von waldgebundenen Brutvögeln Lebensraum. Die Stauseen an der Donau sind bedeutende Rast- und Überwinterungsgebiete für viele Wasservögel. Die offenen Flächen des Donaumooses, und hier in erster Linie die vom Menschen wenig genutzten Schutzgebiete, dienen einer großen Zahl von überwinternden und durchziehenden Vögeln (z.B. vielen Greif- und Watvögeln) als Rastbiotope. Sie sind aber auch Brutgebiet für Wiesenbrüter, Enten und andere Feuchtgebietsarten.

In neuerer Zeit sind verschiedene Lebensräume, welche die Urlandschaft nicht kannte, hinzugekommen. Andere, ursprünglich vorhandene, sind verschwunden. So kommen wegen der fehlenden Dynamik der Flüsse die natürlichen Lebensräume der Flusslandschaft, z.B. Kiesbänke und verschiedene Uferbildungen, die vielfältigen Auwaldausprägungen und ihre Vegetationsgesellschaften nicht mehr oder nur noch in Resten vor.

Die naturschutzfachlich herausragenden Lebensraumelemente des Niedermoores sind ehemalige Torfstiche und Tümpel, Streu- und Futterwiesen. Die Torfstiche bilden Rückzugsgebiete für Pflanzengesellschaften intakter Niedermoore, z.B. Groß- und Kleinseggenriede sowie diverse Röhrichte. Seit 1998 finden sich hier wieder Brutplätze der Rohrweihe (Circus aeruginosus). Ganzjährig wasserführende Gräben, Torfstiche und Tümpel bieten Lebensraum für zahlreiche gefährdete, niedermoortypische Arten wie z.B. Bekassine (Gallinago gallinago), Wasserschlauch (Utricularia vulgaris) und Fieberklee (Menyanthes trifoliata), verschiedene Wasserkäfer-Arten und den Laubfrosch (Hyla arborea).

Streuwiesen zählen zu den artenreichsten und vielgestaltigsten Lebensräumen im Niedermoor. Seltene und gefährdete Arten sind Davalls-Segge (Carex davalliana), Lungen-Enzian (Gentiana pneumonanthe), Sibirische Schwertlilie (Iris sibirica), Mehlprimel (Primula farinosa), Moorbläuling (Maculinea nausithous) und Sumpfschrecke (Mecosthetus grossus). Das Braunkehlchen (Saxicola rubetra) brütet hier, die Sumpf-

Fieberklee (Menyanthes trifoliata) kommt auch im NSG »Umenlauh« vor.

Breitblättriges Wollgras kommt im NSG »Watzenried« vor.

ohreule (Asio flammeus) ist leider nur noch Wintergast. Die bestandsprägende, traditionelle Streumahd ist längst Vergangenheit. Sie wird heute als naturschutzfachliche Pflegemaßnahme auf ausgewählten Flächen imitiert.

Artenreiche Futterwiesen werden nur schwach gedüngt und jährlich ein- bis zweimal gemäht; der Aufwuchs findet als Viehfutter Verwendung. Durch Moorsackung sind in den Wiesen Mulden entstanden, die bei starken Niederschlägen vor allem für Wiesenvögel günstige Feuchtebedingungen ergeben. Eine extensive Bewirtschaftung entsprechend ausgehagerter Flächen fördert viele Blütenpflanzen wie Trollblume (Trollius europaeus) und bedingt dann eine lückige Vegetationsstruktur, die wiederum Voraussetzung für erfolgreiche Bruten von Kiebitz (Vanellus vanellus), Großem Brachvogel (Numenius arquata) und Wachtelkönig (Crex crex) ist.

Ein neu entstandener Lebensraum im Niedermoor sind die Kies-Baggerseen, die wegen ihrer Lage am Rand des Naturschutzgebietes dessen Lebensgemeinschaft beeinflussen. Sie bieten ergänzende Lebensraumtypen, wie große, offene Wasserflächen, Ufersäume, Steilabbrüche und offene Kiesflächen, die vor allem bei naturnaher Rekultivierung gefährdeten Rastvögeln,

wie beispielsweise: Singschwan (Cygnus cygnus), Fischadler (Pandion haliaetus), Trauerseeschwalbe (Chlidonias niger) Nahrungsraum bieten. Uferschwalben (Riparia riparia), Flussregenpfeifer (Charadrius dubius), Lachmöwe (Larus ridibundus), Flussseeschwalbe (Sterna hirunda), Eisvogel (Alcedo atthis) und Kolbenente (Netta rufina) finden hier ideale Brutplätze.

Neben Entwässerung und Landverlust tragen Störungen durch Freizeit- und Erholungsnutzung an den Baggerseen zur Gesamtbilanz der negativen Effekte bei.

Die einst gebietstypischen Moorbruchwälder aus Schwarzerle (Alnus glutinosa) und Moor-Birke (Betula pubescens) wichen größtenteils Fichtenkulturen oder besitzen allenfalls noch Landwaldcharakter mit einem gewissen Anteil diverser Laubbaumarten wie Bergahorn (Acer pseudoplatanus), Esche (Fraxinus excelsior) und Gemeine Birke (Betula pendula). Naturschutzfachliche Bedeutung verschaffen ihnen wohl nur die stellenweise vorkommenden Brutplätze des Graureihers (Ardea cinerea).

Von 1900 bis heute wurden im Schwäbischen Donaumoos 267 Vogelarten registriert, davon 148 als Brutvögel. In den Jahren nach 1980 waren es 134, darunter viele Arten, deren Bestände in Deutschland hochgradig gefährdet sind. Davon sind 126 in der »Roten Liste von Deutschland« als gefährdet eingestuft, 39 sind sogar vom Aussterben bedroht. 67 der im Schwäbischen Donaumoos beobachteten Vogelarten sind in der europäischen Vogelschutzrichtlinie geführt.

Großer Brachvogel
(Numenius arquata)

Kiebitz
(Vanellus vanellus)

Aus dieser Artenvielzahl sollen der Große Brachvogel, die Bekassine, der Kiebitz, die Sumpfohreule, der Kranich, die Beutelmeise und der Biber als gebietstypische Arten näher beschrieben werden. Sie haben den Niedergang einer ehemals reichhaltigen Wiesenbrütergesellschaft überlebt. Doch auch ihre Bestände sind durch fortschreitende Lebensraumveränderungen und zunehmende Verinselung bedroht.

Großer Brachvogel

Auffällig ist der lange, gebogene Stocherschnabel des Großen Brachvogels, eine Anpassung an die Nahrungsaufnahme im feuchten Boden. Alle unsere Brachvögel brüten auf landwirtschaftlich genutzten Flächen, in zunehmendem Maße auf Ackerland. Sie sind daher durch die Bodenbearbeitung stark bedroht. Die heute übliche, sehr frühe Mahd fällt in die Zeit des Schlupftermins der Jungen. Ferner werden heute sehr große Flächen in kurzer Zeit gemäht, so dass keine Rückzugsgebiete und Versteckmöglichkeiten in hoher Vegetation verbleiben. Viele überlebende Jungen sterben vermutlich an Unterkühlung im extrem dichten und dadurch lange taunassen Intensivgrünland. Offene, flache Wasserstellen finden die Brachvögel in ihren Revieren meist nicht mehr.

Die Brutpaarzahlen, vor allem des Großen Brachvogels, nehmen daher ständig ab. Es erscheint fraglich, ob der Brachvogelbestand im Donaumoos durch Lebensraumoptimierung überhaupt noch zu erhalten ist. Die beschriebenen Faktoren und fehlender Zuzug aus anderen Brutgebieten sind äußerst Besorgnis erregend. Und was wären unsere Niedermoore ohne den charakteristischen flötenden Ruf dieses hier zu Land größten Wiesenbrüters?

Der Kiebitz erscheint genügsamer, lassen sich doch bereits die überwiegende Zahl der Brutpaare in Ackerlagen finden. Die im Frühjahr brachliegenden Äcker ähneln den Altgrasfluren ihres früheren Lebensraumes. Viele Gelege werden von Landwirten bei der Feldarbeit gefunden; das Schicksal der nicht gefundenen ist durch die maschinelle Bewirtschaftung rasch besiegelt. Doch auch geschlüpfte Jungen finden auf den Äckern keinen Lebensraum, so dass heute ein Aufzuchterfolg auf Äckern nicht mehr gegeben ist.

Kiebitz

Bekassine
(Gallinago gallinago)

Interessanterweise brüteten sofort nach den ersten Bewässerungsmaßnahmen vor 20 Jahren wieder Kiebitze im Naturschutzgebiet »Leipheimer Moos«. Sie bevorzugen dort immer die Nähe von Wasserflächen. Ebenso siedelten sich im Jahr 1994 etwa 10 Brutpaare an einer mehrmonatigen Überschwemmungsfläche an der Nau an. Die langjährigen Beobachtungen der Gebietsornithologen zeigen, dass sich die Kiebitze in den letzten Jahren nach gescheitertem ersten Brutversuch auf den umgebenden Äckern für die nächsten Brutversuche häufig in die wiederbewässerten Bereiche in den Naturschutzgebieten zurückziehen. Der Kiebitzbestand erscheint durch diese Ausweichmöglichkeit in den letzten Jahren weitgehend stabil.

Die Bekassine reagiert rasch auch auf kleinräumige Bewässerungsmaßnahmen; der stark geschrumpfte Bestand hat sich als Ergebnis großräumiger Entbuschungen in Verbindung mit dem gezielten Anheben des dortigen Grundwasserstandes bereits deutlich erholt. Voraussetzung für eine nachhaltige und weitere positive Bestandsentwicklung ist jedoch eine großräumige Verbesserung der Wasserstände. Als Brutplatz genügt der Bekassine ein wenige hundert Quadratmeter großes freies Areal mit Seggenbeständen im Flachwasser. Hier entdeckt man den gut getarnten Vogel mit

dem langen Stocherschnabel meist erst, wenn er in wildem Zick-Zack-Flug laut »ätschend« auffliegt. Nur während der Balzzeit im April und Mai können die unverwechselbaren Schauflüge der Männchen beobachtet werden, mit denen sie die Territorien abgrenzen. Bevorzugt in den frühen Morgenstunden, wenn noch die ersten Frühnebel über das Moor wabern, ist das Meckern der »Himmelsziege« zu hören. Es wird von den abgespreizten, äußeren Schwanzfedern erzeugt, die durch vorbeistreichende Luft während der raschen Sturzflüge in Schwingungen versetzt werden.

Bestandsentwicklung der Bekassine im Donaumoos.

Sumpfohreule
(Asio flammeus)

Sing- und Kleinvögel

Die Sumpfohreule ist seit 1976 als Brutvogel aus dem Donaumoos verschwunden. Das Donaumoos war ehemals der bedeutendste der vier in Süddeutschland regelmäßig besetzten Brutplätze. Eine zentrale Ursache für den völligen Zusammenbruch der Population ist der Grünlandumbruch und die Entwässerung. Die rasch zunehmende Verbuschung der freien Niedermoorflächen in den Revieren nahm den auf ein hinreichendes Mäuseangebot angewiesenen Eulen die Jagdflächen. Dies bedingt auch den Rückgang des Winterbestandes dieser interessanten, tagaktiven Eule. Als einzige einheimische Eule baut sie ein Nest am Boden. Das Weibchen scharrt eine Mulde, polstert sie mit Gras aus und bebrütet die Eier dann allein. Im Alter von etwa zwei Wochen verlassen die Jungen das Nest und sitzen dann einzeln gut gedeckt im hohen Gras.

Hauptbeutetiere der Sumpfohreule sind Mäuse und andere Kleinsäuger sowie vereinzelt Kleinvögel.

Braunkehlchen

Die Wiesenvogelarten Braunkehlchen (Saxicola rubetra), Wiesenpieper (Anthus pratensis) und Grauammer (Emberiza calandra) sind allesamt in ihrem Bestand stark bedroht. Der Wiesenpieper siedelte sich nach 20 Jahren Abwesenheit aus dem Langenauer Ried dort im Jahr 1985 wieder an. Das letzte Brutpaar wurde im Jahr 2001 im Leipheimer Moos gefunden. Die Grauammer ist am Rande des Donaumooses noch mit knapp 50 Brutpaaren verbreitet. Das Braunkehlchen kommt nur noch in den Naturschutzgebieten vor. Die Brutpaare nehmen von Jahr zu Jahr weiter ab; lediglich im nahegelegenen Naturschutzgebiet »Gundelfinger Moos« darf im Zuge der extensiven Beweidung eine leichte Bestandserholung erhofft werden.

Alle diese Singvogelarten benötigen extensiv genutzte Flächen mit Altgrasfluren und staudenreichen Randflächen mit hoher Insektendichte. Der Bewirtschaftungsintensität genutzter Flächen können diese und viele andere Vögel nicht standhalten, sei es wegen direkter Zerstörung der Gelege oder Jungenverlust, sei es wegen indirekt verursachter Nahrungsverknappung und Umgestaltung ihres Lebensraums.

Beutelmeise
(Remiz pendulinus)

Seit dem Erstnachweis 1983 hat sich der Bestand bis Mitte der 90er Jahre auf rund 30 Brutpaare erhöht. Seither ist die Tendenz wieder rückläufig. Bei der Auswahl des Nestbaumes wirken vorjährige Nester stimulierend. Das Beutelmeisen-Männchen beginnt bald nach seiner Ankunft im April mit dem Bau des kunstfertigen Nestes.

Das Nest wird meist an über dem Wasser hängenden Zweigen höherer Bäume befestigt und mit diesen mit Gräsern regelrecht verwoben. Wichtiges Baumaterial sind die Samenhaare von Schilf und Rohrkolben. Trotz der aufwändigen Bauart werden nicht alle Nester zu Brutnestern ausgebaut. Besonders die frühen Nestbauten haben häufig lediglich Signalwirkung zur Anlockung der später aus dem Winterquartier eintreffenden Weibchen. Diese prüfen die bisherige Konstruktion meist im so genannten »Henkelkorbstadium« und beteiligen sich dann an der Fertigstellung des Nestes.

Das Paarungsverhalten der Beutelmeisen ist kompliziert und vielgestaltig. Das Gelege wird oft nur von einem Vogel bebrütet und aufgezogen, meist vom Weibchen. Die Männchen bauen oft neue Nester und versuchen weitere Weibchen anzulocken. Aber auch viele Weibchen verlassen ihr Nest bauendes Männchen, manchmal erst nach Ablegen der Eier, die dann vom Männchen bebrütet werden, um sich einen weiteren Partner zu suchen.

Auffallend sind Höhen und Tiefen im Brutbestand der Beutelmeise. Bei dieser Vogelart kann dies im Rahmen der natürlichen Schwankungen liegen; der Rückgang muss nicht unbedingt als Ergebnis einer Verschlechterung der Lebensbedingungen hier im Brutgebiet gewertet werden.

Bestandsentwicklung der Beutelmeise im Donaumoos.

Übersommernder Kranich.

Kranich
(Grus grus)

Der Kranich ist mit seiner Körpergröße von bis zu 1,60 m eine imposante und elegante Erscheinung. Im Donaumoos waren Beobachtungen bislang eher seltene Ausnahmeereignisse. Seit dem Winter 1992/93 gehören größere und kleinere Trupps von Kranichen zu den regelmäßigen Erscheinungen auf dem Herbst- und Frühjahrsdurchzug. Dies ist ein erstaunlicher Befund, da unser Gebiet abseits der normalen Kranich-Zugroute von den Brutgebieten in Ost- und Nordeuropa zu den Überwinterungsgebieten in Spanien liegt. Es lässt sich nur mit den neuerdings häufiger vorhandenen Flachwasserbereichen in den Niederungen erklären. Der bisherige Höhepunkt ist, dass seit 2002 Kranichpaare auch im Sommer im Moos angetroffen werden können. Die scheuen Tiere dürfen jedoch nicht gestört werden!

Biber
(Castor fiber)

Die ersten Biber im baden-württembergischen Gebietsteil waren »Auswanderer« aus den bayerischen Mooswaldseen. Über den Grenzgraben als Wasserstraße kamen die Tiere schwimmend leicht zu Nahrungsflächen in den verbuschten Torfstichen entlang des Grabens. Mittlerweile nutzt der Biber das Gebiet am Grenzgraben als ständigen Lebensraum und eine Familie dürfte sich im Langenauer Ried fest etabliert haben, wie die ständig neuen Fraßspuren deutlich machen.

Auch entlang von Donau, Iller und ihrer Seitenflüsse grenzen Biberfamilien seit ca. 10 Jahren ihre Reviere ab. Jüngste Schätzungen von Fachleuten weisen einen Bestand im Alb-Donau-Kreis von 50 bis 80 Tieren in 25 Revieren aus.

Biber im Landesgrenzgraben.

Ausblick

Das Langenauer Ried gehört ohne Zweifel zu den naturschutzfachlich herausragenden Lebensräumen im Alb-Donau-Kreis. Der noch gute Pflanzen- und Tierbestand darf aber nicht darüber hinwegtäuschen, dass auch hier wie andernorts die Umstrukturierung und Intensivierung der Landnutzung der letzten Jahrzehnte ihre sichtbaren Spuren hinterlassen haben. Wenn das Langenauer Ried in seinem Wert und seiner Artenausstattung für künftige Generationen erhalten werden soll, sind daher rasch wirksame und nachhaltige Maßnahmen, vor allem zur Verbesserung des Wasserhaushaltes und zur Extensivierung der Nutzungen, nötig. Die Arbeiten im Rahmen des Nutzungskonzeptes baden-württembergisches Donauried sind hierzu ein wichtiger Anfang. Wir müssen uns dabei jedoch immer vor Augen halten, dass die Umwandlung dieses großartigen alten Niedermoorgebietes zu dem, was wir heute vorfinden, viele Jahrzehnte gedauert hat. Mindestens dieselbe Zeit müssen wir der Natur geben, damit sie mit unserer aller Hilfe zu dem zurückfinden kann, was wir in der jüngsten Vergangenheit fast zerstört haben.

Naturschutzgebiet »Umenlauh«.

Umenlauh

Zwischen Allmendingen und Ehingen weitet sich das Schmiechtal zum Allmendinger Ried. Seit dem Durchbruch der »Berger Pforte« am Ende der Risseiszeit wird dieses breite Tal, das die Urdonau ausgeräumt hat, von der Schmiech von Nord nach Süd durchflossen. Dabei bildete sich auf den ebenen Schwemmflächen ein ausgedehntes Niedermoor. Das knapp 36 ha große Naturschutzgebiet Umenlauh stellt den Kern des auf wenige Reste degenerierten Moorgeländes dar. Im Norden und Süden breiten sich Feuchtwiesen aus, die von Wassergräben durchzogen sind. Der Kern des Schutzgebiets trägt Wald, hauptsächlich Fichte, aber auch wert-

volle halbfeuchte und feuchte Bestände mit Erle und Birke. Die Gräben haben ihre ursprüngliche Entwässerungsfunktion weitgehend verloren und sich inzwischen mit ihrer Umgebung zu wertvollen Reservaten für die Pflanzen der Teich-, Übergangs- und Niedermoorvegetation entwickelt. Viele Amphibien finden dort geeignete Laichplätze. Außerdem wurde für dieses kleine Schutzgebiet eine ungewöhnliche Vielzahl verschiedener Vogelarten (fünf davon gefährdet) nachgewiesen. Der Riedcharakter spiegelt sich auch im Vorkommen bedrohter Pflanzen des Offenlandes wider. 28 Rote-Liste-Arten, allesamt botanische Raritäten, gedeihen hier.

Watzenried

Als große Besonderheit konnte sich auf der Schwäbisch Alb südwestlich von Altsteußlingen das Watzenried erhalten. Undurchlässige Schichten der unteren Süßwassermolasse verhindern ein Versickern des Niederschlags im Karst, deshalb bildete sich dieses Moor. Bis in die 30er Jahre des letzten Jahrhunderts wurden große Anstrengungen unternommen, das Gebiet durch ein aufwendiges Drainagesystem zu entwässern und für die Landwirtschaft nutzbar zu machen, dies gelang jedoch nur unvollständig. Gegen Ende der 70er Jahre kaufte die Naturschutzverwaltung den stark gestörten Kernbereich auf. Damit war der Weg frei, dem Ried wieder Wasser zuzuleiten.

Durch die gezielten Pflegemaßnahmen im Feuchtbiotop und im umliegenden Grünland werden hier Landschaftselemente mit ihrer typischen Flora und Fauna erhalten, die kulturhistorisch in dieser Landschaft wegen der geologischen Verhältnisse immer schon selten waren und zusätzlich durch die großflächigen Entwässerungsmaßnahmen massiv zurückgedrängt wurden. Nur mit gezielter Pflege kann der Charakter des Gebiets erhalten bleiben. Die vertraglich vereinbarte extensive Bewirtschaftung des Umfelds soll die bisherige Überdüngung reduzieren, so dass die artenreichen Wiesen weiterhin existieren können. 186 höhere Pflanzenarten (ohne Moose und Farne) gibt es hier. Neben seltenen Sauergräsern findet man das Breitblättrige Wollgras, das Sumpfherzblatt, die Mehlprimel, das Gemeine Fettkraut sowie als Besonderheit den Schwalbenwurz-Enzian. Auch zahlreiche Vögel, Schmetterlinge, Heuschrecken und der Grasfrosch nutzen diesen Lebensraum.

Naturschutzgebiet »Watzenried« bei Altsteußlingen (Aufnahme von 1993).

Hangquellmoore

Kleinere, geneigte Flächen mit ständiger Wasserversorgung bezeichnet man treffend als Hangquellmoore. Zwei davon seien hier vorgestellt.

Hangried bei Erbach

Im Gewann Gsoden, etwa 1 km nördlich von Erbach, tritt aus Schichtquellen zwischen den feinkiesigen Grimmelfinger Graupensanden und den Mergeln der unteren Süßwassermolasse breitflächig Wasser aus. Dieses führt zur Vermoorung der unmittelbar darunter liegenden Flächen mit entsprechend seltener Fauna und Flora. Pfeifengras, verschiedene seltene Disteln, der Fieberklee und das Breitblättrige Knabenkraut gedeihen hier. Nur durch die »Bewirtschaftung« als Streuwiese, d. h. späte Mahd und Entfernen des Mähgutes, lässt sich diese Fläche aufrecht erhalten.

Schnürpflinger Hangquellmoor

Ebenso verhält es sich mit dem Schnürpflinger Quellmoor im Gewann Himmelreich. Im oberen Teil hat sich Röhricht und Feldgehölz ausgebreitet. Das Quellmoor droht mit Gehölzen zuzuwachsen. Deshalb muss es von Zeit zu Zeit entbuscht werden. Obwohl wir heute noch einige Orchideenarten, das Gemeine Fettkraut und die Simsenlilie als seltene Arten finden, war diese Fläche früher sehr viel artenreicher. Leider finden wir seit 1978 den Frühlingsenzian nicht mehr, der Sonnentau fehlt seit 1980, die Sibirische Schwertlinie seit 1982 und die Trollblume seit 1983. Die Nährstoffe, die durch die Luft herangetragen und durch die Pflanzen gebunden werden, fordern ihren Tribut. An Amphibien konnten sich noch Bergmolch, Teichmolch, Grasfrosch und Erdkröte halten.

Kommt im Schnürpflinger Hangquellmoor vor: Der Grasfrosch.

Wasenlöcher

Ein Naturdenkmal von fast 5 ha Größe nordöstlich von Unterstadion trägt den Namen Wasenlöcher. Seit 1982 steht dieses Niedermoor mit ehemaligen Torfstichen und einer außerordentlich artenreichen Tier- und Pflanzenwelt unter Schutz. Der Name sagt schon, dass hier Wasen, das heißt Torfstücke als Brennstoff gestochen wurden. Nur deshalb blieb das Gebiet erhalten. Parallel zur 2 km weiter nördlich fließenden Donau verläuft hier der Weihergraben, der später in die Ehrlos übergeht und bei Berg in die Donau mündet. Ein ausgedehntes Grabensystem entwässert diese Randsenke des Donautals. Zwischen zwei Schwemmkegeln konnte sich hier eine etwas mächtigere Niedermoortorfschicht entwickeln als in der näheren Umgebung. Die Entwässerungsversuche schlugen fehl, dagegen gelang das Torfstechen. Leider hat man bis in die 80er Jahre hinein den Wert dieser Flächen verkannt: Fichtenaufforstungen und Auffüllungen engten die seltene Fauna und Flora immer mehr ein.

Durch die Pflege einzelner Teile und der ehemaligen Streuwiesen konnten Tier- und Pflanzenbestände erhalten und vor allem ein Standort des Fieberklees und des Fleischroten Knabenkrauts (Dactylorhiza incarnata) gerettet werden. Auch nutzen zahlreiche Zug-

vögel solche kleinen Niedermoorflächen für die Rast auf dem strapaziö-
sen Zug in die Winterquartiere und zurück. Deshalb bilden diese »ungenutzten« Flächen in der Längsrichtung des
Donautals, aber auch in Nord-Süd-Rich-
tung zwischen Schmiecher See und
Federsee, eine wichtige Funktion als
Trittsteine für die Vogelwelt.

Naturdenkmal
»Wasenlöcher«
in Unterstadion.

Streuwiesen

Hans-Helmut Klepser

Naturschutzgebiet
Schmiechener See

Naturschutzgebiet
Arnegger Ried

Naturschutzgebiet
Sulzwiesen-Lüssenschöpfle

Mit diesem Begriff verbinden wir eine traditionelle Nutzungsform des Grünlandes. Er leitet sich ab von der Funktion des Erntegutes, das als Einstreu (Strohersatz) in die Ställe gebracht wurde. Teilweise taugte das Mähgut auch als Jungviehfutter. Eine gewisse Renaissance erhalten Streuwiesen durch die steigende Zahl der Pferde. Diese fressen das raue Futter nicht ungern. Die Streuwiesen wurden dann gemäht, wenn keine andere, wichtigere Arbeit in der Landwirtschaft anstand. Dies war meistens nach der Ernte, also sehr spät im Jahr, der Fall. Manche Streuwiesen konnten auch erst im Winter bei gefrorenem Boden (siehe Schmiecher See) gemäht werden. Die Streuwiesen gehören zu den Feuchtgebieten. Durch die Ernte entzog man zwangsläufig Nährstoffe, die allerdings nicht mehr ersetzt wurden. Der Dünger war kostbar und den Ackerflächen und teilweise den Futterwiesen vorbehalten. Im Lauf der Jahrzehnte bildeten sich sehr nährstoffarme Flächen, der Aufwuchs wurde immer geringer. Nur solche Pflanzenarten, die mit diesen Zuständen zurechtkommen, konnten überleben. Seltene Arten der Streuwiesen sind Sumpfveilchen, Trollblume, Wollgras, Teufelsabbiss, Blutwurz, Sumpf-Kreuzblume, Kugelige Teufelskralle, Fieberklee, verschiedene Knabenkräuter und andere Orchideen.

Auf der zoologischen Seite sind viele Schmetterlingsarten charakteristisch, hier sei nur auf die Gelblinge, die Perlmuttfalter, die Dickkopffalter, die Widderchen und Ameisen-Bläulinge hingewiesen.

Wie in den anderen Landesteilen gehen auch im Alb-Donau-Kreis die Streuwiesen extrem zurück. Die moderne Landwirtschaft hat dafür keine Verwendung. Schon allein daraus ergibt sich ihr Wert für den Naturschutz als Relikt einer früheren Nutzung und als Lebensraum für viele vom Aussterben bedrohte Arten. Keine einzige Streuwiese wür-

Beispielhaft sollen die folgenden
Naturschutzgebiete die Bedeutung der Streuwiesen belegen.

de ohne finanzielle Unterstützung überleben. Das Schicksal wäre vorgezeich-
net: Unterstützt durch den nährstoffreichen Regen verbuschen die Flächen
und entwickeln sich schließlich zum
Wald. Auch dieser hätte sicherlich seinen Wert in der Natur, der Lebensraum
für die lichtbedürftigen Streuwiesenarten
wäre jedoch dahin. Deshalb wird auch
im Alb-Donau-Kreis durch das Pflege-
programm versucht, die Landwirte finanziell zu motivieren, Streuwiesen weiterhin zu »nutzen«. Bei Flächen, die schon
über 10 Jahre nicht mehr gemäht wurden, wird dies schwierig bis unmöglich,
denn der Untergrund ist durch das
Wachstum der so genannten Seggen-
bulte uneben und nicht mehr befahr-
bar. Im Naturschutzgebiet Langenauer
Ried wird deshalb seit 25 Jahren durch
mühsame Handarbeit diese Vegeta-
tionsform erhalten. Im Naturschutzgebiet Schmiecher See gibt es wohl bis
auf kleine Randflächen kein Zurück
mehr in der Entwicklung. Die Seggen-
bulte erreichen dort bis ein Meter Höhe,
das Wachstum von Weiden ist schon
weit vorangeschritten.

NSG Schmiecher See

Der Schmiecher See, seit 1973 unter
Schutz, verdankt seine Entstehung der
Ur-Donau, die vor 200.000 Jahren über
Ehingen und Allmendingen in großen
Talmäandern nach Blaubeuren und Ulm
floss. Der Talgrund war damals rund
30 m tiefer als heute. Durch Hebungen
der Landmasse änderte sich das Wasser-
regime. Heute fließt die Schmiech
entgegen der alten Donau nach Ehingen, Ach und Blau fließen in der alten
Donaurichtung nach Ulm. Die Einzugsgebiete der Gewässer verkürzten sich
drastisch, damit natürlich auch die Wassermengen. Mächtige Ablagerungen von
Lehm und Gesteinsschutt waren die Folge. Gewissermaßen auf der Wasserscheide blieb der heutige Schmiecher
See erhalten. Der einzige oberirdische
Zufluss, der Siegentalbach, entwässert

Der Schmiechener See im
Luftbild von 1999.

lediglich 6,5 km² in den See. In der Zeit der Schneeschmelze wird der See bis zu 95 ha groß und 2 m tief. Nach langen Trockenperioden sucht man vergeblich nach einer Wasserfläche, nur lokal und am Einlaufbereich des Siegentalbaches, wo 1992 größere Schlammmengen entfernt wurden, bleiben sie erhalten.

Gerade diese Extremsituation macht das Naturschutzgebiet bedeutsam. Die starken Schwankungen des Wasserstandes erschweren den Fischen das Leben im See, dafür profitieren die Amphibien umso mehr, weil dadurch ihre Feinde fehlen. Im ganzen Alb-Donau-Kreis ist das Schutzgebiet das bedeutendste Laichgewässer für Erdkröte, Grasfrosch, Berg- und Teichmolch. Auch den Laubfrosch hört man im Mai. Allein der Bestand der Erdkröte wird auf über 50.000 Exemplare geschätzt.

Die Vogelwelt unterstreicht den internationalen Charakter: Über 140 Vogelarten, davon die Hälfte Durchzügler, registrierten die Ornithologen bislang. Fischadler, Rotschenkel, Grünschenkel, Brachvogel und Bekassine sowie zahlreiche Entenarten profitieren vom Auf und Ab des Wasserstandes. Vor allem

im Frühjahr, wenn die Wasserfläche groß ist, werden im Boden lebende Insekten und deren Larven den Watvögeln richtiggehend in den Schnabel getrieben.

Während die Streuwiesen im Randbereich im Rahmen des Landschaftspflegeprogramms gemäht werden, bleibt das Zentrum sich selbst überlassen. Bis 1965 wurde dort noch Streu gewonnen. Nach der Mahd musste es auf Planen gelegt und heraus gezogen werden. Dies erfolgte meist im Winter bei gefrorenem Boden, nur dann war die Standsicherheit gut.

Jahrzehntelang wurden über den Siegentalbach nur unzureichend geklärte Abwässer in den See eingeleitet. Dies führte zu einer Veränderung der Vegetation, die auf reichliche Nährstoffe angewiesenen Pflanzen vermehrten sich immer stärker. Abhilfe brachte ein Sanierungsprogramm. Ein Regenüberlaufbecken sowie eine Phosphatfällung wurden 1989 gebaut, ein Nachklärbecken und zwei Schönungsteiche angelegt. Ab 1987 bis 2001 wurde in drei Schritten der Siegentalbach verbessert. Man entfernte die Sohlschalen, teilweise verleg-

Der ausgetrocknete Schmiechener See im Dezember 1989.

te man den schmalen Graben in ein breites und mäandrierendes Bachbett, legte Gewässerrandstreifen an und bepflanzte die Ufer. Zusammen mit einem differenzierten Pflegeplan und dem Bau von Amphibiendurchlässen in den umgebenden Bundes- und Landesstraßen konnten die schützenswerten Lebensräume am See und in dessen Nahbereich erhalten werden. Der See unterliegt natürlich bedingten, starken Wasserstandsschwankungen. Die Verbuschung der Riedflächen hat in den letzten Jahren leider durch zu lange Trockenphasen stark zugenommen. Der Lehrpfad, der an den Tennisplätzen in Schmiechen beginnt, gibt eine Einführung in das Schutzgebiet und seine geologischen und naturkundlichen Besonderheiten.

NSG Arnegger Ried

Dieses Niedermoor liegt, wie der Schmiecher See, ebenfalls im ehemaligen Donautal. Die alte Flusssohle befindet sich mehr als 20 Meter unter der heutigen Talsohle. Flusssedimente, aber auch Hangschutt und das mitgebrachte Material der Seitentäler füllen das Tal seit der Risseiszeit auf. Die Entwässerung des Tals ist auf das Niveau der Blau eingestellt, Quellen durchbrechen die Sedimentlagen und erhalten dieses Feuchtgebiet. Torf und Mudde mit einer stark wechselnden Beimengung von Kalktuff baut den teilweise über 7 Meter mächtigen Moorkörper auf. Die Mudden, ein Sammelbegriff für schlammige Sedimente mit viel organischem Material und Fäulnispotenzial, entstanden bei der Verlandung eines Sees, der sich hier im Blautal nach einer Verstopfung der ursprünglichen Blaumündung bei Ulm gebildet hatte. Über diesen schlammigen Ablagerungen liegen Torfe, die im talrandnahen Abschnitt des Riedes bis zum mineralischen Untergrund reichen. In der Folge bildeten sich flussfern gering bis mittelmäßig zersetzte Braunmoos-Seggentorfe, die das eintretende Wasser aufstauten. Dies beschleu-

Blick auf und in das »Arnegger Ried«.

nigte wiederum das Wachstum des Moores und führte schließlich zu einem Durchströmungsmoor. Talfern bildeten sich über den Mudden Seggentorfe, die heute stark zersetzt sind. Hier findet man auch Schilf und Schachtelhalm.

Nachdem die Umgebung des Arnegger Rieds in jüngster Zeit künstlich entwässert wurde, kam die Moorbildung zum Abschluss. Die Torfschicht an der Oberfläche ist deshalb stark zersetzt. Im flussnahen Bereich haben Hochwässer den Torf mit einer bis zu 30 cm dicken Schicht aus Auelehm überdeckt. Glücklicherweise verhinderten die Quellaufbrüche das endgültige Austrocknen des Riedes. Auch das Kleinklima in diesem Talraum – heiß im Sommer, Kaltluftstau bei Inversionswetter – erschweren die Landwirtschaft. In Teilflächen wurde bis ca. 1950 Torf gestochen. Heute sind dies die interessantesten Bereiche, da sie seltenen Arten wie Drahtsegge, Fadensegge und Fieberklee den Lebensraum bieten. Die Gehölze können hier (noch) nicht vordringen. Auf den höher gelegenen Flächen breiten sich Moorbirken und verschiedene Weidenarten stark aus. Auch Torfmoose und andere Feuchtgebietsarten kommen noch in diesem Bruchwald vor.

Die gezielte Pflege soll den floristisch bedeutsamen Teil des Naturschutzgebiets langfristig bewahren. Mit der Entbuschung sollen außerdem die Lebensräume für verschiedene Vogelarten des Rieds geöffnet werden. Einige ausgewählte Feuchtwiesenteile werden jährlich gemäht, das Mähgut wird entfernt, so dass magere Flächen erhalten bleiben. Auch in den Pufferzonen außerhalb des Naturschutzgebiets werden einige Flächen vom privaten Naturschutz als Streuwiesen gepflegt.

NSG Sulzwiesen-Lüssenschöpfle

Weißstorch

Der Flurname Sulz leitet sich von Wasserlache oder Sumpf ab, bezeichnet also nasse Wiesen. Das Lüssenschöpfle setzt sich aus »Lichsen« = mergeliger Lehm oder unergiebiger Sandboden und »Schöpfle« = Wäldchen zusammen. Insgesamt stehen am westlichen Ortsrand von Ehingen-Rißtissen 21,5 ha unter Naturschutz. Der auwaldähnliche, artenreiche Laubwald des Lüssenschöpfles entspricht annähernd der ursprünglichen natürlichen Vegetation des »Sternmieren-Stieleichen-Hainbuchenwaldes«. Der ebene, bewaldete Bereich liegt wie die Sulzwiesen im anmoorigen Boden und entspricht dem »Traubenkirschen-Erlen-Eschen-Auwald«.

Leider sind die früher ausgedehnten Nasswiesen in der Donau-Riß-Aue auf diesen kleinen Rest zusammengeschrumpft. Die weite Ebene ist bis auf begradigte Gewässer und einige wenige Altwasserreste der Entwässerung und dem Umbruch zu Ackerland zum Opfer gefallen.

Vor allem in der Vogelzugzeit rasten hier viele Arten, aber auch der Weißstorch, der im 2 Kilometer entfernten Griesingen brütet, sucht hier regelmäßig seine Nahrung.

Die seither bewirtschafteten Teile sollen auch weiterhin landwirtschaftlich genutzt bzw. gepflegt werden. Anzustreben ist eine Feuchtwiese; dazu sollen im westlichen Teil Gräben angestaut werden, so dass sich wieder mehr Amphibien und sonstige feuchtgebietstypische Tiere wohlfühlen.

Feldflur

Wacholderheide im Hungerbrunnental

Blick vom »Kalkofenmuseum« auf die Zwiebeltürme des Münsters Obermarchtal.

Hermann Muhle

Typischer Steppenheidewald

Wacholderheiden und Magerrasen

Pflanzenkundliche Glanzlichter des Alb-Donau Kreises sind jene Pflanzengesellschaften, deren Lebensraum an sonnige Trockentäler oder an steinige, flachgründige Standorte gebunden sind. Schon aus Gradmanns Beschreibungen des »Steppenheidewaldes« und den frühen pflanzenkundlichen Kartierungen ließ sich die Schutzwürdigkeit und Schutzbedürftigkeit von Wacholderheiden und Trockenrasen erkennen. Im Gelände heben sie sich meist schon aus der Ferne aus der Umgehung ab. Während die intensiv genutzten Weiden von weitem als saftig grün erscheinen, sind unsere trockenen Magerrasen meist schon Ende Juni bräunlich. Sie tragen lockerwüchsige, kurzhalmige meist moos- und flechten-

reiche Vegetation an ungünstigen Standorten. Schon früh hatte eine intensive Wanderschäferei die ackerbaulich nur schwer nutzbaren Hänge beweidet und einen herben Offenlandtyp geschaffen, der uns heute als ästhetisch reizvoll erscheint. Diese von Schafen und Ziegen genutzten Kalkmagerrasen sind durch dauernden Verbiss, Nährstoffentzug und durch Trockenheit zu einem lückigen Rasen geworden, in dem Arten wie Kammschmiele, Zittergras, Schaf-Schwingel, Heide-Segge, Frühlingssegge und Fieder-Zwenke vorkommen, so beispielsweise an der Laushalde unweit Witthau.

Augenfällig im Frühling sind Frühlingsenzian, Berg-Hahnenfuß, Frühlingsfingerkraut und Küchenschelle, die man besonders schön im NSG Kleines

Lautertal unweit Weidach auf flachgründigen Standorten entdecken kann.

Im Sommer trifft man Karthäuser-Nelke, Feldthymian, Silberdistel und ähnliche Arten. Im Herbst fällt der Deutsche Enzian auf, und ebenso die Fruchtstände der Golddistel in den Naturschutzgebieten um Merklingen oder dem Heideverbund Lonsee-Amstetten. Der Oberboden ist an einigen Stellen so stark ausgelaugt, dass man beispielsweise in Naturschutzgebieten um Machtolsheim und Heroldstatt das Heidekraut entdecken kann.

An solchen Standorten gibt es auch noch das Katzenpfötchen, was früher als Miniaturimmortelle in volkstümlicher Nutzung zu Kränzen verarbeitet wurde.

1. Steppenheidewald - Tiefental
2. Frühlingsenzian -
   NSG Hungerbrunnental
3. Küchenschelle - NSG Hätteteich
4. Katzenpfötchen
5. Silberdistel
6. Gelber Lein - Gerhausen
7. Helmknabenkraut
8. Spitzorchis

Wenn die Beweidung weniger intensiv und der Standort etwas tiefgründiger wird, findet man Trespenrasen, in denen Orchideen wie Helmknabenkraut, Spitzorchis und Ragwurzarten vorkommen können. Auch sind warme angrenzende Waldränder mit Arten der Steppenheide und Trespenrasen häufig saumartig geschmückt. Im Blautal kommt als Besonderheit der Gelbe Lein vor. Die Art gedeiht in ganz Osteuropa bis hin zu den Waldsteppen der mittleren Ukraine. Bei uns, an ihrer Verbreitungsgrenze, ist sie besonders schutzwürdig.

Noch heute bestimmen Wacholderheiden und magere Halbtrockenrasen im Lonetal, Hungerbrunnental und den Seitentälern des Blautales das Blickfeld. Wir empfinden diesen Lebensraum mit seiner einzigartigen Tier- und Pflanzenwelt als besonders schützenswert. Leider sind die argarpolitischen Rahmenbedingungen für die Wanderschäferei nicht mehr so günstig. Auch der Rückzug extensiv wirtschaftender bäuerlicher Betriebe führte schon länger zur Aufgabe der Nutzung solcher Flächen; Verbuschungen und Änderungen im Artenbestand der Trockenrasen, sind die Folge.

Viele der geschützten Offenlandbiotope werden im Auftrag der Naturschutzbehörden gepflegt, aber es werden auch große Anstrengungen unternommen, weiterhin die Schafweide so zu unterstützen, dass sie ihre landschaftsgestaltende Position erhalten kann.

Besonders intensiv wurde die Pflege von Kalkmagerrasen auf der Mittleren Alb vorangetrieben. Vielfach mussten die verbuschten Flächen mit einer aufwändigen Erstpflege wieder beweidbar gemacht werden. Hier sind auch immer die Aktivitäten von engagierten Naturfreunden gefragt, denn Pflegetrupps im Rahmen von Arbeitsbeschaffungsmaßnahmen und ehrenamtlichem Naturschutz können zwar kurzfristig helfen, sind aber mit der Dauerpflege meist überfordert. So wird man in Zukunft Pflege wohl nur noch in naturschutzfachlich bedeutsamen Flächen realisieren können. Diese gezielte episodische Minimalpflege ist besonders dort zu fördern, wo Pflanzen an Verbreitungsgrenzen stoßen, wie das Blautal mit seinen Seitentälern. Auch ist die natürliche Weiterentwicklung von Trockenrasen, etwa zu naturnahen Steppenheidewäldern oder Orchideenwäldern an vielen Standorten zu fördern.

Früher konnte der Wanderschäfer schon in der Maienzeit mit der Beweidung anfangen, aber leider findet er in dieser Zeit keine geeigneten Pferchstandorte. Vielfach fehlen auch die alten Triebwege oder sind durch neue landwirtschaftliche Betriebsstrukturen nicht mehr nutzbar. So nimmt die Zahl der Schafe in stationärer Hütehaltung zu. Aber es gibt auch Heideverbundsysteme wie den Heideverbund Laichinger Alb, der vielleicht durch die Aufgabe des Truppenübungsplatzes Münsingen noch vergrößert werden könnte. Hier ist die herkömmliche Wanderschäferei noch erfolgreich.

Nach der Erstpflege hat sich bei wieder austreibenden Gehölzen die Koppelhaltung mit Ziegen bewährt. Es gibt noch weitere naturschutzfachlich interessante Beweidungsverfahren, die dann wirtschaftlich sein werden, wenn Agrarfördergelder vermehrt zur Honorierung ökologischer Leistungen vergeben werden.

Eine Herausforderung für jeden Schäfer: Wenn der »Triebweg« der Schafe, wie hier in Lonsee, auf den Straßenverkehr trifft.

Erich Lauffer

Die Sotzenhausener Heide
– eine artenreiche Wacholderheide

Als ganz besonders hochwertiges Beispiel im floristischen Sinne gilt die Sotzenhausener Heide bei Pappelau. Sie ist in den letzten 50 Jahren nicht mehr beweidet worden und hat dadurch eine interessante Entwicklung genommen. Dies lässt sich nicht unbedingt bei einem einmaligen Besuch erkennen, da sie zu jeder Jahreszeit ein anderes Gesicht zeigt.

Die Heide genießt ganzjährig doppelten Schutz, als flächenhaftes Naturdenkmal des Landkreises und als Biotop des Landes Baden-Württemberg (§ 24a NatSchG).

Entstehung der Heide

Wie alle Heiden der Schwäbischen Alb, so ist auch diese Kulturlandschaft ursprünglich durch die Beweidung mit Schafen entstanden. Diese sorgten beim Fressen für eine bestimmte Pflanzenauswahl. Wenn ihnen manche Gräser zu bitter vorkamen oder das empfindliche Schafmaul dem stacheligen Wacholder auswich, dann gedieh dieser auf den kargen Böden, solange die Besonnung und die Feuchtigkeit ausreichten. Die Schafe düngten dabei

Erforschung der Blaubeurer Flora

Bereits der Ulmer Stadtphysicus Johann Dietrich Leopold hat in seiner »Florae Ulmensis«, die der Ulmer Buchhändler Johann Conrad Wohler 1728 verlegte, einzelne seltene Pflanzenstandorte der Region beschrieben und auch der bekannte Tübinger Botaniker Johann Friedrich Gmelin hat neben seinen weltweiten Studien hier bis 1772 Beobachtungen schriftlich festgehalten.

In der Oberamtsbeschreibung Blaubeuren von Memminger aus dem Jahre 1830 wird das »Hochsträß« direkt erwähnt, zu dem der Weiler Sotzenhausen gehört. In dieser wird angegeben, dass »Forchen und Fichten erst seit 60 Jahren anzubauen versucht wurde«, also etwa seit dem Jahre 1770. In der Zwischenzeit haben sich diese aber gewaltig vermehrt und durchgesetzt. Von dem Blaubeurer Apotheker Widenmann und dessen Sohn Friedrich stammen die Angaben zu den Vegetationslisten in dieser Oberamtsbeschreibung.

Ein weiterer Apotheker, Theodor Emil Baur, brachte bereits im Jahre 1905 »Die Flora von Blaubeuren« als kleines Büchlein über die Fr. Mangold'sche Buchhandlung heraus, in der viele Angaben zur Vegetation um Sotzenhausen und Pappelau enthalten sind. Er beruft sich auf Robert Gradmanns zweibän-

diges Werk »Das Pflanzenleben der Schwäbischen Alb«, in dem der Begriff der »Steppenheide« für solche Biotope verwendet wird.

Die Beschreibung von Eugen Schübelin im »Illustrierten Führer durch Blaubeuren und Umgebung«, die letztendlich auf den Beobachtungen des Gerhauser Lehrers Eugen Zimmermann, von Oberlehrer Hans Freytag und von Amtsgerichtsrat Adolph Klumpp beruhen, sind uns über Dr. Georg Scheer im Heimatbuch Blaubeuren von Eugen Imhof zugänglich. Von Amtsgerichtsrat Klumpp existiert übrigens noch seine handgeschriebene Pflanzenkartei in Blaubeuren. Der Ulmer Rektor Karl Müller gab präzise Pflanzenstandorte in der »Ulmer Flora« auch von Blaubeuren und Umgebung an.

Hans Dreher hat in einem Aufsatz über »Die Flora von Blaubeuren« in den Blättern des Schwäbischen Albvereins die bekannten Blaubeurer Floristen aufgelistet.

Das derzeit wichtigste Werk für alle Naturliebhaber ist aber die »Ulmer Flora« von Rektor Hugo Raunecker, der seit 1953 mit seinem umfassenden Werk die Daten von 1215 Pflanzen aus der Region nach Angaben seiner 28 Gewährsleute aufgearbeitet hat.

den Boden, wenn die Herde langsam darüber zog. Bis zu einem gewissen Grad waren die Wanderschäfer an einer Freihaltung der Heiden interessiert und erledigten so nebenbei manchen Schössling mit der Schippe. So dürfte es auch hier lange Zeit gewesen sein. Durch Auszählen der Jahresringe an geschlagenen Bäumen kann man das Einsetzen der Sukzession seit etwa 50 Jahren (Nachkriegszeit) feststellen. Die Heide begann zuzuwachsen mit allem, was durch angeflogene oder verschleppte Samen auskeimen konnte. Das Ergebnis war ein immer dichter werdender Bewuchs mit Fichten und Forchen, die dem Wacholder immer mehr das Licht nahmen und zu einer Verfilzung der Gras- und Krautschicht führten.

Tier- und Pflanzenwelt der Sotzenhausener Heide

In diesem Rahmen sollen nur einige Besonderheiten erwähnt werden. Die drei bekanntesten Enzianarten wie Frühlingsenzian (Gentiana verna), Fransenenzian (Gentianella ciliata) und Deutscher Enzian (Gentianella germanica); im Frühjahr und Frühsommer diverse Orchideenarten wie etwa die Helmorchis (Orchis militaris), blühen in unvorstellbaren Stückzahlen. Ähnlich häufig ist das »Mückle« oder die Fliegenragwurz (Ophrys insectifera), seltener dagegen das Rote Waldvöglein (Cephalanthera rubra), das in der Umgebung von Blaubeuren sonst öfter vorkommt. Die Waldhyazinthe (Platanthera bifolia) und das Zweiblatt (Listera ovata) gehören zum festen Bestand der Heide. Einzelne Exemplare der Hummel- (Ophrys holoserica), Spinnen- (Ophrys sphecodes) und Bienenragwurz (Ophrys apifera) gehören auch zum Potential der Heide.

Zu den weiteren Besonderheiten zählen neben der häufigen Silberdistel oder Eberwurz (Carlina acaulis) auch die Golddistel (Carlina vulgaris) und das selten gewordene «Katzenpfötchen» (Antennaria dioica), das auch unter dem Namen »Himmelfahrtsblümchen« in Kränzchen gewunden Haus und Hof schützen soll (Himmelfahrt ist immer am Donnerstag, dem »Thorstag«. Thor ist in der nordischen Göttervorstellung der Sohn Odins, der mit seinem geschleuderten Hammer die Blitze erzeugt). Die Gelbe Wiesenameise (Lasius flavus) baut ihre nicht zu übersehenden markanten Erdhügel auf der Heide. Schmetterlinge wie beispielsweise

Deutscher Enzian

Helmorchis oder Helmknabenkraut

Rotes Waldvöglein

verschiedene seltene Bläulingsarten oder der Schachbrettfalter (Melanagia galathea) lassen sich hier leicht beobachten. Auch die heimischen Spechtarten finden immer den einen oder anderen älteren Baum, der gezielt stehen oder liegen bleibt.

Die Ortsgruppe Blaubeuren des Schwäbischen Albvereines pflegt diese Heide regelmäßig seit 1981. Das Gelände ist völlig offen und durch kleine Fußwege für jedermann begehbar. Auf das Pflückverbot und den Status eines »flächenhaften Naturdenkmals« wird durch Tafeln hingewiesen. Der Bekanntheitsgrad der Heide hat in den letzten Jahren ständig zugenommen, so herrscht hier besonders zur Blütezeit der Orchideen reger Andrang von Pflanzenliebhabern.

Waldhyazinthe

Bau der gelben Wiesenameise.

Bläuling bei der Nektarweide.

Die Orchideen der Gemarkung Allmendingen im Jahreslauf

Michael Rieger

Die große Zahl faszinierender Orchideenarten auf der Gemarkung Allmendingen sind ein Beispiel für die Vielfalt an Pflanzenarten in unserem landschaftlich stark strukturierten Landkreis. Von den ca. 60 in Mitteleuropa vorkommenden Arten können allein auf der Gemarkung Allmendingen zur Zeit 24 Arten sicher beobachtet werden, für zwei weitere Arten fehlen aus den letzten Jahren sichere Beobachtungshinweise.

Beim Spaziergang im Jahreslauf finden wir bereits

ab Ende April

im lichten Laubwald, an Waldrändern oder auf Magerrasen das purpurrote Männliche Knabenkraut (Orchis mascula) und auf ungedüngten Randstreifen von Wassergräben noch vereinzelt das früher häufig vorkommende purpurrote bis rosa blühende Kleine Knabenkraut (Orchis morio).

In den ersten Maiwochen

ist auf den Wacholderheiden, an trocken-warmen Waldrändern und später auch in lichten Wäldern das verbreitet vorkommende, auffällige Helm-Knabenkraut (Orchis militaris) zu sehen. Die Blütenblätter bilden einen Helm, deshalb wohl auch die lateinische Bezeichnung militaris. Es kann bei starker Beschattung seines Lebensraums durch zunehmende Verbuschung nicht überleben. Mit Pflegemaßnahmen können die gefährdeten Standorte wieder

Links das Männliche Knabenkraut und oben das Kleine Knabenkraut.

Weißes Waldvögelein

Ab Mitte Mai

lassen sich weitere blühende Arten bewundern. In lichten Wäldern und an Waldrändern wächst häufig das Weiße Waldvögelein (Cephalanthera damasonium), doch nur selten das rein-weiß blühende Langblättrige Waldvögelein (Cephalanthera longifolia). Farblich kaum unterschieden vom Grün der Umgebung blüht unauffällig das Große Zweiblatt (Listera ovata). Schaut man sich jedoch die Blüten genauer an, so ist die Zuordnung zur Familie der Orchideen eindeutig erkennbar. Noch zwei weiße Orchideenarten reihen sich nun ein. Die Grüne Waldhyazinthe oder Grüne Kuckucksblume (Platanthera chlorantha) und die Zweiblättrige Weiße Waldhyazinthe oder Zweiblättrige Kuckucksblume (Platanthera bifolia). Die Staubbeutelfächer der Grünen Waldhyazinthe stehen schräg gegeneinander, die der Zweiblättrigen dagegen parallel. Die ohne Licht für die Photosynthese auskommende Nestwurz (Neottia nidus-avis) kann auch tief im Schatten des Waldes existieren, da sie in Symbiose mit Bodenpilzen lebt, von denen sie ihre Nährstoffe bezieht. Sie ist braun und ohne Blattgrün.

für einige Jahre gesichert werden. Zur gleichen Zeit kann auf denselben Standorten die im Volksmund »Mückle« genannte Fliegen-Ragwurz (Ophrys insectifera) auftreten. Nur bei sehr aufmerksamer Beobachtung oder geschultem »Orchideenblick« ist die unscheinbare Ragwurz mit ihren so reizvoll geformten Einzelblüten zu sehen.

Zweiblättrige Weiße Waldhyazinthe bzw. Zweiblättrige Kuckucksblume.

Fliegen-ragwurz

Frauenschuh

Ausgangs Mai

zieht es viele Naturbeobachter und Naturfotografen zu den Allmendinger Frauenschuhstandorten. Die größte unserer Orchideen, der Frauenschuh (Cypripedium Calceolus), ist für viele die Orchidee schlechthin. Ihr Lebensraum sind lichte, warme Mischwälder mit ganz speziellen für diese Pflanze lebensnotwendigen Pilzgeflechten im Boden. In der Nähe der Standorte verraten ausgetretene Pfade den Besuchern den Weg zu dieser Orchidee mit der sehr attraktiven, exotisch anmutenden, schuhförmigen Blüte. In der Nachbarschaft, im moosbedeckten Fichten- und Kiefernwald, beginnt jetzt auch die oft übersehene Korallenwurz (Corallorhiza trifida) zu blühen. Das gegenüber der Moosfarbe eher ins Gelb gehende Grün der Pflanzenstängel macht auf diese meist sehr klein bleibende aber oft in großen Büscheln vorkommende Orchidee aufmerksam.

Ende Mai, Anfang Juni

wird ein Besuch auf den Wacholderheiden, also den ehemaligen Schafweiden, spannend. Während die letzten frühen Orchideen verblühen, warten die Orchideenfreunde schon gespannt auf das Erscheinen des »Bienchens«, der Bienen-Ragwurz (Ophrys apifera). Diese sehr wärmeliebende Art bleibt in manchen Jahren sehr rar, was zur alljährlichen Spannung beiträgt. Die Einknolle (Herminium monorchis) gedeiht hier ebenfalls, doch ist sie nur selten anzutreffen. Bei einem Abstecher in feuchtere Zonen der Gemarkung kann vereinzelt noch das Breitblättrige Knabenkraut (Dactylorhiza majalis) entdeckt werden. Etwas später gesellt sich noch das Fleischrote Knabenkraut (Dactylorhiza incarnata) dazu. Erstaunt sind Hobbybotaniker, wenn diese Orchidee auf Wacholderheiden anzutreffen ist. Bei genauer Untersuchung entpuppen sich diese meist sehr kleinen Standorte als wasserhaltige Lehminseln.

Einknolle ▲
und das
Breitblättrige Knabenkraut
sind von Mai bis Anfang Juni anzutreffen. ▼

Im Juni

leuchtet bei einem Spaziergang durch lichten Buchenwald auffällig an den Wegrändern unser drittes Waldvögelein, das Rote Waldvögelein (Cephalanthera rubra). Das sonst in Feuchtgebieten vorkommende bis nahezu 1 Meter hoch werdende Gefleckte Knabenkraut (Dactylorhiza maculata) blüht bei uns auch an Waldrändern mit Nässestau. Die korrekte Bestimmung dieser Pflanzenart wird durch die häufiger vorkommenden Kreuzungen mit anderen Knabenkräutern sehr erschwert. Im lichten Kiefernwald eröffnen Sumpfwurzarten mit der Braunroten Sumpfwurz (Epipactis atrorubens) mit ihrem Vanilleduft ihren Blühreigen. In einigen Bestimmungsbüchern werden die Sumpfwurzarten auch als Stendelwurz bezeichnet.

*Braunrote Sumpfwurz, oben
und
Rotes Waldvögelein, unten*

Von Juni bis Juli

mischt sich in den Blütenflor der Wacholderheiden die Große- oder Mücken-Händelwurz (Gymnadenia conopsea). Sie kann über Wochen das Erscheinungsbild ihres Standortes mit ihren leuchtend rosa bis purpur-violett und gelegentlich fast weißen Blütenständen prägen. Wo sich Zementwerke mit ihren Steinbrüchen ansiedelten, gedeihen auch die meisten Orchideenarten. Diese Orchideen und die Zementhersteller greifen auf die gleichen Rohstoffe, die Kalkmergel, zurück. Leider mussten in den vergangenen Jahrzehnten in unse-

Echte Sumpfwurz

rem Raum viele Orchideenstandorte dem Gesteinsabbau weichen. Andererseits besiedeln aber auch viele Orchideenarten die aufgelassenen Steinbrüche und Gesteinsabraumhalden wieder. Die kleinere, stark nach Vanille duftende Wohlriechende Händelwurz (Gymnadenia odoratissima) mit kürzerem

Sporn, finden wir seltener. Sie blüht in Gemeinschaft mit der größeren Schwester, fühlt sich aber auch auf feuchteren Standorten wohl. Der fast weiß blühende Echte Sumpfwurz (Epipactis palustris) bevorzugt feuchte Standorte, doch finden wir ihn in Allmendingen auf Trockenrasen mit vernässten Stellen.

erscheinen die letzten beiden stattlich wachsenden Sumpfwurzarten, die auch noch im September blühend anzutreffen sind. Der Breitblättrige Sumpfwurz (Epipactis helleborine) und der Violette Sumpfwurz (Epipactis purpurata) bevorzugen Mischwälder auf kalkhaltigen, lehmigen Böden.

Wohlriechende Händelwurz

Die stattliche Zahl an Orchideenarten auf einer Gemeindegemarkung könnte den Schluss zulassen, dass die Artenvielfalt in unserem Raum nicht gefährdet wäre. Die hier dargestellten Arten sind jedoch ausschließlich in sehr kleinen Restflächen der ehemaligen Sommerschafweiden und im Wald anzutreffen. Die landwirtschaftlich intensiv genutzten Flächen der Alb, des Schmiechtals und des Hochsträß geben diesen wie auch vielen anderen Pflanzenarten keinen Raum mehr zur Entfaltung. In den meisten Fällen sind die Böden dafür zu nährstoffreich oder die modernen Bewirtschaftungsformen lassen die erforderlichen Blührhythmen nicht zu. Ohne den Einsatz ehrenamtlicher Helfer in der Landschaftspflege wären in den vergangenen Jahrzehnten auch die letzten Wacholderheiden der Verbuschung zum Opfer gefallen. Die seit einigen Jahren praktizierte Landschaftspflege mit Hilfe eines Schäfers, der zwei mal im Sommer mit seiner Schafherde über die Wacholderheiden des Naturschutzgebietes Bücheles Berg/Hausener Berg zieht, lässt auf eine dauerhafte Offenhaltung dieser für die Erhaltung der Artenvielfalt und des Landschaftsbilds so wichtigen Flächen hoffen.

Feldhecken, Gehölze und Steinriegel

Feldhecken und Gehölze

Udo Herkommer

Feldhecken
und Gehölze

Steinriegel –
Gehölzstrukturen
und Biotopverbund

Wer den Alb-Donau-Kreis durchwandert, wird besonders in den Tälern und an den Hängen immer wieder eine durch Feldhecken geteilte, kleinräumige Landschaft entdecken.

Wie diese Heckenstrukturen entstanden sind, von welchen Pflanzenarten sie aufgebaut werden, welche Tiere darin leben, ist nicht offensichtlich. Manch einer fühlt sich bei der Feldarbeit durch Hecken in der Nachbarschaft eingeengt, andere pflegen sie regelmäßig und freuen sich über den Artenreichtum. In Artenzusammensetzung und Landschaftsfunktion sind Gebüsche und Feldgehölze mit den Hecken verwandt. Im Gegensatz zu den linearen Heckenstrukturen sind Feldgehölze flächig ausgeprägt. Dadurch kann sich in ihrem Inneren unter dem Kronendach vom Bäumen und hinter dem randlichen Mantel von Sträuchern ein spezielles Kleinklima entwickeln, das in den Hecken so nicht gegeben ist. Windstille im Inneren bedingt eine höhere Luftfeuchtigkeit. Beschattung durch das Blätterdach schafft in Bodennähe in der Krautschicht waldähnliche Verhältnisse.

Schließlich seien hier noch die Steinriegel behandelt, die oft mit Hecken und Feldgehölzen gemeinsam anzutreffen sind. Sie wurden in vielen Jahrhunderten in mühevoller Kleinarbeit auf den Flurgrenzen zwischen den Äckern der Schwäbischen Alb aufge-

Hecke bei Gundershofen.

Steinriegel mit offenen Abschnitten und Gehölzanteilen beim Karlshof südlich Hütten im Oberen Schmiechtal.

Komplex aus Hecken, Gebüschen und Feldgehölzanteilen bei Ehingen unterhalb des Liebherr-Firmengeländes.

Was ist der Wert einer Hecke ?

schichtet. Sie bestehen aus Kalksteinbrocken, die von Hand aus der Krume gelesen wurden. Die Steinriegel können offen liegen und schon von Weitem als weißer Streifen am Horizont erkennbar sein. Sie können aber auch von einer mehr oder weniger dicken Erdschicht überdeckt, dann von Gras und Kräutern überwuchert oder gar von Gehölzen bestockt sein. Wenn diese Gehölze sich zu Hecken, Gebüschen oder Feldgehölzen schließen, sind wir wieder bei unserer typischen Vegetation der Mittleren Alb angelangt.

Genau so wie der Wert einer Blumenwiese durch ihren Artenreichtum messbar wird, orientiert sich auch der Wert einer Feldhecke an diesem. Ihr spezifischer Standortcharakter durch wenig genutzte Grenzstrukturen hat zu großer Artenvielfalt geführt, weswegen man die meisten Hecken und Feldgehölze in Baden-Württemberg seit 1992 als wertvolle Biotope im Landesnaturschutzgesetz unter Schutz gestellt hat. Von den Gebüschen sind nur relativ wenige geschützt, die Steinriegel stehen sämtlich unter dem Schutz dieses Gesetzes.

Nicht immer ist man mit Hecken, Feldgehölzen, Gebüschen und Steinriegeln bei landwirtschaftlicher Nutzung sorgfältig umgegangen. So wurden sie früher, bei der Flurbereinigung oder beim Bau einer neuen Straße und auch häufig in Neubaugebieten an den Stadt- und Dorfrändern, vor allem auf den attraktiven Südhängen, gerodet. In den sechziger, siebziger und achtziger Jahren des vergangenen Jahrhunderts wurden Hecken für großflächigere Nutzungen sorglos beseitigt.

In der Zukunft gilt es jedenfalls, die verbliebenen Hecken, Feldgehölze und

Hecken statt Zäune

Steinriegel – mit Unterstützung der Flurbereinigung – zu erhalten.

Nicht alle Gehölzbiotope sind gesetzlich geschützt; sie bedürfen einer bestimmten Alters- und Größenentwicklung. Ist noch ein Pflanzschema erkennbar, sind sie nicht geschützt. Dies gilt auch, wenn nicht standortheimische Arten (gewisse Garten- und Ziersträucher wie z. B. der Weiße Hartriegel), oder arealfremde Gehölze (ein zu großer Anteil der Amerikanischen Traubenkirsche oder Flieder und Forsythie) vorhanden sind. Feuchtezeiger auf Trockenstandorten wie z.B. die Grauerle in Flurbereinigungshecken sind ebenfalls nicht schützenswert.

Als Mindestgrößen gelten für Feldgehölze 250 m². Hecken mittlerer Standorte müssen länger als 20 m sein; für trockenwarme Standorte gilt, wie für die Feucht- und Trockengebüsche, keine Mindestgröße als Schutzbedingung.

Hecken stehen in der Flur meist auf Grenzen. Auch Steinriegel liegen oft zwischen Flurstücken. Feldgehölze stocken dagegen nicht selten auf besonders flachgründigen und unergiebigen Bodenpartien, in steilen Hanglagen, in Zwickeln zwischen Flurwegen und Straßen oder auf anderen schwer zu bewirtschaftenden Flecken in der Landschaft. Gebüsche entwickeln sich dort, wo der Mensch die Nutzung aufgibt und das Stück Land sich selbst überlässt.

Auf Nutzungsgrenzen und Rainen, auf Steinriegeln und in aufgelassenen Wiesen und Weiden, also überall in der offenen Feldflur, wo nicht gepflügt, gemäht oder beweidet wird, stellen sich schnell Pioniersträucher ein. Wenn der Boden über längere Zeit sehr feucht ist, keimen gerne vom Wind herbeigetragene Weidensamen. Bei trockeneren Bedingungen treiben oft die Samen von Sträuchern aus, die vorher den Darm eines Vogels, eines Rehs oder Feldha-

Feldgehölz- und Gebüschstrukturen an Hangkanten des Donaudurchbruches bei Untermarchtal.

Holunder und Weißdorn:
Feste Bestandteile der Hecken
auf der Schwäbischen Alb.

Wie sind die
Hecken zusammengesetzt?

Gebüsche bestehen in erster Linie aus Sträuchern. In Feldgehölzen dominieren die Bäume. In Hecken können sowohl Bäume als auch Sträucher vorkommen. Die wichtigsten und häufigsten Straucharten in den Hecken des Alb-Donau-Kreises sind die Schlehe (Prunus spinosa), der Holunder (Sambucus nigra) und die Hasel (Corylus avellana). Sie sind in den meisten Hecken maßgeblich am Aufbau beteiligt. Manche Hecken bestehen ausschließlich aus einer einzigen Strauchart. Sind andere Sträucher beteiligt, findet man häufig den Liguster (Ligustrum vulgare), der jedoch immer seltener wird, je höher man auf die Alb kommt, etwa bei Feldstetten, Heroldstatt oder Westerheim. Dort ist er nur noch in besonders geschützten Lagen anzutreffen. Er verträgt lang anhaltende Fröste und austrocknende, kalte Winde im Winter nicht. Weiter trifft man oft den Hartriegel (Cornus sanguinea), die Heckenkirsche (Lonicera xylosteum), den Wolligen und Gemeinen Schneeball (Viburnum lantana und V. opulus) in den Hecken an. Auch diverse Rosenarten, die selbst für Spezialisten teilweise schwer zu unterscheiden sind, kommen vor, so etwa die Vogesenrose (Rosa vosagiaca), die sowohl auf den Höhen der Alb, aber auch tiefer in den flacheren Gefilden gut gedeiht. Die Weinrose

sen passiert haben. Meist handelt es sich dabei um Beeren (Schlehe, Weißdorn, Holunder, Liguster u.a.). Auch andere Früchte fliegen an (etwa die im Wind sich hubschrauberartig drehenden Früchte von Ahornen und Eschen) oder sie werden von benachbarten Waldrändern hereingeschleppt (Bucheckern, Eicheln, Haselnüsse).

Wenn sie erst einmal am neuen Standort angekommen sind, nutzen manche Sträucher Strategien der vegetativen Vermehrung. So treibt die Schlehe, auch Schwarzdorn genannt und der Liguster wie die Weidenbüsche unterirdische Triebe in noch unbesiedeltes Nachbarland

vor. Im Schutz einer sich schließenden Strauchschicht kommt dann nicht selten der eine oder andere Baum auf. Wenn die Hecke altert, übernehmen die Bäume die Herrschaft. Sie beschatten mehr und mehr die unter ihnen stehenden Sträucher, die zunehmend verkümmern. Im Schatten kommen immer weniger junge Gehölze auf, so dass die Hecke in ihrer Altersstruktur zunehmend auflockert. In einer sehr alten Hecke schließlich brechen einzelne Bäume zusammen und bilden Lücken, in denen unter natürlichen Bedingungen der Zyklus wieder von vorne beginnen kann.

Oben:
Traubenholunder

Mitte:
Schwarzdorn bzw. Schlehe

Unten:
Wolliger Schneeball

(Rosa rubiginosa) verströmt an heißen Sommertagen weithin einen betörenden Duft, der nicht nur von Blüten und Früchten stammt, sondern auch von den duftdrüsenreichen Blättern.

Auf feuchten Standorten, z. B. entlang der Gräben im Langenauer Ried, herrschen dagegen Weidenbüsche vor. Die häufigsten im Alb-Donau-Kreis sind wohl die langblättrigen Purpur- und Korbweiden (Salix purpurea und Salix viminalis). Letztere wurden früher zur Herstellung von Körben verwendet.

Häufige Heckenbäume sind die Esche (Fraxinus excelsior) und der Feldahorn (Acer campestre), aber auch andere Bäume wie Stieleichen (Quercus robur), Buchen (Fagus sylvatica), Vogelkirschen (Prunus avium) oder Hainbuchen (Carpinus betulus) gesellen sich gerne zu den Sträuchern. Auf den Höhenlagen der Alb sieht man öfters die Mehlbeere (Sorbus aria) mit ihren im Herbst sehr auffälligen, orangeroten, in Scheindolden beisammen stehenden Früchten und ihren silbrig glänzenden, behaarten Blättern.

In den Hecken feuchter Ausprägung sind die Esche, baumförmige Weiden, wie die Silber- und die Bruchweide (Salix alba und S. fragilis), die prächtig blühende Traubenkirsche (Prunus padus) und gelegentlich die Schwarzerle (Alnus glutinosa) anzutreffen.

Weidbaum bei Heroldstatt

Bei hoher Luftfeuchtigkeit, besonders in den Albtälern, sind die Hecken und Feldgehölzränder bisweilen von Schleiern der Waldrebe (Clematis vitalba) überzogen, die besonders im Herbst mit ihren federigen Fortsätzen an den Früchten einen reizvollen, optischen Akzent setzen. Die Waldrebe ist nicht die einzige Liane in unseren heimischen Gehölzen. Auch der Efeu (Hedera helix) verzichtet auf den Aufbau eines eigenen Stammes und klettert an anderen Holzgewächsen in die Höhe. Weitere, allerdings seltenere Kletterpflanzen in unseren Hecken und Feldgehölzen sind die Zaunrübe (Bryonia dioica) und die Wildform des Hopfens (Humulus lupulus).

Heckengebiet »Halde« bei Nasgenstadt

Verbreitung

Die Feldgehölze auf der Alb weisen oft noch besonders markante, alte, knorrige, oft mehrstämmige Bäume auf, die so genannten Weidbäume. Das sind meist Buchen, es können aber auch andere Arten sein, die in ihrer Jugend auf Schaf- oder Viehweiden gestanden haben. Der häufige Verbiss der Triebe durch die Weidetiere förderte schließlich die bizarren Formen und die oft ganz unten ansetzenden Verzweigungen der Weidbäume. Mit nachlassender Nutzungsintensität haben sich oft Sträucher und jüngere Bäume um die Weidbäume gruppiert, so dass heute optisch sehr ansprechende, gestufte, nach außen abgeschlossene Gehölzstrukturen entstanden sind.

Am seltensten findet man Hecken und Feldgehölze in den leicht und großflächig mit schweren landwirtschaftlichen Maschinen zu bewirtschaftenden Gebieten. Das sind die Ebenen der Flächenalb um Dornstadt und das Donautal mit Ausnahme der Niedermoorgebiete bei Langenau. Auch die zwischen Donau und Iller gelegene Deckenschotter-Ebene »Donau-Iller-Lech-Platte« ist sehr arm an Gehölzstrukturen.

An den zum Alb-Donau-Kreis gehörenden Hängen des Illertales gibt es noch eine etwas größere Dichte von Hecken und Feldgehölzen. Hier stocken sie nicht selten auf den steilen Böschungen von Hohlwegen.

Beim weit gedehnten Anstieg der Alb aus dem Trog des Donautals heraus steigt auf der südexponierten Leite (Talhang) die Zahl der Gehölzstrukturen sprunghaft an. Ein großes Heckengebiet der Donau-Leite findet sich bei Ehingen zwischen Nasgenstadt und Öpfingen. Hier stocken über eine Breite von mehr als einem Kilometer auf den steilen Rainen und Böschungen des terrassierten Talhanges parallel übereinander gestuft zahlreiche Hecken. Im Rahmen der Ausweisung des Naturschutzgebietes »Donau Grieß / Halde«, dessen Bestandteil das Heckengebiet ist, wurden 68 Vogelarten beobachtet. Darunter waren 26 Vogelarten der Roten Liste Baden-Württembergs, unter anderem der Neuntö-

*Hecken beim NSG
»Braunsel« (links) und
Heckenlandschaft
bei Gundershofen
(unten).*

ter, der Feldschwirl, das Braunkehlchen, die Weidenmeise, die Dorngrasmücke, verschiedene Spechtarten und viele andere mehr. 17 Vogelarten wurden als Brutvögel nachgewiesen. Sie nutzen die am Hangfuß anschließende, ebenfalls im NSG erfasste Auenlandschaft mit ihren Altwässern, Röhrichten, Feuchtgebüschen und Nasswiesen als Lebensraum mit. Am Steilhang schmiegen sich kleine Restflächen von Magerrasen und wärmeliebenden Säumen an die Hecken an und bereichern den Komplex mit ihrer blumenreichen, bunten Grasnarbe.

Auf den nach Norden hin anschließenden, nur wenig bewegten, schwach welligen oder ebenen Landschaften der Flächenalb von Seißen bis nach Altheim/Alb nimmt die Zahl der Hecken wieder ab. Hier konzentrieren sich die Gehölze vor allem auf die Hänge der meist steil eingeschnittenen Sohlentäler von Blau, Schmiech, Kleiner Lauter und Lone, während die landwirtschaftlich intensiv genutzten Hochflächen eher kahl erscheinen.

Auf der Kuppenalb im Norden und Westen des Landkreises, die Höhenlagen bis über 800 m über NN umfasst, liegen schließlich die prächtigsten Heckengebiete, die sich wie beispielsweise am Nattenbuch bei Feldstetten rund um markante Kuppen herum gruppieren oder wie bei Westerheim durch lang gestreckte Trockentaltröge ziehen.

Weitere, hervorragende Heckengebiete des Landkreises liegen auf den lebhaft welligen Hochflächen oberhalb des Schmiechtales bei Gundershofen, auf den Lutherischen Bergen bei Grötzingen und Ennahofen, im Gewann Steinwoll bei Berghülen, am Hochberg bei Lauterach, am Guckenbühl bei Emeringen und am Büchelesberg und Hausener Berg bei Allmendingen. Die Teuringshofer Heckenlandschaft im oberen Schmiechtal besticht auch durch ihre Magerrasen- und Saumgesellschaften.

Nutzung und Pflege

Oft kann oder will der Mensch nicht den natürlichen Ablauf der oben skizzierten Heckenentwicklung abwarten und greift vorher in den Zyklus des Reifens, Alterns, Zusammenbrechens und Wiederaufwachsens einer Hecke ein. In der Vergangenheit tat er dies stets aus einem Nutzungsinteresse heraus, er brauchte Brennholz oder Reisig für den Backofen. Jedes Dorf auf der Alb hatte früher sein Backhaus, das unter anderem mit Reisig aus den Hecken befeuert wurde.

Heutzutage werden die Hecken aus anderen Gründen zurückgestutzt:

Die Landwirte achten sehr darauf, dass die Hecken sich nicht in ihre Äcker und Wiesen hinein ausbreiten, dass sie nicht zu hoch aufwachsen und die Feldfrüchte zu stark beschatten, was den Ertrag mindern würde. Deshalb werden die Hecken, wenn sie zu alt, zu hoch oder zu breit werden, zurückgestutzt. Der Fachausdruck hierfür ist »Stockhieb«. Man sagt auch: »Die Hecke wird auf den Stock gesetzt.« Sträucher und Bäume werden dabei 20 oder 30 cm über Bodenniveau abgesägt. Zunächst sieht das Ergebnis, die meist gänzlich abgeholzte Hecke, nicht schön aus.

Das abschnittsweise auf den Stock setzen ist aber eine fachgerechte Heckenpflege. Werden dagegen Schlagmäher zum Heckenschnitt genutzt und das Schnittgut nicht mehr abgefahren, wird die Hecke immer dichter und kann dann ihre landschaftsprägende Funktion nur noch eingeschränkt ausüben. Bei auf den Stock gesetzten Hecken sind nach einigen Jahren aus den verbliebenen »Stöcken« der Hecke frische Ausschläge aufgewachsen, die das Bild einer noch niederen, aber vitalen, jungen und dichten Hecke erzeugen.

Kleinräumige Geländegliederung durch Hecken entlang Feldweg am Hochberg bei Lauterach.

Die Entwicklung der Energiewirtschaft und der Rückgang der landwirtschaftlichen Betriebe ließ auch das Interesse an einer traditionellen und geregelten Heckennutzung und –pflege stark zurückgehen.

Heute werden oft nur durch den Einsatz von Naturschutzgeldern diese vielfältigen und ökologisch wertvollen Strukturen in der Landschaft erhalten.

Eine Hecke allein kann schon einigen Vögeln einen Brutplatz bieten. Wenn jedoch zahlreiche Hecken ganze Hänge oder Talzüge gliedern, entsteht ein gekammertes System mit windstillen Räumen, einem Wechselspiel von Licht und Schatten, eher feuchten und eher trockenen Bereichen, die ineinander übergehen und sich abwechseln.

Nach Stockhieb verjüngte Hecke (oben) und Heckenpflege im Winter (links).

Steinriegel – Gehölzstrukturen und Biotopverbund

Durch die Heckenpflege werden teils auch offen liegende Partien von Steinriegeln von Beschattung frei gestellt, so dass sie Sonne wieder ungehindert auf die Kalksteine brennen kann. Dies hat wiederum einen positiven Effekt für Pflanzen- und Tierarten, die heiße trockene Wuchsorte und Sonnplätze bevorzugen wie etwa der bei Gundershofen nicht seltene Traubengamander (Teucrium botrys), verschiedene Mauerpfefferarten (Sedum spec.) oder die Zauneidechse, die sich auf den offen liegenden Steinriegeln gerne aufhält. Hier, im Lückensystem des Riegels, findet sie Unterschlupf, Deckung und einen mit Spinnen, Käfern und anderen Insekten reich gedeckten Tisch sowie den schon

erwähnten Sonnplatz. Steinriegel sind durch ihre Entstehung aus Lesesteinen definiert und ab einer Länge von 5 m geschützt.

Das Westerheimer Heckengebiet, der Feldstetter Nattenbuch, der Guckenbühl bei Emeringen und der Allmendinger Büchelesberg erhalten eine Wertsteigerung durch den Verbund der Gehölzstrukturen mit weiteren wertvollen Biotopstrukturen wie Kalkmagerrasen (Halbtrocken- und Trockenrasen, Wacholderheiden), extensiven Wiesengesellschaften, Steinriegeln, Hülen und Dolinen. Hier finden sich unter anderem die gefährdeten Neuntöter, die ihre Beute auf Dornen und Stacheln von Schlehe, Weißdorn und Heckenrosen spießen,

die seltenen Steinschmätzer und Dorngrasmücken sowie zahlreiche andere Brutvögel. Einer der häufigsten und auffälligsten Kleinvögel ist die Goldammer mit ihrem goldgelben, braun durchstreiften Federkleid. An den blumenbunten Heckensäumen sieht man im Sommer eine Vielzahl von Schmetterlingen entlang schaukeln. Hummeln und Wildbienen graben ihre Nester in die lückigen, trockenwarmen Saumstrukturen an den südexponierten Rainen. Gelegentlich findet man in den Gehölzen unter Fichten riesige Ameisenhaufen. Allgegenwärtig in den Heckensäumen sind die Strauchschrecken, die sich durch kurze, schnelle Brrrrrt-Laute bemerkbar machen. Wandernde Tiere, seien es nun Feldhasen, Rebhühner, Wiesel oder Erdkröten, nutzen die lang gestreckten Heckenlinien als Schutz und Deckung bietende Leitstrukturen.

Freigelegter Steinriegel mit trockenwarmem Saum bei Gundershofen im Oberen Schmiechtal.

Streuobstwiesen

Karl-Heinz Glöggler

Streuobstflächen sind im Südwesten Deutschlands eines der prägendsten Landschaftselemente. Sie sind seit etwa 250 Jahren Teil unserer Kulturlandschaft. Die Begriffe ‚Streuobstbau‘ und ‚Streuobstwiese‘ werden davon abgeleitet, dass großwüchsige Obstbäume, zumeist Hochstämme auf Wiesen, früher auch auf Feldern mehr oder weniger locker und unregelmäßig verteilt oder ‚gestreut‘ stehen. Zum Streuobst gehören aber auch einzelne Exemplare an Wegen, Böschungen und Restflächen oder auch Baumgruppen und Baumreihen. Diese hochstämmigen Obstbäume, vor allem Äpfel, Birnen und Zwetschgen sind ein Element der Ortsrandgestaltung. Sie wurden früher regelmäßig als Haus- und Hofbäume gepflanzt und sind, vor allem als regelmäßig angelegte Streuobstwiesen ein landschaftsgestaltendes, ökologisch wertvolles Element. Ihre früher bedeutende wirtschaftliche Funktion ist jedoch heute stark zurückgegangen. Obwohl der Obstbau in Süddeutschland bereits durch die Römer bekannt war und unterschiedlich intensiv betrieben wurde, ist der historische Beginn des fundierten Obstbaus in Südwestdeutschland im 17. und 18. Jahrhundert anzusetzen.

Obstbaumwiese vor Lauterach.

147

Streuobstwiese bei Tomerdingen.

Mittels so genannter »Generalreskripten« der jeweiligen Landesherrn wurde das Pflanzen und Pflegen der Obstbäume vorgeschrieben und die Zerstörung mit harten Strafen belegt. Hierdurch erst kam es zur großflächigen Verbreitung des Feldobstbaus. Im Württemberg sind mit dieser Entwicklung an erster Stelle Herzog Karl Eugen (1737 – 1793) und der von ihm bestellte Leiter der herzoglich-württembergischen Solitude-Baumschule Caspar Schiller, der Vater von Friedrich Schiller, verbunden. In seinen »Betrachtungen über landwirtschaftliche Dinge im Herzogtum Wirtenberg« aus dem Jahr 1768

gibt Schiller eine aus heutiger Sicht durchaus moderne Definition des Streuobstanbaus, indem er neben der wirtschaftlichen Funktion bereits auch die landschaftsästhetische und ökologische Bedeutung würdigt:

> »Die Baumzucht verschafft denjenigen, die sich damit bemühen, einen angenehmen Teil ihrer Nahrung. Sie gereichet zur Zierde eines Landes, zur Reinigung der Luft, zum Schutz und Schatten und hat überhaupt in vielen anderen Dingen ihren trefflichen Nutzen, zur Notdurft, Lust und Bequemlichkeit des Lebens für Menschen und Tiere.«
> *(zitiert nach GUSSMANN, 1896)*

Die größte Ausdehnung erreichte der Streuobstbau in den 30er Jahren des letzten Jahrhunderts und in den Jahren nach dem II. Weltkrieg, als Obst und Most noch ein fester Teil des Speiseplans und die Selbstversorgung lebensnotwendig war.

Auch im Gebiet des heutigen Alb-Donau-Kreises bzw. der früheren Oberämter Ulm, Blaubeuren, Ehingen und Münsingen entwickelte sich Ende des 19. Jahrhunderts eine vielfältige und großflächige Obstbaukultur, insbesondere durch die Gründung zahlreicher Obst- und Gartenbauvereine sowie durch die in jedem Ort vertretenen staatlich ausgebildeten Baumwarte. Als einer der ältesten Vereine sei der 1887 gegründete Laichinger Obst- und Gartenbauverein erwähnt, der bereits in den ersten Jahren seines Bestehens eine für spätere Anlagen musterhafte Gemeinschaftsobstanlage mit Hoch- und Halbstämmen pflanzte.

Ein Auszug aus dem Gründungsprotokoll vermittelt einen Eindruck von der damaligen Aufbruchstimmung:

»Die Gründung der Genossenschafts-Obstbaum-Anlagen zu Laichingen auf der rauhen Alb hat

...lebhaftes Interesse gefunden. Im Jahre 1887 einigten sich 12 Laichinger dahin, ein 2 ½ Morgen umfassendes Grundstück zu erwerben, dasselbe gemeinschaftlich mit Obstbäumen zu bepflanzen und dann gleichmäßig zu verteilen. Die Abzahlung des Grundstücks, der Ankauf, die Anpflanzung und Pflege der Bäume sollte aus der gemeinschaftlichen Kasse, für welche jeder der 12 Beteiligten einen Monatsbeitrag von 2 Mark anzulegen hatte, erfolgen.

...Der Obstbau-Verein blickt deshalb mit Genugtuung auf sein Unternehmen zurück, in der Überzeugung, dem Obstbau auf der rauhen Alb eine Türe geöffnet zu haben. Auch auf Nichtmitglieder hat die Tätigkeit des Vereins ermutigend gewirkt. Es sind auf der Gemeindemarkung Laichingen allein außerhalb des Vereins wohl über 1000 Obstbäume gepflanzt worden.

... andere Gemeinden haben Straßen-Obstbaumpflanzungen (z.B. Machtolsheim) angelegt.«

Die später nach dem Vereinsgründer Heinrich Kirschmer benannte Anlage wird heute noch bewirtschaftet.

Streuobstbäume gibt es bis auf wenige nicht geeignete Flächen wie etwa extreme Hochlagen und kaltluftgefährdete Tallagen im gesamten Alb-Donau-Kreis. Größere Flächen werden im Raum Langenau/Bernstadt, auf der Ulmer und Laichinger Alb, auf dem Hochsträß sowie im Bereich Öpfingen/Griesingen/Ehingen genutzt. Häufig findet man um die kleinen Weiler der Alb noch Reste eines Streuobstgürtels. Bei einer kreisweiten Sortenerhebung unter 27 Obstanbauern wurde im Jahr 1986 die beachtliche Anzahl von 81 Apfelsorten ermittelt - mit bekannten und bewährten Sorten wie Goldparmäne, Brettacher, Gewürzluike, Jakob Fischer, Jakob Lebel und Bohnapfel, aber auch selteneren Sorten wie Deans Küchenapfel, Ruhm aus Kirchwärder, Geflammter Kardinal, Minister von Hammerstein, Rheinischer Krummstiel und Öhringer Blutstreifling.

Die Gründe für den Rückgang der Streuobstwiesen etwa ab den sechziger Jahren sind vielfältig, es mögen an dieser Stelle als Stichworte genügen: Änderung der Ernährungsgewohnheiten, Inanspruchnahme der Flächen für Bautätigkeit, Preisrückgang sowie Intensivobstkulturen. Gleichzeitig wurde aber auch allmählich die landschaftsprägende und ökologische Bedeutung der Streuobstwiesen erkannt, insbesondere wegen ihrer vielfältigen Strukturen, ihrer Vernetzungsfunktion zwischen Grünland und Wald sowie als Lebensraum für eine vielfältige Flora und Fauna. Schlüsselblume, Skabiose, Wiesensalbei, Bocksbart und Storchschnabel sind Wiesenblumen, die man ausdauernd nur auf ungedüngten Obstwiesen findet. Die Bäume sind Sitzwarten für Greif- und Singvögel, Brutstätten für Höhlenbrüter, Heimat für verschiedene Fledermausarten sowie für Garten- und Siebenschläfer, Haselmaus und andere Säugetiere. Letztendlich findet eine Vielzahl von Käfern, Schmetterlingen, Wildbienen und unzähligen andere Insekten einen Lebensraum. Die Streuobstwiese ist eines der ökologisch wertvollsten Elemente unserer Kulturlandschaft. Dieses Wissen um die Bedeutung und den Wert der Obstwiesen spiegelt sich in vielen Aktionen zur Erhaltung, Pflege und Neuanlage wider; sie sind alle zu begrüßen und zu unterstützen, um der Streuobstwiese einen flächenmäßig reduzierten aber gesicherten Platz in unserer Kulturlandschaft zu erhalten.

Hohlwege

Entstehung und Bedeutung

Udo Herkommer

Entstehung
und Bedeutung

Eingang eines Hohlweges bei Balzheim im Illertal.

Früher waren sie in Gegenden mit sandigem oder tonigem, leicht erodierbarem Grund häufig, die wie kleine Schluchten in die Landschaft eingeschnittenen Hohlwege. Heute sind sie zumeist dem Ausbau der in ihrem Inneren verlaufenden Wege zum Opfer gefallen. Sandige und lehmig-tonige Partien gibt es nur in einigen Gebieten im Alb-Donau-Kreis. Sie finden sich vor allem am von Süßwasser- und Meeresmolasse bedeckten Südrand der Alb, sie schließen gleich nördlich an das Donautal an. Auch in die Illerleite, die von jüngeren Deckenschottern gebildet ist, sind heute noch einige markante, alte Hohlwege eingeschnitten.

Hohlwege entstanden im Laufe von Jahrhunderten aus einfachen Feldwegen in Hanglagen. Die natürliche Erosion, der Abtrag von Boden bei Starkregen etwa, wurde durch die beständige Wirkung der Fuhrwerke unterstützt. So entstanden im Extremfall weit über 10 m tiefe, steilhängige Einschnitte. Sie sind gesetzlich geschützt, wenn die Hangneigung der Böschungen an der steilsten Stelle mehr als 45° beträgt, und der Einschnitt mindestens 1 m tief ist.

Die Sohle des Hohlwegs kann versiegelt oder unversiegelt sein, die Böschungen von gras- und krautreicher Vegetation oder von Gehölzen bewachsen sein.

Magerrasen und Altgrasfluren als Bewuchs sind allgemein nicht selten, etwa im Kraichgau, der Bergstraße oder im Kaiserstuhl, den Hauptverbreitungsgebieten der Hohlwege in Baden-Württemberg. In unserem Gebiet jedoch sind sie zum größten Teil von Baumhecken oder an breiteren Stellen von Feldgehölzen bestockt. Ihr ökologischer Wert erschließt sich hauptsächlich aus dem Wert der Gehölzstrukturen. Zusätzlich lässt sich beim Hohlweg noch das spezielle Mikroklima hervorheben, das einer »gewöhnlichen« Hecke in der Regel fehlt. Die Gehölze bieten Vögeln Brutmöglichkeiten. In alten Bäumen gibt es Höhlenbrüter wie Spechte und Kleiber. In abgestorbenen Bäumen finden sich auf Totholz spezialisierte Insekten, die die Nahrungsgrundlage der Spechte und anderer Vögel bilden. An besonnten Stellen tummeln sich Zauneidechsen. Hier graben auch gerne Hummeln und Wildbienen ihre Nester. Wandernde Tiere ziehen die Hohlwege wie auch andere Linearstrukturen als Wegstrecke der offenen Landschaft vor. Für feuchtigkeitsliebende Amphibien können die nur langsam austrocknenden Einschnitte einen Rückzugs-Landlebensraum bilden.

Wenn die Hohlwege nicht mehr genutzt werden, zerfallen sie langsam oder werden verfüllt. Deshalb wird es hie und da notwendig werden, zum Erhalt der Struktur von den Hängen abgerutschtes Bodenmaterial auszuräumen.

Der Schwerpunkt liegt im Illertal

Im Bereich des Alb-Donau-Kreises gibt es im Illertal zwei Schwerpunkte, einen südlichen bei Balzheim und einen nördlichen bei Illerrieden. Jeder der beiden Schwerpunkte weist mehrere unbefestigte, heute teils noch genutzte, teils auch aufgelassene Hohlwege in bis zu 10 m tiefen Einschnitten auf. Allesamt sind sie von Feldgehölzen und Hecken bewachsen, die zum Teil sehr mächtige, markante Altbäume aufweisen. Die Krautschicht im Inneren ist wegen des Lichtmangels teils schwach ausgebildet und stets von Waldkräutern und Gräsern beherrscht. Auch Farne, die an den Lichteinfall keine allzu hohen Ansprüche stellen und hohe Luftfeuchtigkeit bevorzugen, kommen hier gerne vor. Die Außensäume der Gehölze sind nicht anders ausgeprägt als alle anderen Feldgehölze und Hecken der Gegend, nämlich vorwiegend sehr nährstoffreich mit Brennesselfluren und Fettwiesengräsern, die von starker Düngung sowie neuen und alten Ablagerungen (Mist, Ernterückstände) zeugen.

Außerhalb des Illertales

Außerhalb des Illertales gibt es im Alb-Donau-Kreis nur ganz wenige Hohlwege, so etwa einen kleinen, kaum eingeschnittenen in der zu Erbach gehörigen Gemarkung Ringingen. Bei Hüttisheim ist am nordöstlichen Dorfrand ein mehrarmiger, verzweigter und von schmalen Asphaltstraßen durchzogener Hohlweg als Naturdenkmal ausgewiesen. Hier sind die steilen Böschungen ebenfalls von teilweise alten mächtigen Bäumen bewachsen die Teil von Feldgehölz- und Heckenstrukturen sind. Zwischen Untermarchtal und Lauterach ist ein in den Karst eingeschnittener Weg mit Obstbäumen gesäumt.

Inneres eines Hohlweges mit Altbäumen bei Balzheim.

Wälder

Wald zwischen Alb – Donau – Iller

Rudi Lemm
und
Josef Stauber

Buche oder Fichte?

Naturnahe
Waldbewirtschaftung

Nur knapp 30 % der Landkreisfläche ist mit Wald bedeckt. Der Waldanteil liegt damit deutlich unter dem Landesdurchschnitt von 39 %. Der Wald ist im Alb-Donau-Kreis sehr unterschiedlich verteilt. Er ist hauptsächlich auf landwirtschaftlich weniger interessante Flächen zurückgedrängt. Es gibt sowohl auf der Schwäbischen Alb als auch in Oberschwaben ausgesprochen waldarme Landschaften. Größere Waldgebiete sind noch auf der Blaubeurer und Stubersheimer Alb, im Englenghäu bei Langenau, auf den Lutherischen Bergen, dem Landgericht und dem Hochsträß sowie im Bereich der Holzstöcke zu finden. Die heutige Wald-Feld-Verteilung hatte sich im Wesentlichen bereits im Mittelalter eingestellt.

Die Besitzverhältnisse gliedern sich in 35 % Staatswald, 25 % Körperschaftswald (= Wald von Städten, Gemeinden und anderen Körperschaften) und 40 % Privatwald. Über die Hälfte der Privatwaldfläche ist bäuerlicher Kleinprivatwald. Die Waldungen des Alb-Donau-Kreises werden bis 1. Januar 2005 noch von den Forstämtern Blaustein (in Bermaringen), Blaubeuren, Ehingen, Langenau und Ulm betreut. Auch nach der Landesverwaltungsreform ist die Forstverwaltung insbesondere zuständig für

die Bewirtschaftung des öffentlichen Waldes (Staats- und Körperschaftswald), für die Beratung und Betreuung der Privatwaldbesitzer sowie für die Ausübung der Forstaufsicht und des Forstschutzes in allen Waldungen. Der Großprivatwald, der sich auf den südlichen Landkreis konzentriert, hat in der Regel eigene Forstverwaltungen.

Der Alb-Donau-Kreis liegt in den Wuchsgebieten »Schwäbische Alb« und »Südwestdeutsches Alpenvorland«, die durch die Donau von einander getrennt werden. Die natürliche Waldgesellschaft in unserem Raum ist der Buchenwald mit seinen Begleitbaumarten Eiche, Ahorn, Esche, Linde, Aspe, Birke, Ulme und Weide. In den Wuchsbezirken auf der Schwäbischen Alb sind es die kontinental getönten Buchenwälder. Südlich der Donau in der Wuchsbezirksgruppe »Nördliches Oberschwaben« ist die Eiche stärker beteiligt. Dort ist die regionale Waldgesellschaft ein kontinental-submontaner Buchen-Eichenwald. Von den Nadelbäumen waren anfänglich nur Eibe, Wacholder und Forche vertreten. Erst mit dem Wiederaufbau der durch Waldweide, Streunutzung und Holzausbeutung zerstörten Wälder begann im 19. Jahrhundert die großflächige Ausbreitung des Nadelholzes – meist durch Saat und Pflan-

Buche oder Fichte ?

zung von Fichte und Forche. Sie wurde durch die enorm gestiegene wirtschaftliche Bedeutung des Nadelholzes, vor allem der Fichte, stark gefördert. Der Nadelholzanbau setzte südlich der Donau früher ein und war insgesamt stärker als auf der Schwäbischen Alb. Manche Flächen tragen dort jetzt die dritte Generation Fichte. Ein großer Teil der Fichtenreinbestände auf der Schwäbischen Alb stammt aus Erstaufforstung ehemaliger Schafweiden um die vorletzte Jahrhundertwende sowie landwirtschaftlicher Grenzertragsböden nach dem 2. Weltkrieg. Innerhalb von 200 Jahren hat sich der Alb-Donau-Kreis vom reinen Laubwaldgebiet zum Mischwaldgebiet gewandelt. Fichte und Buche sind die Hauptbaumarten.

Heute nehmen die Nadelbäume knapp die Hälfte der Waldfläche ein – mit abnehmender Tendenz. Während sich auf der Schwäbischen Alb noch ausgedehnte Buchenwälder erhalten haben, dominiert südlich der Donau die Fichte. Dort ist sie auf den häufig vorkommenden wechselfeuchten Standorten stark sturmgefährdet. Die Orkane der Jahre 1990 (Vivian und Wiebke) und 1999 (Lothar) haben besonders hier verheerende Spuren hinterlassen und beschleunigen den Umbau des Waldes in stabile, naturnahe Mischbestände. Aber auch die standfeste Eiche konnte der Gewalt dieser Orkane häufig nicht trotzen.

Die heutige Baumartenzusammensetzung unserer Wälder entspricht in weiten Teilen noch nicht dem Ziel eines standortgerechten naturnahen Mischwaldes, der die Lieferung des wertvollen nachwachsenden Rohstoffes Holz bei gleichzeitiger Erfüllung aller Schutz- und Erholungsfunktionen am besten gewährleisten kann. Mit der Waldbaukonzeption »Naturnahe Waldwirtschaft« soll dieses

Ziel umgesetzt werden. Die Erhaltung der noch vorhandenen Laubbaumbestände, die Nachzucht der Eiche, die Umwandlung der nicht an den Wuchsstandort angepassten Fichtenbestände in Laubwald und die Anreicherung stabiler Fichtenwälder mit Buche sind die waldbaulichen Hauptaufgaben, die sich daraus für unsere Region ableiten.

Schadbild des Borkenkäfers.

Naturnahe Waldbewirtschaftung

Eine sowohl ökologische als auch waldbauliche Besonderheit sind die Auewälder entlang der Iller und die Auewaldreste an der Donau, in denen Stieleiche, Esche, Bergahorn, Linde und Traubenkirsche dominieren. Die früher dort verbreiteten Ulmen wurden durch das »Ulmensterben« leider stark dezimiert. Infolge des abgesunkenen Grundwasserstandes kommt die auf jährliche Überschwemmungen angewiesene Weichholzaue mit Baumweide und Schwarzpappel nur noch auf sehr kleiner Fläche vor. Die Auewälder entlang der Iller sind nach dem Landeswaldgesetz als »Schutzwald Illergries« ausgewiesen. Damit sollen diese ökologisch äußerst hochwertigen Waldgesellschaften in ihrer Bedeutung als Lebensraum und für den Grundwasserschutz erhalten bleiben.

Überhaupt hat der Grundwasserschutz und die Reinhaltung des Quellwassers im Karstgebiet der Schwäbischen Alb eine herausragende Bedeutung. Fast 70 % der gesamten Waldfläche im Alb-Donau-Kreis sind als Wasserschutzwald ausgewiesen. Der Fläche nach an zweiter Stelle folgt der Bodenschutzwald an den steilen Einhängen der Albtäler mit einem Anteil von 11 %. Vor allem im Verdichtungsraum Ulm und im Umfeld der Städte Blaubeu-

ren, Ehingen, Laichingen und Schelklingen sowie der größeren Gemeinden dienen die Waldungen schwerpunktmäßig auch als Erholungsraum für die örtliche Bevölkerung.

Wegen der besonderen Voraussetzungen des Standorts oder auch durch frühere Bewirtschaftung haben sich eine Reihe von Waldformen herausgebildet, die heute eine sehr hohe ökologische Wertigkeit und große landschaftspflegerische Bedeutung haben. Zu nennen sind hier insbesondere die **Schluchtwälder** und die **Steppenheidewälder** sowie die **Hutewälder** als Reste einer historischen Bewirtschaftungsform. Sie werden in folgenden Abschnitten näher behandelt.

Die Konzeption »Naturnahe Waldwirtschaft« strebt die optimale Umsetzung ökonomischer und ökologischer Ziele an. Ihre waldbaulichen Schwerpunkte sind:

- Ausrichtung der Baumartenstruktur an der natürlichen Waldgesellschaft.

- Nutzung der natürlichen Verjüngungsmöglichkeiten.

- Förderung stabiler Wälder durch standortsgerechte Baumartenwahl.

- Schaffung und Erhaltung ungleichaltrig aufgebauter Mischbestände, Pflege der Waldränder und Förderung seltener Baumarten.

- Boden- und bestandsschonende Waldarbeitsverfahren.

- Besondere Pflegemaßnahmen in ökologisch hochwertigen Waldbiotopen.

Totbaumstumpf mit Pilzen.

Hutewälder – Reste aus dem Mittelalter

Rudi Lemm

Ein Blick in
die Waldweide

Reste im Landkreis

Früher war die Beweidung der Wälder genauso wichtig wie die Holznutzung. Diese Hutewälder waren lichte, weiträumig mit breitkronigen Bäumen bestandene Mast- und Weidewälder. Das Wort »Hut« bedeutete ursprünglich Bewachung, Obhut oder Behütung.

In Verbindung mit Wald deutet es darauf hin, dass hier Vieh im Wald weidete und dort gehütet wurde. So erkennt man an dem Wortteil »Hute« in der Bezeichnung alter Waldgebiete noch heute deren frühere Nutzung als Weidefläche.

Im frühen Mittelalter gab es noch keine Wiesen und Weiden, und sogar noch vor 200 Jahren war waldfreier Boden als Weideland zu kostbar. Er wurde ackerbaulich genutzt. Das Vieh trieb man zur Fütterung in den Wald. Die Waldweide war somit die Hauptgrundlage der Viehzucht und spielte bis ins 19. Jahrhundert hinein eine große Rolle. Sie war für die bäuerliche Bevölkerung mindestens genauso wichtig wie die Holznutzung.

Sowohl auf der Schwäbischen Alb als auch in Oberschwaben war die Waldweide weit verbreitet. In unserer

*Hutewald bei Sinabronn,
Gewann »Steinernes Löhle«.*

Während im Innern des Wäldchens der parkartige Charakter weitgehend erhalten geblieben ist, haben sich vom Randbereich her jüngere Bäume und Sträucher ausgebreitet.

Ein Blick in die Waldweide

Hutewaldrest auf dem »Faulenhau« bei Westerheim.

Die Waldweide hat das Bild des Waldes über Jahrhunderte hinweg verändert und geprägt. Das Vieh fraß nur die Früchte, Blätter und Zweige mancher Pflanzen. Unter den Waldbäumen waren Esche, Eiche und Buche besonders beliebt. Birke, Erle, Aspe, Salweide und Hasel dagegen wurden wegen ihres bitteren Geschmackes verschmäht, dornige Sträucher und Nadelgehölze wegen ihrer »Stacheligkeit«. Somit konnten sich diese stärker ausbreiten. Die besser schmeckenden Arten und deren Nachkommen hatten es dagegen schwer, aufzuwachsen. Ständiger Verbiss der Triebspitzen und Abschälen der Rinde führte oft zum Absterben der jungen Pflanzen. Schaffte es ein Trieb trotzdem, aus der Verbissreichweite hinauszuwachsen, wurden die seitlichen Zweige weiter verbissen. Ein so aufgewachsener Baum hat in seinem unteren Bereich einen astfreien aber stark verwachsenen Stamm. Der unersättliche Appetit des Weideviehs verhinderte die natürliche Verjüngung des Waldes. Der Baumbestand überalterte und verlichtete. Die verbleibenden Bäume bekamen dadurch Raum, um breite, ausladende Kronen auszubilden. Die unteren Blätter und Zweige der mächtigen Kronen, die das Vieh erreichen konnte, wurden jedoch ständig abge-

Region gab es vermutlich kaum einen Wald, der nicht beweidet wurde.

Rinder, Pferde, Schafe und Ziegen ernährten sich vom Krautbewuchs des Bodens, von jungen Gehölzen und den unteren Zweigen und Blättern der Baumkronen. Buchen- und Eichenwälder waren wichtig für die Schweinemast. In ihnen regnete es die Nahrung für die Schweine in Form von Bucheckern und Eicheln quasi vom Himmel. Schweine waren die wichtigsten Fleischlieferanten. Deshalb standen masttragende Bäume wie Buche und Eiche unter besonderem Schutz. »Auf den Eichen wachsen die besten Schinken« ist eine treffende Redensart aus dieser Zeit. In Mastzeiten brachte die Verpachtung der Schweineweide dem Waldbesitzer lange Zeit mehr Gewinn ein als der Holzverkauf.

Der Anbau von energiereichem Viehfutter und der Kartoffel in Verbindung mit der Düngung der Felder ermöglichte seit Mitte des 18. Jahrhunderts den Übergang zur Stallfütterung. Dadurch wurde die Waldweide entbehrlich. Der Vieheintrieb in den Wald ging allmählich zurück, die Weiderechte wurden nach und nach abgelöst.

Reste im Landkreis

fressen. Dadurch entstanden die typischen geraden, parallel zum Waldboden verlaufenden »Fraßkanten«. Aber auch der Mensch förderte die Auflockerung des Waldes, damit mehr Licht für Kräuter und Gräser auf den Waldboden gelangen konnte. Mehr Besonnung verbesserte die Futterqualität.

Für den Wald selbst war die Weidenutzung sehr nachteilig. Die riesigen Viehherden, die in die Wälder einge-

trieben wurden, verursachten größere Schäden, denn für einige Waldgebiete in unserem Raum waren pro Vegetationsperiode bis zu 320 Stück Vieh je 100 ha Wald erlaubt. Verbiss und Schälen verhinderten die natürliche Verjüngung des Waldes. Durch die Verlichtung des Bestandes sank der Holzvorrat. Der Tritt der Hufe führte zur Bodenverdichtung. Nährstoffentzug und Erosion ließen die Waldböden verhagern.

Knorrige Weidbuche

Als im 19. Jahrhundert der Rohstoff Holz immer knapper wurde, begann unter großen Anstrengungen der Wiederaufbau der heruntergekommenen Wälder. Nur selten kann man deshalb heute noch die Überreste ehemaliger Hutewälder mit ihren mächtigen Baumriesen und dem parkartigen Charakter bewundern. Relikte dieser historischen Bewirtschaftungsform finden wir im Alb-Donau-Kreis zum Beispiel noch am »Sellenberg« und am »Hungerberg« bei Westerheim, im Gewann »Steinbrunnen« bei Stubersheim sowie in den Gewannen »Steinernes Löhle« und »Buchenäcker« in der Gemeinde Lonsee. Sie sind heute als hochwertige Biotope und landschaftsprägende Elemente durch das Naturschutzgesetz und das Landeswaldgesetz geschützt. Wegen ihrer lichten Struktur weicht das Kleinklima von dem eines »normalen« Waldes stark ab. Dadurch konnte sich eine spezifische Flora und Fauna entwickeln. Die oft sehr alten, astigen Bäume beherbergen eine Vielzahl von teilweise seltenen Tierarten, Moosen, Flechten und Pilzen. Ganz besonders für seltene Vogelarten (z.B. Mittelspecht) und Insekten sind Hutewälder ein ideales Habitat.

Gerade die Flächen in der Gemeinde Lonsee sind besonders eindrucksvolle Beispiele solcher ehemaligen Hutewälder. Beide sind wegen ihrer ökologischen, kulturhistorischen und landschaftsprägenden Bedeutung sowie wegen Eigenart und Seltenheit als Naturdenkmale ausgewiesen. Der Hutewald im Gewann »Steinernes Löhle« nordwestlich von Sinabronn ist nur ca. 0,26 ha groß und liegt inselartig inmitten landwirtschaftlicher Flächen auf einer ehemaligen Schafheide. Der parkwaldartige Baumbestand wird beherrscht von einigen zum Teil sehr alten, breitkronigen Rotbuchen. Beigemischt sind Hainbuche, Feldahorn, Mehlbeere, Eiche, Bergahorn und Esche. Sträucher konzentrieren sich eher auf die Randbereiche. Im Inneren findet man mehrere Lesesteinriegel und erfreulich viel stehendes und liegendes Totholz. Durch seine Insellage in der landwirtschaftlich genutzten Flur hat das Wäldchen eine wichtige Bedeutung als Nahrungs-, Brut- und Rückzugsgebiet für Vögel, Säugetiere und verschiedene Insektenarten.

Deutlich größer ist der Hutewald im Gewann »Buchenäcker« unmittelbar östlich von Lonsee. Er umfasst eine Fläche von knapp zwei Hektar und grenzt direkt an einen Wirtschaftswald an. Mächtige und sehr markante Weidbuchen und einige Eichen prägen diesen parkartigen Waldbestand, der die

eindrucksvolle Kulisse für das jährliche Musikfest der Gemeinde Lonsee bildet. Einige dieser Baumriesen erreichen Stammumfänge von über 5 m und Kronendurchmesser von bis zu 30 m. Neben seiner hohen ökologischen Wertigkeit hat dieser alte Baumbestand eine große landschaftsästhetische Bedeutung.

Die noch vorhandenen Hutewaldreste in unserem Raum sind nicht direkt gefährdet. Die natürliche Sukzession, die nach Aufgabe der Beweidung eingesetzt hat, verändert aber allmählich die Struktur dieser Biotope. So kann man häufig beobachten, dass sich Sträucher ausbreiten und Naturverjüngung (v.a. Buche) aufwächst. Um den charakteristischen Aufbau und die Eigenart dieser historischen Waldformen auch für nachfolgende Generationen zu erhalten, sind Maßnahmen zur Pflege und Erhaltung nötig. Unerwünschter Aufwuchs sollte entfernt und überalterte Einzelbäume rechtzeitig durch Neupflanzungen ergänzt werden. Am besten wäre natürlich die Wiederaufnahme des Weidebetriebes!

Hutewald bei Lonsee, Gewann »Buchenäcker«.

Durch die natürliche Sukzession verändert sich der Hutewald allmählich.

Ahorn-Ulmenwald im »alten« Bannwald.

Siegfried Schenk

Bannwald- und Naturschutzgebiet Rabensteig

Bannwälder sind Totalreservate, in denen keinerlei forstwirtschaftliche Nutzung mehr stattfindet. Als Urwälder von morgen sollen sie sich unbeeinflusst von menschlicher Hand nach ihrer innewohnenden Eigengesetzlichkeit entwickeln. Während im Wirtschaftswald das Holz zu einem Zeitpunkt genutzt werden muss, zu dem es noch für den menschlichen Bedarf verwertet werden kann, sollen in Bannwäldern die Bäume mit Erreichen ihres natürlichen Alters absterben können und als Totholz die Grundlage für neues Leben bilden. Viele Tier- und Pflanzenarten, vor allem Insekten und Pilze sind auf die Zerfallsphase des Waldes angewiesen.

Das Bannwald- und Naturschutzgebiet Rabensteig liegt am unteren Ende des Tiefentals, das als Trockental zwischen Schelklingen und Blaubeuren-Weiler in das Achtal mündet. Zu Fuß erreicht man es vom Parkplatz an der Bundesstraße 492 aus, in einer halbstündigen kleinen Wanderung.

Die erste kleine Fläche des Bannwaldgebietes wurde bereits 1937 auf 11 Hektar unmittelbar neben der Rabensteig, einer Seitenschlucht des Tiefentals als Naturschutzgebiet ausgewiesen. 1959 hat man dann das Areal im Norden und Osten auf 28 Hektar erweitert. Durch Hereinnahme umfangreicher Flächen auf der Hochebene sowohl nördlich als auch südlich des Talgrundes ist das Bannwaldgebiet 1990 auf über 160 Hektar angewachsen und stellt damit eines der größten Bannwaldgebiete Baden-Württembergs dar.

Was dieses Gebiet besonders auszeichnet, ist die Vielfalt der unterschiedlichsten Standorte. Die ausgedehnten Hochebenen gehen über in sonn- und schattseitige Einhänge des Tiefentals, die wiederum durch kleine Seitenschluchten verschiedenster Exposition gegliedert sind.

In den auf ganzer Fläche stockenden Kalkbuchenwäldern sind fast alle Waldgesellschaften anzutreffen, die unsere Schwäbische Alb aufzuweisen hat. Auf den meist mittel- und tiefgründigen Hochebenen und den schattseitigen Einhängen stockt der frischebedürftige Waldgerstenbuchenwald. Die Wuchs-kraft der Buche ist hier so beherrschend, dass andere Bäume wie Bergahorn, Esche, Bergulme und Linde nur spärlich darin vorkommen. An den trockeneren sonnseitigen Hängen wächst dagegen der wärmeliebende Seggen-Buchenwald, den licht- und wärmebedürftige Pflanzen der Krautschicht wie Weißes und Rotes Waldvögelein, Maiglöckchen, Arzneischlüsselblume und andere begleiten.

Dort wo die Südhänge noch steiniger und trockener werden, finden wir den Blaugras-Buchenwald oder Steppenheide-Buchenwald. Zum bodendeckenden Blaugras gesellen sich eingestreut Ästige Graslilie, Rauhaariges Veilchen oder Pfirsichblättrige Glockenblume. Die Buche bildet hier nur noch einen schütteren Bestand, ist tief beastet, krüppelig und meist auch mit dem Mehlbeerbaum vergesellschaftet.

In noch kärgeren Teilen, wenn die Felsrippen aus dem steinigen Hang ragen, und die standörtlichen Verhältnisse durch Trockenheit und Hitze noch extremer werden, finden sich Übergänge zum Eichensteppenheidewald.

Ganz gegensätzlich ist das Bild auf frischen, schattseitigen und bewegten steilen Block- und Hangschutthalden, auf denen sich der Ahorn-Ulmen-Wald in Vergesellschaftung mit Esche wohl fühlt (siehe Bild linke Seite). Die Buche kommt mit diesem Standort nicht mehr zurecht und fehlt fast gänzlich. Mondviole/Silberblatt und Märzenbecher sind die bekanntesten Begleiter dieser Waldgesellschaft.

Noch offene Steppenheide am Nordostrand des Schutzgebietes mit zahlreichen Trockenrasenarten.

Auf der trockeneren Variante der als Bergwald bezeichneten bewegten Kalkblock- und Schutthalden tritt die Ulme zurück, dafür gesellt sich zum Bergahorn vor allem die Linde.

Der Vielfalt der Standorte, der Waldgesellschaften und dem hohen Alt- und Totholzanteil entspricht eine vielfältige Tierwelt. In einer ersten Untersuchung wurden im Bannwald 65 Vogelarten registriert, hiervon konnten 52 Arten als Brutvögel bestätigt werden. Felsbrüter wie Wanderfalke und Kolkrabe sind hier heimisch, charakteristische Altholzbewohner wie Schwarzspecht, Mittelspecht und Hohltaube finden eine Nistgelegenheit. 35 Laufkäferarten wurden gezählt, der Schluchtwaldlaufkäfer und der vierpunktige Schnellläufer stehen auf der »Roten Liste«.

Tagaktive Schmetterlinge sind mehr an den Wald-Offenland-Übergangsbereich gebunden, sowie an die mit weniger Bäumen bestockten Trockenbiotope, so dass die Artenanzahl eher gering ist. Erwähnenswert ist der akut vom Aussterben bedrohte Schwarze Apollo, für den derzeit in der Talaue intensive Pflege- und Erhaltungsmaßnahmen durchgeführt werden müssen.

Die Untersuchungen ergaben auch ein breites Spektrum von 60 Landschneckenarten, wovon 15 auf der bundesweiten »Roten Liste« stehen, z.B. die Kleine Tönnchenschnecke oder die Graue Schließmundschnecke.

Nicht unerwähnt bleiben soll auch das Vorkommen des Muffelwildes im Bannwaldgebiet, das Mitte der 50 Jahre hier ausgesetzt wurde. Neben einer kleinen Population in der Umgebung von Balingen ist es das einzige Vorkommen in Baden-Württemberg und soll deshalb in seinem jetzigen Bestand von 30 – 40 Stück bleiben, soweit es die Naturverjüngung zulässt.

Wanderfalke und Kolkrabe brüten in den Felsen des Bannwaldes.

Die Trockentäler der Schwäbischen Alb und ihre Waldformen

Karstphänomene und Waldtypen

Josef Stauber

Markant für unseren Raum sind die zahlreichen Trockentäler, welche in die wasserführenden Flusssysteme von Donau, Schmiech, Blau und Lauter münden. Beim Wandern in diesen Tälern findet man viele Karstphänomene, die von riesigen Wassermassen, verursacht wurden, die einst über die Alb und durch diese Täler geflossen sind. An ihren Hängen begegnet man ausgeprägten **Bergwäldern**, die wegen ihrer Steillage wenig genutzt wurden und so ihren natürlichen Charakter und ihre Urwüchsigkeit bis in unserer Zeit bewahrt haben. Schattige Steilhänge, durchsetzt von Schwammkalkfelsen und ausgedehnten Block- und Grobschutthalden, weisen ihn aus. In diesen Schutthalden, welche durch laufende Verwitterung immer noch in Bewegung sind, hat sich ähnlich wie im Buchensteppenheidewald der Mullmoder zwischen den Steinen festgesetzt. Der Wasserhaushalt ist auch hier sehr schlecht, da der skelettreiche Boden keinerlei Speichermöglichkeit besitzt, jedoch die Lage am Schatthang und oft auch am Unterhang

Südexponierte Geröllhalde im »Kleinen Lautertal«.

geben dem Boden eine gewisse Sicker-frische und eine gesteigerte Luftfeuch-tigkeit. Der enge Talgrund ist geprägt vom **Schluchtwald**. Nur wenige Stunden am Tag trifft Sonnenlicht auf diese Talsohle, was zu einer hohen Bodenfeuchtigkeit führt. Es ist der Standraum für die Esche und den Bergahorn, vereinzelt auch für die Bergulme. Die Krautflora besteht aus Wurmfarn, Frauenfarn, Wolfseisenhut, Lerchensporn, Silberblatt, Springkraut, Hexenkraut, Milzkraut, Schuppenwurz und Moschuskraut – um hier nur die

Wichtigsten zu nennen. Mancherorts tref-fen wir auch auf große Bestände der Hirschzunge und an den Felsen auf den braunen Streifenfarn und die Sandschaum-kresse. Weitet sich das Tal nach oben und trifft mehr Sonnenlicht auf den Boden, tritt der Steppenheidewald hervor. Die Hänge sind meist gegen Süden und Süd-westen ausgerichtet. Auf den Nord-hängen bleibt es bei der Waldform des Bergwaldes. Der Steppenheidewald lässt sich untergliedern in den Eichen- und Buchensteppenheidewald, die Übergän-

ge sind fließend und je nach Expositi-on und Untergrund mehr oder weniger ausgeprägt.

Der **Eichensteppenheidewald** be-deckt die landschaftlich äußerst reizvol-len Hangkanten und felsigen Ober-hänge. Absolute Trockenheit, verursacht durch eine erosionsbedingte dünne Bodendecke auf dem felsigen Unter-grund, haben diese Bäume gezeichnet und geformt. Es ist nicht die stolze, star-ke Eiche die wir hier antreffen, sondern die vom Wind zerzauste krüppelwüch-

Silberblatt (links)
und Lerchensporn mit roter und weißer Blütenausbildung (unten).

sige, an einen größeren Bonsai erinnernde Eiche. In dieser regelrechten Busch- und Gestrüppbestockung, von Wald kann kaum die Rede sein, wachsen neben der Traubeneiche auch Linde, Hasel, Mehlbeere, Spitz- und Feldahorn, Hainbuche, Esche, Elsbeere und Felsenbirne. Für den Botaniker ist gerade dieser Teil besonders wertvoll und voller Überraschungen. Die aus dem Wald herausragenden Massenkalkstotzen weisen eine üppige Felsflora auf, deren Blüten oft schon im März hervorleuchten. Es ist der Standort für die Überlebenskünstler in der Pflanzenwelt, wie die Felsenhungerblume, Traubensteinbrech, Mauerraute und Bergsteinkraut. Sie können allesamt, sei es durch ihre starke Behaarung oder durch ihre Kalkkrusten auf den Blättern, den hier herrschenden Temperaturen trotzen. Aber auch die geschützten Pfingst- und Felsennelken sowie das Männliche Knabenkraut trifft man mancherorts an. Der **Buchensteppenheidewald** schließt sich hart an den Eichensteppenheidewald an. Sobald das Gelände weniger felsig wird, tritt diese Waldform ein. Es sind aber immer noch die sonnseitigen Oberhänge und Köpfe aus Juramassenkalken die diesen Wald prägen. Der Wuchs der Buche ist gedrungen, die Rinde oft vom Sonnenbrand aufge-

platzt, aber schon in den Mulden zwischen den Felsen streckt sie sich und zeigt ihren geradlinigen Wuchs. Hier hat sich das Erosionsmaterial von den Felsen gesammelt und eine flach- bis mittelgründige, grusige Bodenschicht gebildet, welche nun auch der Buche das Wachstum ermöglicht. Der Boden ist oft dunkel gefärbt und füllt lediglich die Hohlräume zwischen den Steinen. Dies bewirkt eine sehr schlechte Wasserversorgung der Pflanzen und Bäume. In niederschlagsarmen Jahren werden die Bestände, insbesondere die Buche, hart gezeichnet. Neben der Buche kommen aber auch alle Baumarten des Eichensteppenheidewaldes vor, nur wird hier die Buche immer mehr die beherrschende Baumart. Oben auf der Hochfläche schließt sich meist der Buchenwald nahtlos an, oder es erfolgt der Übergang in die landwirtschaftliche Nutzfläche.

Das Wolfstal

Eines der zahlreichen Trockentäler der Schwäbischen Alb ist das Wolfstal bei Lauterach. Seine Ausläufer reichen fast bis an die Hangkante des Schmiechtals. Es handelt sich anfänglich um ein sanftes, geschwungenes Tal, das von seinem Ursprung zwischen Frankenhofen und Tiefenhülen weiter durch das Pfaffental bei Granheim seinen Weg an Mundingen vorbei in Richtung Lautertal nimmt. Aber erst nach Mundingen wird es das enge, tief eingekerbte Tal. Bei der Eintiefung der Donau, noch deutlich sichtbar bei Untermarchtal und der raschen Hebung der Schwäbischen Alb, verbunden mit einer zügig fortschreitenden Verkarstung, konnten sich die Wasserläufe im Oberlauf nicht mehr so tief einkerben wie in ihrem Unter-

Märzenbecher im Wolfstal.

lauf. Hierbei spielte auch die starke Eintiefung der Lauter eine wichtige Rolle, in die das Wolfstal nahe der Laufenmühle mündet. Nur noch wenige Wasserläufe, so im Mundinger-Grund und im Tiefental bewässern heute, hauptsächlich im Frühjahr und bei starken Gewittergüssen, das Wolfstal, versickern aber bald schon nach dem Erreichen der Talschlucht.

In der Oberamtsbeschreibung von 1826 wird über das Wolfstal folgendes berichtet:

»Das Wolfstal, ein enges, durch schauerliche Felsenschluchten ausgezeichnetes Tal, das bei der Laufenmühle ausmündet, von da 1 1/2 Stunden weit über Granheim hinaufläuft und seinen Namen ohne Zweifel, wie das benachbarte Bärental von seinen ehemaligen Bewohnern hat, ist übrigens fast ohne alle Kultur.«

Heute haben die schauerlichen Felsenschluchten ihre furcht einflößende Wirkung verloren, besonders im Frühjahr zur Zeit der Märzenbecherblüte (auch Frühlingsknotenblume), wenn an den Wochenenden große Menschenmassen durch das enge Tal strömen. Die stillen Kenner des Tales meiden diesen Zeitpunkt zu einem Besuch, da sie wissen, dass das Tal noch mehr reizvolle Dinge birgt und zu jeder Jahreszeit einen Besuch wert ist.

Die größte Breite hat das Wolfstal bei seiner Mündung in die Lauter. Geht man dort in das Tal hinein, öffnet sich gleich nach der ersten Wegbiegung ein runder Felsenkessel mit hohen, vom Wasser ausgewölbten Wänden. An seinem Fuße stehen mächtige Eschen und Bergahorn, die sich lang strecken, damit ihre Baumkronen die Sonnenstrahlen erhaschen können, die in dem Talgrund spärlich und nur punktuell einfallen. Eine Klamm scheint hier schon den Weg versperren zu wollen, aber Menschenhand hat einen schmalen Durchgang geschaffen. Die Felsenwände sind dicht mit Laubmoosen gepolstert und lassen den Stein fast vollständig darunter verschwinden. Auf kleinen Vorsprüngen finden wir große Büschel des Braunen Streifenfarns, Sandschaumkresse und den Stinkenden Storchschnabel, auch Ruprechtskraut genannt. Am Fuße der Felsen leuchtet in gelb-grünen Farben das Wechselblättrige Milzkraut und aus den Schutthalden in silbrigen Tönen der Fruchtstand vom Silberblatt, einem sonst unscheinbaren Blüher.

Nach kurzer Wegstrecke macht ein Wegweiser auf die Bärenhöhle aufmerksam. Es lohnt sich die Stufen empor zu steigen, denn ein großer überdachter Lagerplatz tut sich auf. Die Höhle ist nur 21 m tief und nach einer Probegrabung aus dem Jahr 1931 als menschlicher Lagerplatz belegt. Es wurden Scherben und Knochen aus der Jungsteinzeit, Bronze- und Keltenzeit gefunden sowie Werkzeuge von Steinzeitjägern und Knochenabfälle, vermutlich von Mahlzeiten oder Resten aus der Werkzeugherstellung. 1976 wurde als Lesefund auch das Knochenstück eines

Höhlenbären geborgen, so dass der Name demnach nicht zu Unrecht besteht.

Eine weitere Höhle, die Wolfstalhöhle, befindet sich unmittelbar am Weg und wird oft übersehen. Ihr Eingang hat die Form einer Spalte, nur 2 m hoch und ca. 1½ m breit, die Tiefe beträgt 11 m. Da aus ihr fast immer Wasser sickert, dürfte sie wohl nie bewohnt gewesen sein. Wo sich das Tal etwas weitet, finden wir Schöllkraut, Aronstab, Haselwurz, Sauerklee, Bergflockenblume, Mandelblättrige Wolfsmilch, Hohler Lerchensporn, Gelbes Windröschen, Schuppenwurz und an Sträuchern Wilde Johannis- und Stachelbeere. Ein Stückchen weiter öffnet sich ein runder Kessel, an dessen Wänden kleine Nischen ausgewaschen sind und mit etwas Phantasie entdeckt man ein Gesicht, das den Betrachter mit großen Augen und geöffneten Mund anstarrt. Danach wird es sofort wieder eng im Tal und die ersten Hirschzungen säumen den Weg. Mächtige Büschel hängen an den Felsen oder übersäen die Blockhalde. Wo sich das Tal erneut weitet, blühen im Frühjahr Tausende von Märzenbechern. Doch schon früher, bereits im Januar-Februar finden wir auf altem Holz und auf bodenliegenden Aststücken einen Pilz, den Zinnoberroten Kelchbecherling. Er bietet einen grellen Kontrast zu den zarten Weiß- und Grüntönen der Märzenbecher und dem marmorierten Braun des Laubes. An diesen Stellen breiten sich die Buchen bis zum Talgrund aus und lösen die Edellaubhölzer Esche und Ahorn des Schluchtenwaldes ab. Die Felsen sind hier mehr besonnt, so wächst auf ihnen die Mauerraute und die Rundblättrige Glockenblume, bei der nur die Rosettenblätter rundblättrig sind.

Nach einer scharfen Wegbiegung erscheint der Loreleyfelsen, der als kleiner Umlaufberg im Talgrund steht. Sicherlich hat das romantische Tal und die scharfe Biegung den Namensgeber inspiriert, hier eine Parallele zu der Loreley am Rhein zu sehen. In unmittelbarer Nähe des Felsens befindet sich ein breiter Hang mit Bergkies, bezeichnend für die Schluchttäler der Schwäbischen Alb. Wo ein kleines Seitental einmündet, kommen die ersten Fichten. Sie sind ein untrügliches Zeichen, dass die Zivilisation nicht mehr weit und der Zauber des Tales bald vorbei sein wird. Noch ein paar Windungen, dann wird das Tal weit und gibt den Blick frei auf Talwiesen und Trockenhänge. Wir stehen am oberen Wolfstaleingang.

Im Jahr 1974 wurde das Wolfstal von der Landesforstverwaltung als Schonwald ausgewiesen mit der Zielsetzung der Erhaltung einer naturnahen Laubwaldgesellschaft. Um dieses langfristig gewährleisten zu können ist das Augenmerk auf eine lichte, buchenarme Laubholzbestockung zu richten. Das bedeutet für die Forstleute, die Verjüngung kleinflächig und langfristig vorzunehmen. Das vorhandene Nadelholz ist allmählich zu entnehmen und ein weiterer Anbau von Nadelhölzern und fremdländischen Baumarten ist untersagt. 2001 wurde der Schonwald unter Einbeziehung des Lautertales auf eine Fläche von 313 ha erweitert.

Zinnoberroter Kelchbecherling.

Das Fransental

Östlich von Emeringen erstreckt sich das Fransental, oder, wie es liebevoll im Volksmund genannt wird, das »Fransentäle«. Als flache Mulde lässt es sich durch die Ortschaft zum Emerberg hin verfolgen. Doch erst beim Feuerwehrhaus beginnt das eigentliche Tal auf einer Länge von nur 400 m, bis es in die Donau mündet. Wenn auch ein ganzjährig fließender Bachlauf den Talgrund durchzieht, hat es doch den ausgeprägten Charakter eines Trockentales. Wegen seiner Besonderheit wurde es 1991 in das Naturschutzgebiet Braunsel miteinbezogen. Geprägt wird das Fransental durch die nach Norden ausgerichtete Hanghalde mit ihrer einmaligen Märzenbecherblüte im Frühjahr und dem gegenüberliegenden Trockenhang im »Wiesenburren«. Der Trockenhang wird durchsetzt von mächtigen Felsen und Felswänden auf deren Köpfen sich die typische Trockenrasenflora befindet. Die Aushöhlungen an den Weiß-Jura Felsen lassen erahnen, welche Wasserkräfte sich hier einmal ausgetobt haben. Der Prallhang der Donau bei Mittenhausen bedeutet das Ende des Fransentales, ein wahres Kleinod im Südwesten des Alb-Donau-Kreises. Nicht nur die Märzenbecherblüte macht dieses Tal liebenswert, sondern auch die herrlichen Ausblicke auf das Donautal und auf Rechtenstein mit Kirche und Burgfried.

Die Frühjahrssonne erwärmt die Felsen im Wiesenburren, während auf der gegenüberliegenden Nordseite unzählige Märzenbecher aus dem Schnee hervorschauen.

Bäume

Bäume – Geschichte und Mythologie

Hans-Peter Seitz

Eine Auswahl unserer
Hauptbaumarten

Baumschutz

Mensch und Baum
– Empfindungen

»Von allen verschiedenen Lebewesen und Dingen,
mit denen die Natur die Oberfläche der Erde geschmückt hat,
spricht keines unser Gefühl und unsere Phantasie
so sehr an wie jene alt ehrwürdigen Bäume,
die den Eindruck erwecken, schon endlos
lange an ihrem Platz zu stehen...«

(John Muir, 1868)

Die Rolle der Bäume in der Welt des Menschen ist vielfältig. Neben dem direkten Nutzen als Schattenspender, Klimaverbesserer, Nahrungs- und Holzlieferant ist gerade der Baum das am meisten beachtete Element der Landschaft. Eine emotionale Beziehung des Menschen zu majestätischen, eigenwilligen Baumgestalten besteht seit urdenklichen Zeiten und haben sein Bewusstsein geprägt; Heiligenfiguren, Holzmasken, Musikinstrumente und der Weihnachtsbaum sind Ausdruck dieser Beziehung. Bäume spenden den lebensnotwendigen Sauerstoff. So genügen drei Bäume, zu seiner Geburt gepflanzt, um einen Menschen ein Leben lang mit Sauerstoff zu versorgen.

Alte Bäume waren schon immer eine Quelle der Inspiration für Dichter, Maler und Schriftsteller. In der Dichtkunst des Mittelalters wurde die Linde zum Symbol der romantischen Liebe und der berauschende, süßliche Duft der Blüten ist manchen Paaren schon zu Kopf gestiegen.

Gewaltige Eichen und Linden wurden als heilig angesehen und waren bereits bei unseren Vorfahren, den Kelten und den Germanen, mit den Göttern verbunden. Unter alten Linden wurde später Recht gesprochen (Gerichtslinde). Dies erklärt vielleicht, warum das Pflanzen von Linden in Deutschland, in der Schweiz und in Frankreich historisch ein Symbol der Freiheit, des Sieges und des Friedens wurde. Im Sommer wurden die Lindenblüten als Tee genutzt.

Die Eiche wird mit den Göttern des Donners und Blitzes und der Fruchtbarkeit assoziiert. Das Entzünden eines Feuers mit Eichenscheiten in der Mitsommernacht war ein keltischer Fruchtbarkeitsritus. Eichenlaub ist in unseren Breiten ein Zeichen für Jagdglück und Sieg.

Eine Auswahl unserer Hauptbaumarten

In Deutschland sind die meisten siedlungsnahen Bäume gepflanzt. Durch Einfuhr und Zucht wurden die etwa 60 heimischen Arten zu einer unüberschaubaren Zahl von Arten, Rassen und Sorten vermehrt. Außer in den Wäldern finden wir Bäume als Einzelbaum in der freien Landschaft, als Garten- und Parkbaum, oder als Straßen- und Alleebaum.

Die größten Kolosse unter den Baumriesen gibt es in britischen Parks. Hier stehen noch »Überreste« von 1000-jährigen Kopfeichen mit bis zu 10 m Durchmesser. Die Baumstämme sind innen hohl und treiben aus dem Mantelring aus.

Stieleiche

Eiche

Die ältesten Eichen im Alb-Donau-Kreis sind um die 300 Jahre alt. Die Eiche kommt in allen Naturräumen unseres Landkreises vor. Auf der Alb findet man sie als Begleiterin der Buche. In den Tallandschaften der Donau und Iller ist sie Vertreterin der Hartholzaue.

Linde

Die Linde der Stadt Schenklengsfeld im Seulingswald kann mit einem Stammumfang von 18 m durchaus die älteste Linde Deutschlands sein. Ihr Pflanzjahr wird mit 760 angegeben. Im Frühling werden in einigen Orten noch Lindenblütenfeste gefeiert. Bei diesem Fest wird die Ankunft des Frühlings und die Fruchtbarkeit der Natur gefeiert, es wird in alten Trachten getanzt. Der Tanzboden befindet sich unter dem Baum, oder sogar auf einer Holzplattform im Baum selbst, wie man es noch heute in Franken um Nürnberg beobachten kann. Der enorme Umfang und das große Alter vieler Lindenstämme wird zum großen Teil auf die Methode des »Köpfens« zurückgeführt, dem wir wahrscheinlich auch die älteste Linde der Welt verdanken. Es ist eine Winterlinde, die im Arboretum Westonbirt in England steht, einen Durchmesser von 16 m aufweist und auf ein Alter von 6.000 Jahren geschätzt wird.

Auch die ältesten Bäume im Alb-Donau-Kreis sind Linden. Sie weisen wohl ein geringeres Alter als die genannten auf, aber es spricht für sie, dass im jüngst erschienenen Buch über »Die alten Bäume Deutschlands« zwei von ihnen aufgeführt sind: Die Walkstetter Linde bei Bernstadt und die Ziegelhoflinde bei Ehingen, die auf einige Jahrhunderte Dasein zurückblicken. Nahezu in jedem Dorf nehmen Linden eine zentrale Rolle ein, sind oft der prächtige Dorfbaum schlechthin.

Ulme

Von der Ulme (Rüster oder im Volksmund wegen der lindenähnlichen Gesamterscheinung und dem sehr harten Holz »Steinlinde« genannt) nahm man schon zur Römerzeit die geraden Hauptzweige als Stecken für die Weinstöcke. Die Feld- und Bergulme ist eine Charakterart der offenen Landschaft. Das seit ca. 30 Jahren andauernde »Ulmensterben«, ausgelöst durch den Ulmensplintkäfer und einen Pilz, hat nahezu alle alten Ulmen vernichtet. Umso mehr erfreut es uns, wenn wir sie vereinzelt als prächtige Naturdenkmale bei Ehingen-Dächingen und Tiefenhühlen bewundern können.

Esche

Die gewaltigen Eschen (Fraxinus excelsior) waren den Germanen die Bäume mit der höchsten Bedeutung. Sinnbild der gesamten germanischen Welt war die Weltenesche »Yggdrasill«, ein dreiwurzeliger Riesenbaum, der unter sich die Welten der Menschen, der Toten und der Riesen birgt.

In unserem Landkreis prägen Eschen die Naturräume von Iller und Donau und dem von ihr mitgestalteten Donauried. Zu ihnen gesellen sich oft gewaltige Silberweiden und mächtige Pappeln.

Sommerlinde

Bergulme

Esche

175

Rotbuche

Die Rotbuche (Fagus sylvatica) ist aber der eigentliche Baum Deutschlands, benennt sogar das botanische Zeitalter in dem wir leben, die »Buchenzeit«. Es fehlt der Buche das »markige«, das die Eiche auszeichnet. Alles an ihr ist sanfter, die glatte und mattgraue Rinde, die ebenmäßige Gestalt, der Buchenstamm wächst sanft geschwungen und in sich verdreht. Sie ist der Baum der gemäßigten Zonen Europas und wichtigster Baum der Schwäbischen Alb. Einmalige und überaus beeindruckende Gestalten haben die Rotbuchen entwickelt,

wenn sie als Weidbäume für Mensch und Tier auf freier Fläche wachsen durften. Auf nahezu allen Schafheiden der Schwäbischen Alb, mit einem Schwerpunkt in unseren Albgemeinden, treffen wir auf diese beeindruckenden Baumgestalten. Die Schinderbuche bei Suppingen ist inzwischen eine der bekanntesten Vertreterinnen ihrer Art.

In kräftig dunkelrotem Kleid schmücken Blutbuchen, die umgangssprachlich gerne mit den Rotbuchen verwechselt werden, so manchen Park und Garten.

Ahorn

Ein besonderer Charakter kommt dem Ahorn zu, ist er doch der Liebling der Gehölzgärtner und geschätzter Anlagen- und Straßenbaum. Der Ahorn ist genügsam und zeigt auch auf kargen Böden eine große Wuchsleistung. Er blüht massenhaft bevor er Blätter trägt und besticht durch seine goldgelbe Herbstfärbung. In der freien Landschaft werden oft Hecken oder Feldgehölze von Feldahornen überragt.

Fruchtende Rotbuche

Stammansatz der Rotbuche

Feldahorn

Kastanie

Das Kastanienholz ist wenig nutzbar, darum pflanzt man die Rosskastanie vor allem als schnellwüchsigen Prunk- und Alleebaum. Sie kam 1576 aus der Türkei und wird auch wegen ihrer Früchte von Waldtieren, Kindern und Erwachsenen gleichermaßen geliebt. Große Sorgen bereitet die Kastanienminiermotte, die in Deutschland erstmals 1995 bei München auftrat und leider auch die Bäume im Alb-Donau-Kreis und inzwischen im ganz Land befällt. In Park- und Gartenanlagen, als Alleebaum oder auch als markanter Einzelbaum spielt die Rosskastanie in unserem Landkreis eine wichtige Rolle, wobei wegen ihrer geringeren Alterserwartung nur wenige als Naturdenkmal geschützt sind.

Eibe

Die Eibe, die den Ruf der Unsterblichkeit hat, und als Symbol des ewigen Lebens gilt, wird auch bei uns als Park- und Friedhofsbaum gepflanzt. Es sind jedoch nur wenige alte Exemplare bekannt, wie die im Schlosspark von Granheim. Verwunderlich, denn nur 100 Kilometer südlich, im Voralpengebiet, stehen die ältesten Exemplare von Deutschland mit einem Alter von über 2000 Jahren.

Birke

Luftig leichte Birken treffen wir an den unterschiedlichsten Orten im Alb-Donau-Kreis an. Als schnellwüchsiges »Pioniergehölz« ist sie an extreme Standortbedingungen angepasst. Zarte Birken begleiten bei Erbach, Rißtissen und Munderkingen Straßenläufe, bilden über hunderte von Metern eine lichte Allee.

Gemeine Birke

Fichte

Die Fichte ist der Brotbaum der konventionellen Waldwirtschaft. Manchmal mit Kiefern im Verbund bereichert sie als Baumgruppe, oder auch als Einzelbaum unsere Landschaft. Freistehende Exemplare werden gerne als dekorative Weihnachtsbäume für die Innenstadtplätze unserer Städte vorgehalten.

Rotfichte

Weitere erwähnenswerte Einzelbäume der Siedlung als auch der freien Landschaft sind alte Birnen- und Apfelhochstämme, wie die heimische »Albecker Birne« oder andere alte Sorten, von denen nur der Lokalname, wie »Ringeles Birne« oder »Junkers Birne« bekannt ist. Genannt seien auch breit ausladende, mächtige Walnussbäume, vor allem dann, wenn sie sich auf der »rauen Alb« wie bei Luizhausen oder Emeringen, entwickelt haben.

Baumschutz

Dem Straßenbau und der Siedlungsentwicklung fielen eine Anzahl von ehrwürdigen Naturzeugen zum Opfer. Früher bot ein Baum Schutz für Mensch und Tier und stellte kein Bewirtschaftungshindernis dar. Ein alter Baum, im Dorf oder frei in der Landschaft stehend, wird auch jetzt immer wieder als Hindernis und Sicherheitsrisiko gesehen. Das grüngerandete Naturdenkmalschild garantiert manchmal noch, dass er stehen bleiben kann. Es ist bekannt, dass ein Baum im Trauf der Krone seine Wurzeln ausbildet und dort seine Nahrung aufnimmt. Trotz dieser Erkenntnis und Auflagen rücken Mensch und Maschinen dem Stamm immer näher.

Einsichtige Menschen gab es jedoch schon zeitig und so sind uns aus dem Mittelalter Gebote und Verbote zur Nutzung des Waldes bekannt, die alle das Ziel hatten, den Holzbestand für die nachfolgenden Generationen zu sichern und keine Kultursteppe zu hinterlassen. Der uns heute bekannte Naturschutzgedanke trat erst um das Jahr 1900 auf. Heute können Bäume durch das Landesnaturschutzgesetz, mittels Naturdenkmal-Verordnungen oder durch eine Baumschutzsatzung der Kommune geschützt werden.

Mensch und Baum - Empfindungen

Es gibt Dinge, die uns im Alltag so selbstverständlich begegnen, dass wir sie kaum noch wahrnehmen. Wir sehen sie, aber wir beachten sie nicht. Der Baum ist ein solches alltägliches Symbol. Schauen wir genauer hin, entdecken wir, wie vielfältig unsere Beziehung zu den Bäumen ist. Der Mensch ist durch ein enges und starkes Band mit ihnen verknüpft. Der Baum ist ein Symbol, das unser Leben begleitet, von dem wir Lebendigkeit und Gelassenheit lernen können.

Es ist entspannend, unter alten Bäumen zu stehen und sich von ihrer Stille beeindrucken zu lassen. Unsere Zeit ist sehr schnell und vollgepackt, das Tempo wird zu einer Belastung. Bäume haben die Fähigkeit alles zu verlangsamen, über sie finden wir zur Ruhe und zu uns selbst.

Ein Baum ist nicht plötzlich weg, ein Baum hat Bestand. Wenn er hinfällig war und entfernt wurde, sucht man die Stelle, wo er einmal stand. Ich erinne-re mich an Bäume, in die ich als Kind und Jugendlicher gestiegen bin, an die Kastanien und Eicheln in der Hosentasche, die Bucheckern, Kiefern- und Tannenzapfen, die Flügel des Ahornsamens.

Wir malen und fotografieren Bäume, um sie mitnehmen zu können, aber eigentlich sind sie schon lange in uns.

Weidbuche auf dem »Faulenhau« bei Westerheim.

Bäume und Haine
mit besonderer Historie und Bedeutung

Albert Koch

Bäume zu pflanzen, um sich an besondere Momente des persönlichen Lebens oder der Geschichte zu erinnern, ist uralter Brauch. Symbolisieren doch Bäume in besonderer Weise das Werden und Vergehen. Bäume sind auch immer Symbol für Freiheit, Hoffnung und Leben. Bäume mit besonderer Historie und Bedeutung sind Lesezeichen zum Verstehen unserer Kulturlandschaft und ihrer Geschichte. Für spätere Generationen bieten sie gute Möglichkeiten, die Vergangenheit kennenzulernen und die Gegenwart besser zu verstehen. Um das Wissen und die Erinnerung an die geschichtlichen Hintergründe zu erhalten, ist es wichtig, dass vor Ort Informationstafeln oder Inschriften angebracht werden.

Beispielhaft wird für einige markante Bäume und Haine ihre Geschichte und Bedeutung aufgezeigt.

Friedenslinde in der »Wolfertanlage« in Ehingen

In der öffentlichen Parkanlage »Wolfert« weisen vor einer stattlichen Winterlinde eine große Steinplatte mit der Inschrift »Friedenslinde 1870/71« und eine Infotafel des Schwäbischen Albvereins darauf hin, dass dieser Baum nach dem deutsch-französischen Krieg als Friedenslinde gepflanzt worden ist. Auch wenn die Friedenslinde wegen der umgebenden Parkbäume als Einzelbaum nicht so stark zur Wirkung kommt, regt doch der Grund ihrer Pflanzung zur Besinnung an. Der alte schöne Baumbestand des Parks, das Ehrenmal auf der Wiesenlichtung und der Wolfertturm laden zum Verweilen ein.

Historischer Soldatenfriedhof Obermarchtal

Wer von der B 311 östlich von Obermarchtal dem Wegweiser »Soldatenfriedhof« nach Süden folgt wird mit einem ganz besonderen Erlebnis überrascht. Gleich nach der Walddurchfahrt fällt der Blick durch die Lücke einer Hainbuchenhecke auf zwei bunt bemalte Schilderhäuschen. Durch das Holztor eingetreten wandert der Blick schnell auf die vier mächtigen Winterlinden in den Ecken und die zwei großen Spitzahorne in der Mitte des Friedhofes. Die Linden wurden um das Jahr 1829 gepflanzt und sind trotz ihres Alters vitale, die Anlage prägende Baumgestalten. Die beiden Spitzahorne, deren Kronen zusammengewachsen sind, wurden um 1935 gepflanzt.

Im harmonischen Einklang zwischen altehrwürdigen mächtigen Bäumen, dem angrenzenden Wald, der einrahmenden Hecke, den gepflegten Grabfeldern, den Kreuzen und Gedenksteinen strahlt dieser Ort Ruhe aus und regt zur Besinnung an.

Informationstafeln und Inschriften berichten über die Geschichte dieses Ortes:

> Auf dem »Friedhof der Fremden«, wie man ihn einst nannte, ruhen 1.000 Soldaten europäischer Völker aus Kriegen zweier Jahrhunderte. Die meisten starben in Folge der napoleonischen Kriege 1814/15 im Spital zu Obermarchtal. Der fürstliche Revierförster Norbert Jäger hat sich um die Gestaltung des Friedhofs angenommen und setzte im Jahr 1829 inmitten des Friedhofes ein Obeliskendenkmal und pflanzte in den vier Ecken Linden. In den beiden Weltkriegen wurden 27 deutsche Soldaten auf dem Friedhof beigesetzt. Der Volksbund deutscher Kriegsgräberfürsorge hat im Jahr 1955 den Friedhof umgestaltet.

Napoleonslinde in Luizhausen

Am nördlichen Ortseingang von Luizhausen, direkt neben der B 10, reckt sich eine mächtige Sommerlinde über 30 m in die Höhe. Wegen des notwendigen Rückschnitts über der Bundesstraße ist die Krone asymmetrisch. Mit 8,5 m Stammumfang und 31 m Höhe ist dieser über 400 Jahre alte Baum wie der Turm der nahegelegenen Kirche St. Michael markantes Wahrzeichen Luizhausens.

Ihren Namen verdankt die Linde dem französischen Kaiser Napoleon, der am 15. Oktober 1805 im nahegelegenen Gasthof »Zum Löwen« logiert hat. In den Zeiten des Reisens mit der Postkutsche soll die Linde den Reisenden auch als Mittelpunkt der Strecke Wien-Paris gegolten haben. Leider ist der alte Meilenstein, der früher neben der Linde stand, verschollen.

Auch wenn Nachmessungen keine eindeutige Bestätigung der Mittelpunkttheorie bringen, bekunden die Geschichten um die Napoleonslinde die frühere Bedeutung Luizhausens im Fernverkehr. Die steilen Albanstiege mussten damals mit Pferdegespannen überwunden werden und machten den ehemaligen Posthof »Zum Löwen« zum beliebten Nachtquartier.

*»Konstantinlinde«
in Erbach.*

Konstantinlinde in Erbach

Im Vorplatz der St. Martinskirche in Erbach steht eine große gleichmäßig gewachsene Linde. Mit seiner ausladenden Krone verbindet der Baum die Barockkirche mit dem historischen Pfarrhaus und dem »Boinerhäusle«. Baukunst und Naturschönheit bilden eine harmonische Einheit, die allen Besuchern schon am Fuß des steilen Zugangs ins Auge fällt.

Doch der Baum wurde nicht aus ästhetischen, sondern aus geschichtlichen Gründen gepflanzt. Der geschichtsbewusste Pfarrer Anton Geyer ließ sie im Jahr 1913 von seinen Ministranten als Jubiläumslinde pflanzen. Zum einen zur Erinnerung an die Befreiung von der napoleonischen Herrschaft nach der Völkerschlacht von Leipzig im Jahr 1813, zum anderen um das so genannte Toleranzedikt von Mailand aus dem Jahr 313. Mit diesem Edikt anerkannte der spätere Kaiser Konstantin der Große das Christentum und leitete somit die Geschichte des christlichen Europas ein. Diese Baumpflanzung ist eine praktische Umsetzung der Erkenntnis, dass nur der die Gegenwart versteht, der die Vergangenheit kennt.

Lokalgeschichtlich bedeutsam ist das Jahr 1913, da die Kirche renoviert und eine neue Orgel eingebaut wurde.

Kaiserlinden in Altheim/Alb

An der Oberkante des Steilhangs der Kliffstufe direkt neben der Wohnstraße »Am Kuhberg« stehen zwei über 20 m hohe Sommerlinden. Die sich berührenden Baumkronen bilden ein beeindruckendes Baumensemble im Übergangsbereich von Siedlung zur als Naturschutzgebiet ausgewiesenen Wacholderheide. Von diesem markanten Punkt ergibt sich ein weiter Blick über die Altheimer Ebene bis zu den Alpen. Warum für die Bäume eine so herausragende Stelle gewählt wurde, erklärt die vom Schwäbischen Albverein angebrachte Inschrift am Stamm der nördlichen Linde. Dort steht geschrieben: »Die 3 Linden wurden gepflanzt zur Erinnerung an dieses denkwürdige Jahr, in dem nacheinander 3 Kaiser das Deutsche Reich regierten, Wilhelm I, Friedrich III und Wilhelm II.«

Schnell fällt auf, dass von der ehemals dritten Linde hangabwärts nur noch ein Baumstumpf zu sehen ist. Der Orkan »Lothar« hat am 26. Dezember 1999 leider dieses beeindruckende »Dreigestirn« zerstört. Die Kronen der vitalen Linden sind zu dieser Seite hin asymmetrisch, da die Kronen der drei Bäume ineinander gewachsen waren. Doch eine junge Linde wurde als Ersatz gepflanzt und wird sich hoffentlich zu einem prächtigen Baum entwickeln.

»Kaiserlinden« in Altheim/Alb.

Landgerichtsbuchen bei Ehingen-Mundingen

Auf dem »Landgericht« genannten Höhenrücken zwischen Lauterach und Mundingen fällt östlich der Landesstraße in der Ackerhochfläche eine markante Baumgruppe auf. Bei näherem Herantreten entdeckt der Besucher schnell einen mächtigen Gedenkstein, dessen Inschrift über diesen geschichtsträchtigen Ort informiert. Unter dem Wappenschild der Grafen von Wartstein steht geschrieben: »Die Landgerichtsbuchen, hier befand sich um 1200 die Gerichtsstätte der Grafen von Wartstein«. Wie im Mittelalter üblich, hielten die Grafen von Wartstein hier unter freiem Himmel, vermutlich im Schatten von Linden, Gerichtsverhandlungen ab. Nach 1300 wurde auf dem Landgericht allerdings nicht mehr Gericht gehalten, da die Gerichtsstätte von den Habsburgern nach Zwiefaltendorf verlegt worden war.

Die beiden Landgerichtsbuchen wurden wohl schon im 18. Jahrhundert an diesen Ort gepflanzt, vielleicht als Nachfolger für uralte Vorgänger.

Die östliche Buche beeindruckt trotz abgebrochener Hauptäste noch heute mit ihrer bizarren Krone und dem Stammumfang von 5,5 m. Fäulnisbildungen im Stammbereich und absterbende Äste lassen befürchten, dass dieser urtümliche Baumriese in absehbarer Zeit im Sturm auseinanderbrechen wird.

Dieses Schicksal hat die westliche Buche bereits vor rund 40 Jahren ereilt, als sie unter dem Druck des Raureifs auseinanderbrach. Doch der vermodernde Baumstumpf mit mehr als 5 m Umfang stellt noch für viele Jahre wertvollen Lebensraum für holzbewohnende Insekten dar. Er ist auch ein eindrucksvolles Beispiel für das Werden und Vergehen in der Natur.

Zwischen den beiden Buchen wurden vom Schwäbischen Albverein bereits 1953 zwei Linden gepflanzt, die sich mit ihren bis an den Boden reichenden Ästen schon zu schönen Bäumen entwickelt haben. Sie werden eine würdige Nachfolge für die Landgerichtsbuchen antreten und können für weitere Jahrhunderte an diese ehemalige Gerichtsstätte erinnern.

Gedenkstein mit Hinweis auf die ehemalige Gerichtsstätte der Grafen von Wartstein.

Friedenslinde auf dem Galgenberg bei Kirchen

Aus dem Talgrund des »Kirchener Tales« ragen bei Kirchen zwei markante Kuppen, der bewaldete Kapellenberg und der kahle mit Magerrasen bewachsene Galgenberg. Diese alten Umlaufberge aus Massenkalk wurden von der »Urdonau«, die bis Mitte der Rißeiszeit von Untermarchtal über Kirchen nach Ehingen floss, geformt. So interessant wie die Landschaftsgeschichte ist auch die Geschichte des Galgenbergs und der auf der Spitze thronenden Winterlinde. Auf dem Galgenberg wurden vermutlich bis 1621 Todesstrafen der örtlichen Herrschaft vollstreckt. Unterstüt-

zung dieser Theorie lieferte auch der Totenschädel, der 1871 beim Ausgraben des Setzloches für die Friedenslinde gefunden wurde. Wie das Heimatbuch Kirchen berichtet, haben »Wetzel-Mate«, ein Veteran des deutsch-französischen Kriegs von 1870/71 und »Stelza-Schneider«, ein Schneider mit steifem Bein, die Linde gepflanzt.

Auch wenn wenigen Betrachtern die Geschichte des Galgenbergs und der Friedenslinde bekannt ist, kann sich kaum jemand der Schönheit des Galgenbergs mit der weithin sichtbaren Linde entziehen.

Lindenhain am Kliff in Temmenhausen

Westlich von Temmenhausen an der sehr markant ausgeprägten Kliffstufe findet sich zwischen dem Gasthof »Berg« und dem Wald ein landschaftsbildprägender Lindenhain. Auf einer ehemaligen Schafweide wurden um das Jahr 1900 über 20 Linden gepflanzt. Die oft mehrstämmigen Bäume haben sich mit rund 20 m Höhe und ihren weit ausladenden bis fast an den Boden herunterreichenden Kronen zu prächtigen Einzelbäumen entwickelt. Da sich alle Bäume mit ihren Kronen berühren ergibt sich der Raumeindruck einer Baumhalle.

Für den angrenzenden Spielplatz bietet der Lindenhain malerische Kulisse und für die Kinder zusätzliche Spielmöglichkeiten.

Walkstetter Linde bei Bernstadt

Die beeindruckendste Baumgestalt im Alb-Donau-Kreis steht 700 m westlich von Bernstadt in der Feldflur am Lindenweg. Auf den ersten Blick fasziniert sie mit einem Kronendurchmesser von rund 33 m, einer Höhe von 18 m und mit dem sagenhaften Stammumfang von fast 7 m. Am Stamm stehend und in die Krone blickend beeindrucken baumstarke Hauptäste, die in rund 2 m Höhe waagrecht vom Stamm abzweigen. Diese Wuchsform lässt vermuten, dass in früheren Zeiten durch aufgelegte Bretter ein Tanzboden in der Krone entstand und bei Festen in der Linde getanzt wurde.

Die starke Knollenbildungen und Bemoosungen an den Hauptästen unterstreichen die urtümliche Wirkung dieses »lebenden Fossils«. Über das genaue Alter kann nur spekuliert werden, doch schätzen Experten mindestens 350 Jahre. Das deckt sich auch mit der Vermutung, dass an diesem Platz der Weiler Walkstetten lag, der von seinen Bewohnern aufgegeben wurde, nachdem er im Dreißigjährigen Krieg zerstört worden war.

Ja, wenn der Baum erzählen könnte! Damit die Linde noch viele weitere Stürme überstehen kann, wurde im Jahr 1980 die Krone mit Stahlseilen und Eichenstützen gesichert.

Auch wenn sich die Linde auf 8 Eichenpfähle stützen muss, strahlt dieser altehrwürdige Baum die volle Kraft und Schönheit der Natur aus.

Lindenhain beim Kriegerdenkmal Suppingen

An der B 28 zwischen Wennenden und Suppingen fällt auf halber Strecke eine markante Höhenstufe auf, verstärkt durch einen waldartig wirkenden Lindenhain. Die »Kliffstufe« stellt das ehemalige Steilufer des vor rund 20 Millionen Jahren hier gewesenen Tertiärmeeres dar. Der mit einer Fichtenhecke eingerahmte Lindenhain mit über 30 Linden wurde im Frühjahr 1920 angelegt. Jeder Baum steht zum Gedenken für einen während des 1.Weltkriegs Gefallenen oder Vermissten aus Suppingen. Der Platz auf der ehemaligen Schafweide am Suppinger Weg wurde wegen seiner schönen Lage ausgewählt. Aufgrund des steinigen flachgründigen Bodens sind die Linden nur auf 10 bis 15 m Höhe gewachsen. Wer zwischen den beiden aus Kalksteinfindlingen gebauten Säulen hindurch in den Lindenhain tritt, erlebt einen geschlossenen Raum, der durch die alten Bäume Ruhe und Frieden ausstrahlt. Blickfang ist das zentral gelegene Kriegerdenkmal. Dieses Denkmal wurde im Frühjahr 1921 nach einem Entwurf des Bildhauers Müller aus Blaubeuren aus Kalksteinfindlingen errichtet. Seit 1953 trägt Suppingen dieses mit einem Kreuz bekrönte Denkmal in seinem Ortswappen.

Zusammen mit den Bäumen der ehemaligen Schafweide und der Straßenbäume an der alten B 30 belebt dieser Baumbestand sehr markant das Landschaftsbild und schafft innerhalb der Feldflur wertvollen Lebensraum für Tiere und Pflanzen.

Lindenhain beim Kriegerdenkmal Wippingen

Neben der Wippinger Steige, die vom Blautal auf die Alb führt, liegt kurz vor Wippingen ein Lindenhain. Hoch über dem Blautal in herrlicher Aussichtslage gelegen reicht der Blick über das Blautal und Ulm bis zu den Alpen.

Dieser Lindenhain wurde im Herbst 1920 zusammen mit dem Kriegerdenkmal zum Gedenken der Gefallenen des 1. Weltkriegs aus Wippingen und Lautern angelegt. Das 4 m hohe Denkmal ist aus Kalksteinfindlingen aufgemauert und wird von einem uralten Sühne- oder Grabkreuz aus Kalktuff bekrönt. Das Steinkreuz stand früher auf der Kirchhofmauer in Wippingen. Schrifttafeln erinnern an die Gefallenen und Vermissten der beiden Weltkriege. Der rechteckige Lindenhain wird von einer

Lindenhain beim Kriegerdenkmal Suppingen.

Lindenhain in Bermaringen

geschnittenen Weißdornhecke eingefasst. Innerhalb der Hecke stehen 24 Linden entlang der Außenseiten und 6 Linden im inneren Teil. Drei Linden mit rund 180 Jahren Alter standen schon lange vor der Anlage des Kriegerdenkmals auf der damaligen Schafweide. Beeindruckend ist die mächtigste Linde in der Mitte mit über 20 m Höhe und einem Stammumfang von rund 4 m. Wer vom direkt angrenzenden Wanderparkplatz aus den Lindenhain betritt, hat das Gefühl, in eine große Baumhalle einzutreten. Die Stämme bilden die Säulen und die weitgehend zusammengewachsenen Kronen das Dach. Durch die Lücken im Kronendach fällt das Sonnenlicht auf den grasbewachsenen Boden. Das Wechselspiel von Licht und Schatten unterstreicht die friedliche und besinnliche Stimmung dieses Ortes.

Westlich von Bermaringen zwischen der Straße nach Asch und dem Gartenhausgebiet liegt ein landschaftsbildprägender Hain mit großen Linden und Kastanien. Die rund 40 Bäume stehen in drei Reihen und gleichmäßigen Abständen. Durch die vielen symmetrisch angeordneten Stämme und das geschossene Kronendach ergibt sich ein geschlossener Raumeindruck. Alte Aufzeichnungen führen aus, dass im Jahr 1890 der Wald- und Feldschütz beauftragt wurde, nach einem Sturm die jungen Linden anzubinden. Es wird vermutet, dass die Bäume kurze Zeit davor auf der ehemaligen Schafweide als Sonnen- und Wetterschutz für Schafe angepflanzt worden sind.

Schon in der ersten Hälfte des letzten Jahrhunderts animierte dieser Lindenhain die Bermaringer zu Festen. War es in den 30-40ern der sonntägliche Jugendtreff, so veranstaltet der Musikverein Bermaringen seit 1957 das über die Dorfgrenzen hinaus bekannte und beliebte »Heggafeschd«.

Lindenhain beim Kriegerdenkmal Wippingen.

Heckenfest Bermaringen.

Winterlinde mit Steinkreuz in Scharenstetten

Am südlichen Ortseingang von Scharenstetten direkt neben der Landesstraße steht eine ortsbildprägende Winterlinde. Der über 200 Jahre alte Baum ist kleiner als viele andere freistehenden Baumdenkmale, wirkt mit seinem niedrigen Kronenansatz und der kugeligen Krone dennoch sehr harmonisch. Die starken Verdickungen an den Hauptästen geben ihnen ein keulenartiges Aussehen und lassen vermuten, dass die Krone früher regelmäßig geschnitten wurde.

Direkt neben dem kräftigen Stamm steht ein uraltes Steinkreuz aus Kalktuff. Das gut erhaltene Kreuz mit einem auffälligen Loch unterhalb des Querbalkens gab diesem Gewann den Namen »Kreuzstein«.

Die Geschichte dieses Steinkreuzes liegt wie bei vielen anderen Sühne-, Pest- oder Schwedenkreuzen im Dunkeln. Die Sagen reichen von heilenden Kräften, über germanische Opfer- und Kultstätte oder alter Gerichtsplatz bis zum Grab eines französischen Offiziers.

Mythische Vorstellungen und christliche Symbolik des Steinkreuzes im Zusammenspiel mit der altehrwürdigen aber noch sehr vitalen Linde verleihen diesem Ort eine ganz besondere Ausstrahlung. Kultur- und Naturdenkmal zeigen sich dem ruhigen Betrachter in wunderbarer Symbiose.

Dorfbäume und Grenzbäume

Walter Hohneker

Dorfbäume

Grenz- und
Straßenbäume

Dorfbäume

Viele Bäume, die auch heute noch unser Orts- und Landschaftsbild prägen sind im Zusammenhang mit geschichtlichen Ereignissen gepflanzt worden. Eines dieser Ereignisse war der französisch-deutsche Krieg 1870/71. Im Frühjahr 1871 sind in vielen Orten Friedensbäume, meist Linden, gepflanzt worden. Heute sind diese alten Bäume meist als Naturdenkmale geschützt.

Dorfplatz in Neenstetten

Der heutige Dorfplatz liegt westlich der Ulmer- und der Hauptstraße und wurde in eine Grünfläche mit Bäumen umgestaltet. Drei Bäume wurden aus Anlass des französisch-deutschen Krieges 1870/71 als Friedensbäume gepflanzt.

Am 18. Januar 1871 gründete Bismarck in Versailles das Zweite Deutsche Reich. Zur Feier dieses Ereignisses versammelte sich die Gemeinde am 20. März in der Schule und der Kirche und begab sich unter dem Geläute der Kirchenglocken auf den großen Dorfplatz. Gepflanzt wurde die nördliche Kastanie als »Kaiserbaum« zum Andenken an den ersten Herrscher dieses Reichs, Wilhelm I., die südliche Kastanie als »Königsbaum« zum Andenken an den damaligen württembergischen

Der Dorfplatz in Neenstetten war früher ein großer Platz westlich und nördlich des Rathauses. Er war Mittelpunkt des dörflichen Lebens, auf dem gearbeitet, aber auch gefeiert wurde. Geprägt wurde er von mehreren Hülen und großen Bäumen. Der größte Baum, die »Dorflinde«, nördlich des Rathauses, war 1982 so geschädigt, dass sie gefällt wurde. (©LMZ-BW)

Kirchhoflinde in Hausen am Bussen

König Karl und eine Linde als »Germania« zum Andenken an das neue Kaiserreich. Diese Linde ist heute nicht mehr vorhanden.

Auf Wilhelm I. wurden 1878 zwei Anschläge verübt. Das zweite Attentat führte zu schweren Verletzungen. Zum Dank für das Überleben des Kaisers pflanzten die Bürger von Neenstetten eine »Kaiserlinde« auf dem Dorfplatz bei der Einmündung des Knöpflesgäßle, der heutigen Silcherstraße.

Die Sommerlinde steht nördlich der Kirche im Bereich des heutigen Friedhofes. Auch diese Linde wurde im Frühjahr 1871 als »Friedenslinde« vom damaligen Bürgermeister Josef Gröber gepflanzt. Heute prägt die Linde in Verbindung mit der Kirche das Ortsbild.

Der heutige Dorfplatz in Neenstetten (unten) mit der »Kaiserlinde« (links).

Viehmarkt in Munderkingen

Der Viehmarkt liegt am nordwestlichen Rand des Altstadtgebietes von Munderkingen, unmittelbar an der Donau auf dem Gelände der ehemaligen »Bleiche« der Leinenweberei, die bis an das Südufer der Donau reichte. Seit 1871 hat die Stadt das Recht, jeden Monat einen Viehmarkt zu halten. Um diese Zeit hat die Stadt Munderkingen wahrscheinlich auch die Bleiche erworben. Auf einem Foto, vermutlich aus dem Jahr 1893, ist der heutige Baumbestand als relativ junge Pflanzung zu erkennen. Neben weiteren, jüngeren Bäumen bilden drei große und eindrucksvolle Sommerlinden den Baumbestand auf der südlichen Teilfläche des Viehmarktes, auf der das zum Verkauf vorgesehene Vieh bereitgehalten wurde. Aufgrund des landwirtschaftlichen Strukturwandels nimmt die Bedeutung der örtlichen Viehmärkte jedoch immer mehr ab. In absehbarer Zeit berichten nur noch die Ortsbezeichnung und die Bäume von dieser über hundert Jahre wirtschaftlich wichtigen Einrichtung.

Aufnahme aus dem Jahr 1893 mit Blick vom Frauenberg auf den unteren Rossmarkt.

Linde am
Ortsrand von Heroldstatt-Sontheim

Die große, mächtige Sommerlinde steht am östlichen Ortsrand von Sontheim an der Straße nach Seißen. Die Linde stand in früheren Jahren mehrere hundert Meter außerhalb des Ortsetters und diente als »Zielbaum« für Reisende, die von Osten aus dem Tiefental kamen. Ihr schönstes Bild zeigt das Naturdenkmal auch heute noch dem Wanderer, der aus dem Tiefental nach Sontheim aufsteigt.

Oft geben auch die Fleckenrodel Auskunft über historische Bäume. Im Fleckenrodel sind die Lasten (Höhe der Abgaben) und Rechte (Grenzrechte / Vermarkungen) der einzelnen Grundstücke eingetragen. Im Fleckenrodel von 1590 ist die Sommerlinde noch nicht erwähnt. Aufgrund ihrer Mächtigkeit kann jedoch davon ausgegangen werden, dass die Linde im 17. Jahrhundert gepflanzt wurde.

Bergulme in Ehingen-Tiefenhülen

Am östlichen Ortsrand von Tiefenhülen, an der Verbindungsstraße nach Sondernach, steht eine große Bergulme, eine der wenigen Ulmen der Region, die vom »Ulmensterben« verschont blieb.

Sie wurde vermutlich von Franz Schott gepflanzt. Franz Schott war von Mai 1900 bis zu seinem Tode am 2. Juni 1929 katholischer Pfarrer in Frankenhofen. Er war den Erzählungen nach ein ausgesprochener Baumliebhaber und hatte sich zur Aufgabe gemacht, in der Gegend um Frankenhofen unzählige Bäume zu pflanzen.

Wie Dorfbewohner berichten, schlug 1940 in der Nacht von Fronleichnam während eines Gewitters ein Blitz in die Ulme. Hierbei wurde der Stamm beschädigt. Der am Stamm angebrachte Kreuzbildstock trug jedoch keinen Schaden davon.

Grenz- und Straßenbäume

Linde am Kriegerdenkmal in Blaubeuren-Weiler

Die markante Sommerlinde steht südöstlich von Weiler, unmittelbar an der
Brücke über die Ach, unterhalb der Felsen »Bruckfels« und »Geißenklösterle«.
Die Sommerlinde ist ein wichtiger Weg-
baum zwischen Blaubeuren und Schelklingen. Das weit ausladenden Blätterdach lädt Wanderer und Radfahrer zu
einer Rast ein. Auch diese Sommerlinde
wurde anlässlich des französisch-deutschen Krieges von 1870/71 als »Friedenslinde« gepflanzt. Unter dem
Schutz der Friedenslinde wurde im Juli
1923 ein Denkmal für die Toten des Ersten Weltkrieges aus der Gemeinde errichtet.

Rotbuche am Wegkreuz südwestlich Berghülen

Die Rotbuche präsentiert sich heute dem Betrachter als typischer Wegkreuzbaum. Sie steht im unmittelbar an einer T-Kreuzung, was dazu verleitet, eine Wegeverbindung zwischen Berghülen und Wennenden beziehungsweise Suppingen zu konstruieren und der Buche die Funktion eines Zielbaumes zu geben. Die jetzige Wegeführung entstand jedoch erst bei der letzten Neuordnung der Feldflur. Vor der Flurneuordnung gabelte sich der Feldweg bereits mehrere hundert Meter vor der Buche. So bleibt nur zu vermuten, dass die Rotbuche einst als Grenzbaum zwischen zwei Grundstücken oder als Schattenspender für Mensch und Tier bei der Feldarbeit gepflanzt wurde.

Baumreihe zwischen Asch und Wippingen

Auf Anregung des damaligen Kreisobstbauinspektors Salzmann wurde 1954 auf der Öde und dem ehemaligen Viehtrieb zwischen den Waldgebieten »Borgerhau« und »Steinberg«, entlang der Gemeindegrenze zwischen Asch und Wippingen, ein Windschutzstreifen angelegt.

Im südlichen Teil wurden, da hier der Boden sehr flachgründig war, auf einer Länge von ca. 400 m Winterlinden gepflanzt (wegen der harten Früchte auch »Steinlinden« genannt). Im nördlichen Teil mit ca. 450 m Länge fiel die Wahl wegen der tiefgründi

geren und teilweise wasserreicheren Bodenverhältnisse auf Pappeln. Dem Sachbuch der Gemeinde Asch von 1954 ist zu entnehmen, dass sich die Gesamtkosten auf 1.086,38 DM beliefen. Der Kreisverband Ulm der Obst- und Gartenbauvereine übernahm von den Gesamtkosten 150,– DM. Den Rest bezahlten die beiden Gemeinden je zur Hälfte.

Heute, nach 50 Jahren, sind die unterschiedlichen Charakteristiken der gewählten Baumarten sowie die unterschiedlichen Bodenverhältnisse deutlich sichtbar. Die Winterlinden haben

kompakte Kronen mit einer Gesamthöhe von zirka 8 m ausgebildet. Aufgrund des relativ engen Standes ist die Lindenreihe auch heute noch ein funktionierender Windschutz. Die Pappeln haben inzwischen eine Höhe von 15 m bis 20 m erreicht. Die Kronen setzen im Durchschnitt in einer Höhe von 8 m an. Ein optimaler Windschutz wird nicht mehr erreicht. Wegen ihres Alters weisen die Pappeln bereits Ast- und Kronenbrüche auf. Dieser Teil der Windschutzpflanzung wird sein Erscheinungsbild in den nächsten Jahren sicherlich ändern.

Bäume der Feldflur

Markante Vertreter

Karl-Heinz Glöggler und Albert Koch

Schinderwasenbuche bei Suppingen

Am alten Ulmer Weg, etwa 700 m östlich von Suppingen steht auf 749 m Höhe einer der schönsten Bäume im Alb-Donau-Kreis und darüber hinaus. Die etwa 200 Jahre alte Schinderwasenbuche fasziniert den Betrachter durch ihren Stammumfang von 7,25 m und ihren imposanten Habitus. Sie wurde neben der Walkstetter Linde bei Bernstadt und der Ziegelhoflinde bei Ehingen in das Buch »Deutschlands alte Bäume« aufgenommen. Dort wird sie wie folgt beschrieben:

«Aus dem voll intakten Erdstamm der Rotbuche gehen drei mächtige, hellgrau glänzende Astsäulen hervor, die sich in weitere Äste, Ästchen und Zweige zergliedern. Das dunkelgrüne Buchenlaubdach türmt sich im Sommer wie eine Quellwolke am Himmel.« (Kühn, Ulrich, Kühn, 2002)

Zur Bedeutung des Namens: »Schinderwasen« (oder »Schelmenwasen«) waren früher Flächen, auf die gefallenes und verendetes Vieh gebracht und vergraben wurde.

Markante Krone der »Schinderwasenbuche« bei Suppingen.

Sommerlinde nördlich von Laichingen

Der ehemalige Schaftriebweg nördlich von Laichingen wird am Anfang von 8 Linden gesäumt. Von den sieben anderen, etwa 50 Jahre alten Bäumen hebt sich die weitaus ältere Sommerlinde am nördlichen Ende dieser Reihe markant ab. Sie ist mit 6,80 m Stammumfang und 24 m Kronendurchmesser einer der imposantesten Bäume auf Laichinger Gemarkung und einziges noch stehendes Exemplar einer Dreiergruppe. Die Gewannbezeichnung »Bei den Linden« deutet auf diese ehemals dort vorhandenen drei mächtigen Linden hin. Während der zweite Baum 1990 durch einen Blitzschlag zerstört wurde, fand die größte Linde ein weitaus spektakuläreres Ende. Sie wurde bei Schießübungen der amerikanischen Armee vom Bleichberg in Richtung Eichberg getroffen und in Brand gesetzt. Nach Angaben von Werner Mangold aus Laichingen brannte die Linde wochenlang und war so eine traurige Attraktion für die Laichinger Bevölkerung.

Charakteristische Steilkrone der Laichinger Sommerlinde.

Haslauhlinde bei Feldstetten

Reist man von Feldstetten in Richtung Bad Urach, so fällt kurz nach dem Ortsende nördlich der Bundesstraße ein markanter Baum ins Auge, die »Haslauhlinde« am alten Zaininger Weg. Die 1866 gepflanzte Sommerlinde steht auf einem leicht nach Süden geneigten Hang auf einer Höhe von 770 m über NN. Als einziger größerer Baum in weitem Umkreis prägt sie mit ihren acht Stämmlingen den Bereich westlich von Feldstetten. Von der »Haslauhlinde« bietet sich dem Wanderer und Spaziergänger ein imposantes Panorama mit Feldstetten im Osten, der Nattenbuch-Kuppe mit ihrer Heckenlandschaft im Südosten und dem ehemaligen Truppenübungsplatz Münsingen im Süden.

Winterlinde an der
Bucher Hüle bei Sonderbuch

An der Straße von Sonderbuch nach Wippingen liegt kurz nach dem Ortsrand ein markant landschaftsprägendes und ökologisch wertvolles Naturkleinod: Die »Bucher Hüle« mit der dazugehörigen Winterlinde. Die Linde hat einen gedrungenen, knorrig strukturierten Stamm, der sich schon nach wenigen Metern in drei mächtige Stämmlinge aufgabelt. Die Besonderheit der Linde sind in 6- 8 m Höhe waagrecht abgehende doppelarmdicke Äste, die zum Ende hin sich wieder nach unten neigen und den Boden berühren. Der Betrachter hat das Gefühl, er stünde in einem geschlossenen Raum.

Linde bei der »Bucher Hüle«

Steinlinde südlich von Merklingen

Südöstlich von Merklingen steht die so genannte »Steinlinde« als weithin sichtbarer Weg- und Leitbaum an einer Feldwegkreuzung. Nach Angaben von Jakob Salzmann aus Merklingen führte an dieser Linde der historische Weg von Merklingen nach Blaubeuren vorbei. Der Standort des Baumes an der Gemarkungsgrenze zwischen Machtolsheim und Merklingen hat darüber hinaus einen historischen Bezug: Durch Rechtsübertragung des Königs von Württemberg erhielt das Klosteroberamt Blaubeuren das Privileg, Grenzen zu bestimmen und festzusetzen. Im Jahr 1614 wurde an dieser »Steinlinde« durch einen noch heute erhaltenen Obrigkeitsstein ein Grenzpunkt des Königreichs Württemberg markiert, welcher der Sommerlinde ihren Namen gab. Wie viele andere Bäume ist die »Steinlinde« ein Symbol für Werden und Vergehen in der Natur: Einerseits großflächige und tief in den Stamm hinein gehende Wunden, die durch Astabrisse und Sturmbrüche entstanden, andererseits aber frisches Wund- und Reaktionsholz sowie zahlreiche Neutriebe, die von der Widerstandsfähigkeit und dem Überlebenswillen des Baumes zeugen. Durch ihren exponierten Standort hat die »Steinlinde« eine besondere landschaftsprägende Funktion und ist daher, wie die meisten der anderen Bäume in diesem Kapitel, als Naturdenkmal geschützt.

Zwei Winterlinden bei Altheim

Auf einem der höchst gelegenen Punkte der Gemarkung Altheim bei Allmendingen steht ein weithin sichtbares und in seiner Art seltenes Baumensemble. Zwei Winterlinden wurden beiderseits eines Feldwegs gepflanzt; durch den geringen Abstand der Bäume hat sich eine gemeinsame, hoch aufragende Krone entwickelt, die den Feldweg wie ein grüner Torbogen überspannt. Vermutlich haben sie einstmals ein Feldkreuz umrahmt.

Weidbäume – Weidbuchen

Stellt man eine Liste der Landschaftselemente zusammen, die für die Schwäbische Alb typisch und prägend sind, so darf neben tief eingeschnittenen lieblichen Tälern, sanft geschwungenen Hochflächen, Quellen, Dolinen, Hülen, Höhlen, Wacholderheiden und Schlehenhecken die Rotbuche nicht fehlen.

Neben ausgedehnten, auf den Kalkböden gut gedeihenden Buchenwäldern sind es die allein oder in lockeren Gruppen stehenden Einzelbäume, die das albtypische Landschaftsbild entstehen lassen. Viele dieser Rotbuchen haben ihre heutige charakteristische Stamm- und Kronenform durch die frühere Nutzung als Weidbäume erhalten. Weidevieh, Ziegen und vor allem die Schafe wurden unter die Buchenkronen getrieben; die Bäume dienten als Unterstand, boten Schatten, Schutz und Nahrung zugleich. Diese »Waldweide« war die erste Form der Weidenutzung. Die jungen Triebe wurden stark verbissen. Durch den häufigen Verbiss trieb der Baum buschartig kräftig nach. Erst wenn in der Mitte des dichten Buschwerkes Triebe vom Maul der Tiere nicht mehr erreichbar waren, konnte der Stamm in die Höhe wachsen und die Krone breitete sich wie der Hut eines Pilzes aus.

Ein weiteres typisches Kennzeichen dieser auch als Mast- oder Hutebuchen bekannten Bäume war die wie mit einem Lineal gezogene Unterkante der Krone. Sie kennzeichnet die von den Schafen erreichbare Fraßhöhe. Während sich mit Aufgabe der Weidenutzung dieses Charakteristikum allmählich verliert, besteht die Eigenart der durch den Verbiss verursachten

Weidbuche nördlich von Justingen.

Maulbeerbaum am Kliff in Altheim/Alb.

besonderen Stammbildungen weiter. Weidbuchen haben keine geraden, glatten Stämme wie Waldbuchen, sie sind mit warzigen, knolligen, höcker- und keulenförmigen Rindenwucherungen überzogen, die sich überkreuzen, manchmal miteinander verwachsen sind und faszinierende skulpturartige, fast künstlerisch anmutende Strukturen entstehen lassen. Während der Zeit der Beweidung sind auf diese Art zahlreiche eigenwillige und knorrige Weidbäume entstanden.

Im Alb-Donau-Kreis gibt es noch zahlreiche Weidbuchen. Exemplarisch seien fünf besonders beeindruckende Beispiele aufgeführt:

- Weidbuche im Gewann »Rauher Burren«, an der B 28 nordwestlich von Seißen
- Weidbuchen am Armenrain, westlich von Ennabeuren
- Alte Weidbuche im Gewann Schachen, nördlich von Justingen
- Weidbuchen im Gewann »Prinzinger«, östlich von Scharenstetten
- Weidbuche am Jergenberg, westlich von Obermarchtal

Raritäten

Maulbeerbaum am Kliff in Altheim/Alb

Am nordöstlichen Ortsrand von Altheim/Alb liegt das Naturschutzgebiet »Schöner Bühl«. Der Gewannname macht der ökologisch wertvollen und landschaftsbildprägenden Wacholderheide am Hangbereich der Kliffstufe und der herrlichen Aussichtslage alle Ehre. Wer in Verlängerung der Wohnstraße »Am Kuhberg« weiter nach Norden zum Wald »Markt« wandert, wird einen eigentümlichen Baum neben dem Schotterweg bemerken. Erst bei genauerem Hinsehen wird klar, dass es sich um einen Maulbeerbaum (Morus alba) handelt. Die aus China stammende Baumart gelangte schon vor 400 Jahren als Futterpflanze für Seidenraupen nach Mitteleuropa. Der Aufbau einer Seidenraupenzucht war auch der Grund für den Oberlehrer Baur, der diesen Baum um 1900 gepflanzt hat. Geblieben ist ein sehenswerter, altehrwürdiger Baum mit sparrig verästelter Krone. Trotz harter Klimabedingungen, einiger trockener Äste und Vermorschungen am Stamm zeigt sich der Maulbeerbaum noch recht vital.

Elsbeerbaum

Nur 100 m nördlich des Maulbeerbaums direkt am Waldrand steht ein Prachtexemplar eines Elsbeerbaumes (Sorbus torminalis). Diese seltene heimische Wildobstart besticht vor allem im Herbst mit seiner prächtigen gelb-roten Färbung. Die Beeren sind zur Marmeladen-, Essig- und Branntweinherstellung geeignet. Es ist Ziel des Naturschutzes, alte Elsbeerbäume zu erhalten sowie in Wald und Feld Elsbeeren zu pflanzen.

Elsbeerbaum im Herbstschmuck.

Albert Koch

Bäume an religiösen Kleindenkmalen

Seit Jahrhunderten haben Menschen sichtbare Zeichen ihres Glaubens in die Feldflur gesetzt. Feldkreuze, Bildstöcke und Heiligenfiguren charakterisieren besonders in den katholisch geprägten Gebieten die Landschaft. Selten erfahren wir, warum ein Kreuz aufgestellt wurde. Häufig dürften Dank, Buße und Lobpreis Gottes die hauptsächlichen Beweggründe gewesen sein. Die Inschriften fordern den Vorbeigehenden zur stillen Einkehr, zur Besinnung oder zum Gebet auf. In vergangenen Zeiten, als Glaube und Leben eine untrennbare Einheit darstellten, waren diese Kleindenkmale noch stark in das Alltagsleben eingebunden. Obwohl sie an Bedeutung verloren haben,

werden auch heute noch Wegkreuze gepflegt, renoviert und auch neu errichtet. Sie sprechen die Menschen nach wie vor an.

Eine zusätzliche Wirkung für das Landschaftsbild und die Besinnung erhalten diese Glaubenzeugnisse durch daneben gepflanzte Bäume. Bäume markieren das Denkmal in der Landschaft und geben ihm eine große Fernwirkung. Am Ort selbst bilden sie eine harmonische Symbiose mit dem Kunstwerk und verstärken die spirituelle Wirkung des Objekts und der Inschriften.

Einige charakteristische Beispiele zeigen die Bereicherung der Landschaft durch religiöse Kleindenkmale zusammen mit Bäumen.

Kreuzweg in Westerstetten

Nördlich der Ortsmitte von Westerstetten erstreckt sich am Steilhang des Lonetales die orts- und landschaftsbildprägende Wacholderheide »Kreuzberg«. Eine kulturelle Besonderheit stellt der auf den »Kreuzberg« führende Kreuzweg mit seiner herrlichen Baumallee dar. Dieser Kreuzweg mit 14 Stationshäuschen, einer kleinen unteren und größeren oberen Kapelle wurde am 14. Februar 1869 eingeweiht. Als Abschluss wurden im Frühjahr 1870 entlang des Kreuzweges Linden- und Kastanienbäume gepflanzt. Diese Bäume bilden heute eine beeindruckende Allee, die den Kreuzweg von der Kirchstraße zur Kapelle auf dem »Kreuzberg« begleitet. Zwischen den Bäumen ergeben sich schöne Ausblicke auf die angrenzende Wacholderheide. Bei Sonnenschein beeindrucken neben dem schattenspendenden Kronendach auch die Licht- und Schattenspiele auf dem Grasweg.

Die optische und spirituelle Wirkung des Kreuzweges wird durch die Bäume nachhaltig gesteigert.

Kreuzweg bei Reichenstein (oben links) und Kreuzweg in Westerstetten (rechts).

Feldkreuz bei Reichenstein

Südlich von Unterwilzingen bei der Abzweigung Reichenstein fällt eine weithin sichtbare Baumgruppe ins Auge. Eine Winterlinde und Kastanie, deren Kronen ineinanderwachsen, bilden dieses markante Baumensemble. Aus der Nähe ist zu erkennen, dass zwischen den Bäumen ein gusseisernes Kreuz mit Vergoldungen steht. Im Sandsteinsockel des schön renovierten Kreuzes weist die Jahreszahl 1873 darauf hin, wann das Kreuz von Michael Neubrand und seiner Frau Franziska Kopp aus Unterwilzingen gestiftet worden ist. Vor dem Kreuz stehend ergibt sich zwischen den beiden Bäumen, wie durch ein Fenster, ein herrlicher Blick über die Feldflur bis zum dominanten Hochberg.

Auch wenn wir heute oft an derartigen Kleinoden vorbei eilen, prägen sie auf ganz besondere Weise unsere Kulturlandschaft und sind unbedingt zu erhalten.

Feldkreuz bei Reichenstein
mit Winterlinde (rechts) und Kastanie (links).

Wegkreuz bei Westerheim

Wer auf dem Weg von Westerheim zur Schertelshöhle geht, stößt an der Wegegabelung im Gewann »Westenberg« auf ein Holzkreuz vor einer schon weithin sichtbaren imposanten Baumgestalt. Erst von der Seite wird sichtbar, dass die Baumgestalt aus zwei mächtigen Linden besteht. Ihre Kronen berühren sich und die weit ausladenden Äste reichen bis auf den Wiesengrund. Unter dem Kronendach der »Oberen Westenberglinde« beeindruckt der mächtige Stamm mit rund 4,6 m Umfang und seine Vergabelung in vier überstarke Hauptäste. Ihr geschätztes Alter von mindestens 250 Jahren und die mächtigen Ausmaße erfüllen manchen Betrachter mit Ehrfurcht und Dankbarkeit vor dieser Schönheit. Die zweite Linde ist zwar etwas weniger imposant, aber im »Duett« steigern sie gegenseitig ihre Wirkung.

Das Holzkreuz neben der Sitzbank wurde von der Gemeinde im Jahre 1950 aufgestellt. Das alte morsche Kreuz war damals abgebrochen, als ein Bauernbub seine Kuh daran festgebunden hatte. Frisch gepflückte Blumensträuße in der Vase am Stamm des Kreuzes zeugen davon, dass Feldkreuze auch heute noch gepflegt werden und Orte der Besinnung sind.

»Posthalterkapelle« bei Nasgenstadt

Auf dem Weg von Ulm in Richtung Ehingen, kommt bei Nasgenstadt rechts im Feld eine markante Baumgruppe ins Blickfeld. Es sind zwei mächtige Kastanien, die ihr zusammengewachsenes Kronendach schützend über die darunter stehende »Posthalterkapelle« ausbreiten. Die Bäume und die Kapelle bilden optisch eine sehr harmonische Einheit. Ihren Namen hat die Kapelle von dem letzten privaten Posthalter Ehingens, Felix Linder. Er stiftete die Kapelle um 1869, nachdem er als Pensionär in Heufelden einen großen Hof erworben hatte. Bis in die 30er Jahre des letzten Jahrhunderts stand die Kapelle an der Hauptverbindungsstraße und spielte im Leben vieler Menschen, die sich an die Hl. Muttergottes wandten, eine wichtige Rolle. Auch wenn die Kapelle ihre günstige Lage verloren hat, so stellt sie zusammen mit den Kastanien eine weithin sichtbare »Landmarke« dar. Doch diese Wirkung wird zunehmend durch nahe gelegene Einkaufszentren und Großbetriebe im Hintergrund überprägt.

Trotz der nicht aufzuhaltenden Veränderungen des Landschaftsbildes bleibt zu hoffen, dass manchem schnell vorbeifahrenden Zeitgenossen dieses prächtige Ensemble ein positives Erlebnis bereitet.

Alleen

Hans Heliosch

»ALLEE (franz. 17. Jahrh.),
von Bäumen eingefasste Straße;
in Parkanlagen zur Raumgliederung,
auf dem Lande zur Wegführung und Obstnutzung,
in Städten zur Luftverbesserung und zur Belebung des Straßenbildes. ...«

(Brockhaus Enzyklopädie, Leipzig 1928)

Birkenallee entlang der
L 259 von Rißtissen nach Laupheim.

Alleen aus Palmen und Obstbäumen wurden bereits vor mehr als 3000 Jahren in Ägypten zur Gestaltung der Gärten eingesetzt. In der Antike dienten Baumreihen aus Pappeln, Ulmen und Platanen zur Einfassung von Kampf- und Sportstätten. Seit der Zeit des Barock werden Alleen innerhalb von Städten und entlang von Verkehrswegen angelegt. Neben Obstbäumen wurden vorwiegend Laubbaumarten wie Linden, Kastanien, Eichen, Eschen, Ahorn, Birken und Pappeln verwendet. Ursprünglich wurden Alleen weniger wegen ihrer landschaftsgestalterischen Wirkung gepflanzt. Baumreihen entlang von Straßen und Wegen waren

213

vielmehr wohltuende Schattenspender und sie schützten vor Wind, Regen, Hagel und Schnee. Einstmals geleiteten Alleen als weithin sichtbare Orientierungshilfen Reisende, Händler, Soldaten und Pilger auf ihrem Weg ebenso, wie sie dem Ausufern des Verkehrs in angrenzende Äcker und Wiesen entgegenwirkten. Mit ihren Früchten im Herbst nützten sie zusätzlich Mensch und Tier.

Alleen gesäumte Straßen waren in der ersten Hälfte des vergangenen Jahrhunderts weit verbreitet. Bedingt durch die rasche Entwicklung des motorisierten Individualverkehrs ab den 50-er Jahren kam es zu einer einschneidenden Änderung dieser Situation. Fortschreitende Mobilität setzte die Erweiterung des vorhandenen Verkehrsnetzes voraus. Von 1949 bis zur Wiedervereinigung wurden in den alten Bundesländern fast 50.000 km Straßen verbreitert. Tausende von Kilometern eines bis dahin vorhandenen landschaftsgestaltenden alten Alleennetzes wurden technisch orientiertem Anspruchsdenken geopfert.

Welche Verarmung der Landschaft mit dem Fehlen von Straßenbäumen verbunden ist, wurde deutlich am Bestand der prachtvollen Alleenstraßen der ehemaligen DDR. Aufgrund der im Osten und im Westen unseres Landes doch

sehr unterschiedlich abgelaufenen Entwicklung von Autoverkehr und Straßenbau, findet man sie in den neuen Bundesländern noch im wahrsten Sinne des Wortes «reihenweise»: Stattliche Bäume entlang der Straßen, einer nach dem anderen, kilometerlang.

Nicht verwunderlich ist es daher, dass einer der größten Impulse zur Wiederentdeckung der Alleen als landschaftsbereicherndes Kulturelement, die »Deutsche Alleenstraße«, im Osten seinen Ursprung hat. Auf der Insel Rügen, der Heimat der Alleen, beginnt sie und zieht sich als grünes Band quer durch Deutschland bis zum Bodensee. Mit einer Länge von 2.500 Kilometern verbindet diese baumgesäumte Straße die alten und neuen Bundesländer.

Als einer von vielen Schritten hin zu einem pfleglichen Umgang mit der Umwelt kann der Erhalt alter Alleenbestände sowie die Anlage und Entwicklung von neuen Alleen sicher gesehen werden. Durch die enge Beziehung zwischen Naturelement und Straßenverkehr besteht hier die besondere Situation, eine Vielzahl der Verkehrsteilnehmer auf ihrem täglichen Weg durch das Vorhandensein von Alleen für die Schönheit einer vielgestaltigen Landschaft zu sensibilisieren. »Alleen sind die Sonntage unter den Straßen. Behag-

licher, friedlicher, festlicher als die anderen, die gewöhnlichen Wege. Als konkrete Utopien laufen sie durchs Land – sie zeigen, dass Maschinen und Landschaft, Verkehr und Gefühl einander nicht ausschließen müssen.« (Stefan Schomann). Die prägenden Alleen im Landkreis sind als Naturdenkmale geschützt.

Merklingen - Lindenweg

Kein Baum gleicht dem anderen – eine »Allee« aus Solitärbäumen, die den Weg zum Widderstall säumen. Sommer- und Winterlinden, vom unauffälligen Jungbaum bis zur ca. 400-jährigen, durch Alter und Wetter gezeichneten Baumgestalt. Nach mündlicher Überlieferung sind es Relikte einer durch Mönche am ehemaligen Pilgerweg von Merklingen zum Kloster Wiesensteig gepflanzten Lindenallee.

Lonsee – Linden an der Scheibenstraße

Hier stehen alte, mächtige Winterlinden, einst gepflanzt als Orientierungshilfe für Fuhrleute an einem überregionalen Handelsweg. Salz, als eines der ältesten Handelsgüter, wurde seit dem 14. Jahrhundert auf dieser so genannten Scheibenstraße aus Reichenhall und Salzburg nach Straßburg gekarrt. Auf dem Rückweg wurde für die bis zu 150 Pfund schweren Salzscheiben häufig Wein transportiert.

Lindenreihe
zwischen Amstetten
und Lonsee-Ettlenschieß.

Linden zwischen
Merklingen und Widderstall.

Oberkirchberg
– Kastanienallee

Als verbindendes Element zwischen offener Feldflur und Wald bereichert und belebt diese Allee das Landschaftsbild. Fünfundzwanzig weithin sichtbare Rosskastanien, prachtvolle Bäume (Stammumfang 2,50 m, Höhe 14 m, Kronendurchmesser 12 m) säumen einen Schotterweg, welcher an die Jagdalleen früherer Zeiten erinnert. Als Nahrungslieferant für das Wild wurden für solche Alleen reich fruchtende Bäume wie Eichen, Buchen und Kastanien gepflanzt. Wegen ihres offenen, gut belichteten Standortes entwickelten sich diese Bäume stets zu prächtigen Exemplaren.

Oberdischingen – Kastanienallee

Der Zusammenhang von Natur und Geschichte kennzeichnet diese Allee. Als Prinzessin Marie Antoinette, Tochter von Kaiserin Maria Theresia 1770 auf ihrem Brautzug von Wien nach Paris durch Oberdischingen kam, wurde ihr zu Ehren eine herrliche Kastanienallee gepflanzt. Durch Nachpflanzungen wurde dieses besondere Denkmal erhalten, so dass bis zum heutigen Tag die 600 m lange, aus 92 Kastanienbäumen bestehende Allee an das denkwürdige Ereignis erinnert.

Allmendingen
– Kopflindenallee

Ein halbes Hundert Linden geleiten zum Schlosspark. Genau 51 Linden sind es, welche in recht ungewöhnlicher Form den Grasweg zur Pforte säumen. Durch konsequentes »Köpfen« der dicken Äste der Kronen und dem Abschneiden des Nachtriebes (»Schneiteln«) entstanden Kopfbäume bei einer Baumart, welche sich zwar neben Eiche, Ulme, Ahorn, Hain- und Rotbuche auf der Liste der Kopfbaumarten findet, als Einzelbaum oder gar zur Allee gepflanzt in dieser Gestalt jedoch sehr selten ist.

Rißtissen und Langenau – Junge Alleen

Alleen wurden in neuerer Zeit wieder verstärkt als landschaftsgestaltendes Element entdeckt. Die verbindende und bereichernde Wirkung solch grüner Bänder von beachtlicher Länge lässt sich sowohl auf der Fahrt durch eine ausschließlich aus Birken bestehende Allee von Rißtissen nach Laupheim, als auch auf dem von gut 600 Bäumen verschiedener Art gesäumten Weg von Langenau nach Leipheim erfahren. Über eine Entfernung von fünf Kilometern kann man sich vom Zauber einer Allee einfangen lassen.

Historische Garten- und Parkanlagen
– weltliche und kirchliche Kleinode

Hans-Peter Seitz

Klosterpark
Obermarchtal

Schlosspark
Oberstadion

Schlosspark
Rißtissen

Alte Garten- und Parkanlagen sind Zeugen der Vergangenheit, gestaltete Natur, geprägt durch verschiedene Epochen mit wechselnden Vorstellungen von »Natürlichkeit«. In ihrer Vielfalt sind sie von großer kultureller und ökologischer Bedeutung.

Die inventarisierte und klassifizierte Liste der historischen Garten- und Parkanlagen von Deutschland weist rund 6.000 Objekte aus, 13 ansehnliche Objekte trägt der Alb-Donau-Kreis hierzu bei.

Altes Schloss Oberstadion.

Der Schlosspark von Allmendingen ist bekannt für seine Kopflindenallee und seine alten Einzelbäume. Die Schlossgärten von Granheim und Gamerschwang zeichnen sich ebenfalls durch schützenswerte Baumveteranen aus. In Granheim sind es zwei Eiben, die vielleicht schon 300 Jahre an diesem Orte stehen. In den herrschaftlichen Gärten von Rißtissen und Oberstadion sind nicht nur die Gebäude als Denkmale geschützt, sondern die umgebenden Parks sind ganzheitlich als flächenhafte Naturdenkmale ausgewiesen. Der Klostergarten von Obermarchtal und die Anlage von Schloss Mochental haben einen geistlichen Hintergrund. Der schützenswerte Schlosspark von Oberdischingen wurde von weltlichen Herren angelegt, befindet sich derzeit im kirchlichen Besitz. Imposante alte Einzelbäume findet man auch in den Schlossgärten von Erbach und Dellmensingen. Siegeslinde und Tanzbodenlinde sind im Schlosshof von Klingenstein besonders hervorzuheben und im Lust- und Gemüsegarten von Herrlingen führt ein serpentinenartiger Weg vorbei an Natursteinmauern und altehrwürdigen Bäumen. Im Illertal ist es der alte Baumbestand von Schloss Oberkirchberg der nicht unerwähnt bleiben soll.

Exemplarisch werden drei Parkanlagen näher vorgestellt.

Klosterpark Obermarchtal

Steil über den stillen Wassern der Donau erhebt sich die zweitürmige Kirche mit Kloster- und Parkanlage. Die ehemalige Reichsabtei der Prämonstratenser St. Peter und Paul zu Marchtal ist eine der am vollständigsten erhaltenen Klosteranlagen im süddeutschen Raum. Vor gut 300 Jahren wurde die heutige Anlage als »erstes Grundmuster des Hochbarock in Oberschwaben« fertig gestellt.

In dem 2,5 ha großen geschützten Bereich der Parkanlage wachsen mächtige Rotbuchen und Sommerlinden, unter denen sich auch die letzte Ruhestätte der von 1918 bis 1997 ansässigen Salesianer-Schwestern befindet. Mit Esche, Kastanie, Stieleiche, Hainbuche, Ulme, Ahorn, Winterlinde, Robinie und dichtem Strauchwerk erleben wir heute einen naturnahen Landschaftspark.

Münster Obermarchtal mit »Kopflinden«.

Efeupflanzen schlingen sich hoch hinauf in die Baumkronen, während Goldnesseln die Stammfüße umranken, dazwischen Blütenfarbtupfer und die leuchtenden Blumen der Staudenbeete. Geschwungene Fußwege führen einen mit unsichtbarer Hand vorbei, hindurch und dann entlang der Klostermauer zurück. Die Entwicklung hin zum Landschaftsgarten setzte nach der Säkularisation im Jahre 1802/03 unter dem Fürstenhaus Thurn & Taxis ein. Zuvor unterhielten die Prämonstratensermönche einen prächtigen Barockgarten. Eine Reihe von Plänen und Ansichten dokumentieren die jeweiligen Gartenausführungen im 18. Jahrhundert. Zier- und Nutzgartenelemente finden sich heute im östlichen ehemaligen Schmuckhof. Schotter- und Rasenflächen, in denen noch prächtige Einzelbäume wie die 1871 gepflanzte Kaiserlinde stehen, runden das heutige Bild des Klosterareals ab.

Die über der Donau gelegene Klosteranlage Obermarchtal.

Schlosspark Oberstadion

Erste Nennungen des Adelsgeschlechtes »von Stadion« und die Grundfeste einer Burg gehen auf das 11. Jahrhundert zurück. Prägend für das heutige Dorfbild von Oberstadion ist das unter Wilhelm von Stadion gänzlich erneuerte und in der heutigen Form noch so erhaltene Schloss (1465 bis 1468), die spätgotische Kirche St. Martinus (1469 bis 1473) mit Pfarrhof und die ehemalige Adlerbrauerei aus dem Jahre 1723. Von 1756 bis 1773 wurde das »Neue Schloss« als barocker Verwaltungsbau gebaut und das unmittelbar angrenzende, erhabene, viergeschossige »Alte Schloss« barockisiert. In dieser Zeit dürfte auch die Grundanlage des heutigen Parks erfolgt sein, der im Laufe der Zeit natürlich noch einige Änderungen erfuhr. Die markantesten Bäume, die südliche Lindenauffahrt, die mächtigen Linden an der Schlossbergstraße, die Linde beim Rundturm und die Säuleneiche bei der Kirche gehen auf diese Zeit zurück.

Genaue Angaben, Aufzeichnungen und Planunterlagen sind in den Wirren der beiden Weltkriege untergegangen. Wie sich der Park im 20. Jahrhundert zeigte ist durch Zeitzeugenberichte und durch Fotografien nachvollziehbar. Der Park war ebenfalls ein Abbild der Epochen, des Zeitgeistes, aber auch des praktischen Nutzens und ganz individueller Interessen. So wurde zu Beginn des Jahrhunderts vom damaligen Förster ein großflächiges Alpinum angelegt. Dieser Felsengarten wurde zwischenzeitlich ebenso wieder entfernt wie die Gewächshäuser der Gärtnerei, eine Christbaumkultur, ein ummauertes, separiertes Gärtlein, oder die verwilderten Bereiche des Parks.

Das Ziel der gräflichen Familie ist es, nach wenigen alten Vorlagen den ehemaligen Garten zur Barockzeit wieder herzustellen und aufleben zu lassen, begleitet von dem Wunsch, von einem Ende des Parks wieder zum anderen Ende sehen zu können. Das Sichtdreieck: Altes Schloss – Schlossparkkapelle – Neues Schloss wurde freigelegt.

Bei der südlichen Parkauffahrt gehen die gewaltigen Linden in eine neu angelegte Kastanienallee über, die durch den Park direkt auf das alte Schloss zuführt. Auf der Westseite wurde zu einer bestehenden Lindenallee eine parallel verlaufende neue Lindenallee gepflanzt. Dazwischen entstand ein großflächiges Kreuz und ein Rondell mit Buxpflanzen. Die Neuanlage wurde nicht theoretisch am Reißbrett entwickelt. Viel mehr führte das Auge eines Betrachters, der sich im alten Gebäude befindet. Der Blick

nach draußen führt zum Kreuz und verbindet von dort die Elemente des Parkes und den Park wiederum mit der freien Landschaft. Ganz im Sinne der historisch-klassischen Tradition, der Park als Bindeglied und Übergangselement zwischen Bebautem und der freien Naturlandschaft. Der Park soll in seiner singulären Struktur erhalten werden, frei gehalten von jeglicher Verbauung, so dass dem Blick von drinnen nach draußen die Begegnung mit dem Gegenblick von draußen nach drinnen möglich ist.

Im Zusammenhang mit dem Schloss ist noch ein Wäldchen bei Moosbeuren zu erwähnen, »der Galgen«, wo in früheren Zeiten die Gerichtsbarkeit abgehalten wurde. Das ca. 40 ar große, von Kiefern und Stieleichen dominierte Gehölz war von 1938 bis zum Ende des letzten Jahrhunderts ein geschützter Landschaftsbestandteil.

Blick von Westen in den Park vor dem »Alten Schloss« in Oberstadion.

Schlosspark Rißtissen

Der altehrwürdige Schlosspark des Freiherrn Schenk von Stauffenberg wird seit 9. September 1938 als geschützter Landschaftsteil geführt. Auf einer Fläche von gut 10 ha finden sich hier im Südwesten des Dorfes unterschiedliche Strukturen eines Landschaftsparks wieder. Der Park war ursprünglich im französischen Stil angelegt und wurde anschließend im 19. Jahrhundert in einen englischen Landschaftsgarten umgestaltet. Aus dieser Zeit stammt der vorhandene ältere Baumbestand. Waldartige Bereiche wechseln mit gehölzfreien Rasen- und Wiesenflächen, dazwischen ein munteres Bächlein mit feuchteren Bereichen, ein Fischteich mit seiner spiegelnden Oberfläche und mitten hindurch windet sich die Riß, die 2 km nördlich in die Donau mündet. Wer in dem weitläufigen Park wandelt, dem bieten sich vielfältige Blickbeziehungen. Befestigte Pfade mit Stegen führen den Betrachter durch den Park. Von verschiedenen Stellen aus öffnet sich immer wieder ein von Grün umrahmtes Fenster, in dessen Mittelpunkt ein zartrosa Gebäude, das Schloss, ruht. Das helle Grün der Weiden, das Glitzern der Silberpappeln hebt sich von den dunkleren Eichen und Buchen ab. Lockere Birken, lichte Lärchen, Ahorne, Hainbuchen, unterwachsen mit Strauchwerk,

und schlanke, spitzkronige Nadelbäume schaffen eine abwechslungsreiche Kulisse, die dann im Herbst schließlich ihr großes Farbenspiel entfacht.

Wir finden seltene Baumarten, wie gelbblühende Kastanien, einen Tulpenbaum, eine Hängebuche und einen inzwischen stattlichen Mammutbaum, dem bis 1978 eine starke Blutbuche beigestellt war. Hier im östlichen Bereich des Gartens, rund um das dreistöckige Schloss mit einem malerischen Nebengebäude, wurde stärker gestaltet. Geometrische Strukturen mit Kastanien und Buchs-Sträuchern prägen den südlichen Hauptzugang zum Schloss.

Schlosspark Rißtissen mit Mammutbaum in der Bildmitte.

Sterbende Bäume – lebendige Ruinen

Hans Heliosch

Ehrwürdige
Baumveteranen

»Ein alter Baum ist ein Stück Leben.
Er beruhigt. Er erinnert.
Er setzt das sinnlos heraufgeschraubte Tempo herab,
mit dem man unter großem Geklapper am Ort bleibt.
Und diese Alten sollen dahingehen, sie,
die nicht von heute auf morgen nachwachsen?
Die man nicht nachliefern kann?«

(Kurt Tucholsky)

Seit mehr als einem halben Jahrhundert wird in Deutschland der »Tag des Baumes« begangen. Es war der erste Bundespräsident der Bundesrepublik Deutschland, Prof. Dr. Theodor Heuss, der am 25. April 1952 diesen Aktionstag ins Leben rief.

Zu diesem Anlass werden jedes Frühjahr auf nationaler, regionaler und lokaler Ebene junge Bäume gepflanzt, verbunden mit dem Wunsch, hier für die Zukunft, für die kommenden Generationen ein Denkmal zu setzen. Wie groß die Chancen für diese Bäume wohl sind?

In einer Zeit, geprägt von zunehmender Landschaftsverwertung durch Kultivierung und Besiedelung wird zumindest bei solchen Gelegenheiten die besondere Beziehung des Men-

Ehrwürdige Baumveteranen

schen zu den Bäumen hervorgehoben: Bäume - Symbole für Leben, Schutz und Standfestigkeit.

Wegen ihrer ästhetischen Ausstrahlung genießen alte, sich im Rhythmus der Jahreszeiten verändernde Solitärbäume auch heute noch eine besondere Wertschätzung in der Bevölkerung. Dennoch sind sie immer seltener zu finden, die betagten Bäume in einem Alter, das sich über mehrere Kulturperioden erstreckt. Gekennzeichnet von Wind und Wetter, mächtig im Wuchs, bizarr in der Form, sind sie oft ein weithin sichtbares Wahrzeichen einer Landschaft.

Die Zuneigung und Bewunderung gegenüber alten Bäumen hängt jedoch stark von deren Zustand ab. Alte, kraftvolle Bäume mit ausladenden Kronen und mächtigen Stämmen erfreuten sich schon immer großer Beliebtheit. Neigte sich aber ein solcher Baumriese seinem natürlichen Ende zu, so führten falsch verstandener Ordnungssinn, Verkehrsboom, Agrarreform und Naturentfremdung oft rasch zur Beseitigung dieser Monumente. Sterbende Bäume hatten keinen Platz in einer geordneten, vom Nutzdenken beherrschten Welt.

Die Erkenntnis, dass nicht jeder beschädigte oder von Fäulnis befallene »Baumveteran« gleich der Motorsäge zum Opfer fallen muss, setzte sich mit der Entwicklung eines neuen Umweltbewusstseins durch. Engagierte Bürgergruppen und Kommunen, die den Seltenheitswert solcher Bäume erkannten, setzen sich zunehmend dafür ein, durch geeignete Hilfs- und Schutzmaßnahmen die Entwicklung alternder Bäume zu fördern und deren Erhalt zu sichern. Landratsämter weisen solche Raritäten als Naturdenkmale aus. So erhalten absterbende Bäume durch ihr bemerkenswertes Alter und ihre unvermutete Vitalität eine Chance, den aufgeschlossenen Beobachter stets aufs Neue zu überraschen. Ihr einmaliges Erscheinungsbild und ihre ökologische Leistungsfähigkeit liefern noch lange einen Beitrag zur Bereicherung unserer Landschaft.

Wie alt sie wohl werden, die vielen am Tag des Baumes gepflanzten jungen Eichen (700 Jahre?), Linden (1000 Jahre?), Buchen (250 Jahre?), … ?

Es gibt sie noch im Alb-Donau-Kreis, die Baumveteranen: Teils versteckt im Wald oder Feldgehölz, teils weithin sichtbar in exponierter Lage. Sie sind häufig unter Schutz gestellt wegen ihrer Eigenart oder Seltenheit, ihrer Funktion als Biotop für Pflanzen und Tiere, wegen ihrer naturgeschichtlichen oder kulturellen Bedeutung und ihrer landschaftstypischen Kennzeichnung. Voraussetzung hierfür ist der Umstand, dass es Menschen gibt, welche über das nötige Maß an Toleranz und Einfühlsamkeit verfügen und nicht jeden alten Baum gleich beseitigen.

Weniger einfühlsam wurde mit einem Baumveteranen in Westerheim vor ca. 40 Jahren umgegangen. Im Gewann Sandbuckel wurde ein Koloss von Weidbuche mit Fichten umpflanzt. Auch ein Stammumfang von fast 5 Meter und seine erwürdige Erscheinung hinderte die damaligen Waldarbeiter nicht, den Baumriesen regelrecht zuzupflanzen. Ein Kampf ums Licht und Nährstoffe kennzeichnet seither die Situation. Der erste Kranz der Seitenäste ist inzwischen abgestorben und liegt neben dem gefurchten, bemoosten mächtigen Hauptstamm.

Bei Obermarchtal im Gewann Dachsberg, zwischen geschottertem Forstweg und sumpfiger Aue, steht eine starkastige Stieleiche. Erste Spuren von Alter und Krankheit dieses vor 1740 gepflanzten Baumdenkmales sind unverkennbar.

Bedrängt von Laub- und Nadelbäumen zeugt ein imponierender Stamm vom Konkurrenzkampf um den besten Platz am Licht. Trotz schwach ausgebildeter Krone tritt dieser Baum dennoch kontrastreich im Walddickicht hervor.

Weidbuche bei Westerheim.

Stieleiche bei Obermarchtal.

*Weidbaumriese bei Westerheim
im Sommer- und Winterkleid.*

Alte Weidbuchen, urwüchsige Baumgestalten sind nicht nur aus landschafts-
ästhetischen oder kulturhistorischen
Gründen geschützt. Mehrfach wissen-
schaftlich belegt ist die Bedeutung solcher zerklüfteten und ausgehöhlten Altbäume als vielfältiger Lebensraum und
Nahrungslieferant für Brutvögel, Reptilien, Käfer, Schmetterlinge und viele
andere Insekten. Prachtexemplare solcher aus Jungtrieben, Mulm, Tot- oder
Faulholz bestehenden Baumbiotope,
wie sie in Westerheim und Ennahofen
stehen, machen sichtbar, welche Bedeutung Bäume für unser Landschaftsbild und für den Naturkreislauf haben.

In Osterstetten bei Langenau, neben den Mauerresten eines ehemaligen Wasserschlosses aus der Mitte des 17. Jahrhunderts, steht das Skelett einer Eiche, deren Absterben mit dem Ausbleiben der Frühjahrstriebe 1995 einsetzte. Drei Jahre kränkelte dieser stattliche Baum, bis sich im Sommer die Rinde im Kronenbereich zu lösen begann und im Herbst vollständig abgelöst war. Trotz fachgerechter Behandlung konnte der Tod der Eiche weder verzögert noch verhindert werden. Axt und Säge? Ökologen haben in einem Festmeter Totholz 17.500 Tiere gezählt. Über Ästhetik kann man streiten. Für manche hat dieses eigenartige Ensemble etwas mystisch-mahnendes, hat Seltenheitswert, ist Zeuge des ewigen Kreises von Entstehen und Vergehen.

Abgestorbene Stieleiche in Langenau-Osterstetten.

Hans-Peter Seitz

Baumpflege – unvergessene Bäume

Die ältesten Bäume in unserem Landkreis blicken auch auf ca. 500 Jahre Standhaftigkeit zurück (Linde bei Sontheim, Walkstetter Linde, Ziegelhoflinde). Deren Sämling ging auf, oder er wurde bewusst von Menschenhand gesetzt, wie es auf dem alten Fünfzigpfennigstück noch dargestellt ist, als Kolumbus gerade den Weg nach Amerika fand. Einige sind zwischen 250 und 300 Jahre alt. Mit vernarbten Rinden, mit Flechten überzogen, hielten sie Wind und Wetter und allen sonstigen Angriffen stand. Im Durchschnitt sind die mit »groß und alt« angesprochenen Bäume im Alb-Donau-Kreis 150 bis 200 Jahre alt. Ein Hauch von Unsterblichkeit liegt dennoch auch über allen diesen.

Wird der Sterbeprozess sichtbar oder hat ein kräftiger Sturm, ein Blitzschlag die Krone angegriffen wird der Baum meist umgehend von Menschenhand entfernt. Nachvollziehbar, da sie doch oft an exponierter Stelle stehen und durch drohenden Bruch Gefahr für die Menschen besteht. An schwer zugänglichen Orten ist es offensichtlich der »schwäbische Ordnungssinn«, der die letzten Spuren beseitigt und Platz schafft für Neues. Häufig sind es die indirekten Eingriffe des Menschen, die einen ersten Schwächungsprozess einleiten. Das Grundwasser wird abgesenkt, Wurzeln werden direkt durch Baummaßnahmen und durch die Landnutzung verletzt oder beeinträchtigt, hinzu kommen die allgemeinen Belastungen durch verunreinigte Luft und sauren Regen.

So gingen einige Baumveteranen verloren, die ohne die genannten Faktoren heute noch bewundert werden könnten.

Baumpflege

Baumtechnisch aufwändige Sanierungsmaßnahmen, wie sie vor 10 bis 20 Jahren oft im großen Stil noch an geschwächten oder beschädigten Bäumen durchgeführt wurden, werden in dieser Form nicht mehr praktiziert. Manchmal wurde der Absterbeprozess sogar beschleunigt oder der Baum in eine wenig ästhetische Form überführt, was die Maßnahme schon aus optischen Gründen in Frage stellte.

Die Zahl der geprüften Baumpfleger und Baumbegutachter hat in den letzten Jahren stark zugenommen. Neben der Wertermittlung wird von Ihnen eine fachgerechte Überprüfung der Standfestigkeit und Verkehrssicherheit durchgeführt. Mit angepassten, schonenden Schnittmaßnahmen wird an die Kronen herangegangen. Mittels alpiner Seilklettertechnik bewegen sie sich ohne großen technischen Aufwand im Baum.

Oft ist es ausreichend, eine lockere Sicherungsleine an einem abrissgefährdeten Ast anzubringen, anstatt diesen im Vorgriff zu entfernen. Gerade diese großen Eingriffe und Wunden leiten unweigerlich das Ende eines Baumes ein. Hier werden baum- und holzzersetzenden Pilzen sehr viele Angriffsflächen geschaffen, denen der Baum mit seinen natürlichen Abwehrmechanismen nicht ausreichend begegnen kann.

Um einem Baum in all seiner Bedeutung für die Natur und für den Menschen gerecht zu werden, ist es angemessen, vor einem allzu schnell gesetzten Motorsägenschnitt fachlichen Rat von anderer Stelle hinzu zu ziehen, seien es Freunde, Nachbarn, die amtlichen Naturschutzbeauftragten, der örtliche Feldschütz und Förster oder ein anderer hauptberuflicher Fachmann.

Sanierungsmaßnahmen an der »Ramminger Linde« im Jahre 1977.

Vergangene kuriose Riesen

Vor rund 250 Jahren ließ der Oberamtmann Johann C. Krafft zwei Linden am Ramminger Berg bei Langenau pflanzen. Einer dieser Bäume, vom Blitz getroffen, wurde 1940 durch eine junge Linde ersetzt. Aufwändigen Sanierungsarbeiten 1977, angeregt von engagierten Bürgern, ist es zu verdanken, dass der zweite dieser Baumveteranen durch seine ehrwürdige Erscheinung noch ein weiteres Vierteljahrhundert das Landschaftsbildes kennzeichnete. In der Nacht zum 13. Januar 2004 hat eine Stumböe den 8 Meter umfassenden hohlen Stamm auseinander gebrochen und für immer ausgelöscht.

Erst vor ca. 15 Jahren wurde südlich von Obermarchtal und westlich der Straße nach Reutlingendorf in einem ehemaligen Forst der Familie Thurn & Taxis eine mächtige Eiche gefällt. Man erzählt, dass man mehrere Menschen benötigte, um deren Umfang mit ausgestreckten Armen zu umspannen. Die frei gewordene Stelle wurde mit Fichten bepflanzt.

Auf der Gemarkung von Beimerstetten waren in der Reichsverordnung vom Februar 1938 als Naturdenkmale fünf »Wellingtonien« (Sequoiadendron giganteum) geführt. Sie wurden um 1860, in Erwartung von riesigen Holzmassen, im Auftrag des württembergischen Königshauses an die Revierförster des Landes zur Erprobung verteilt. Viele der nordamerikanischen Mammutbäume sind dem kalten Winter 1879/80 zum Opfer gefallen. Einige der verbliebenen entwickelten sich prächtig und verzeichneten bei der Neuausweisung um 1950 eine Höhe von 28 m und einen Stammumfang von 2,2 m. Zu der Zeit wurden drei weitere Bäume gepflanzt. Eine gute Entscheidung, denn den Jahrtausendwechsel erlebte, auch schon mit beschädigter Krone, nur noch einer der fünf »Giganten«.

Die beim Sturmtief »Gerda« im Januar 2004
umgefallene Linde zwischen Langenau und Rammingen kurz nach der Sanierung im Jahr 1977.

Das ungewöhnliche Ende eines Baumdenkmals, das heute vergessen ist, gibt ein gekürzter Polizeibericht aus dem Jahre 1962 wieder:

»Am Donnerstag, dem 2. August 1962, schlug gegen 21:55 Uhr während eines starken Gewitters, ein Blitz in die mindestens 800 Jahre alte, etwa 30 m nordostwärts der Straßenkreuzung Bundesstraße 10 – Landesstraße II. Ordnung Nr. 765, Gemarkung Dornstadt, Kreis Ulm, stehende Linde. Diese Linde ist als Teil einer Lindengruppe in das Naturdenkmalbuch des Landkreises Ulm als Naturdenkmal eingetragen.

Nach dem der Blitzschlag stand der Lindenbaum sofort in Flammen. Bäckermeister Josef Karl bemerkte den Brand unmittelbar nachdem der kräftige Blitzschlag niedergegangen war. Von seiner Wohnung aus konnte er das nun entstandene Feuer in der Linde erkennen. Er meldete dies telefonisch dem Landespolizeiposten Dornstadt. Von hier aus wurde sofort Bürgermeister Franz Schmutz verständigt und die Alarmierung der Dornstädter Feuerwehr veranlasst. Der Brand hatte sich vom hohlen Stamm aus auf die hohlen Äste verlagert, sodass die Flammen aus den Astlöchern schlugen. Wie eine lebende hohe Fackel stand der Baum in der Gewitternacht. Das Feuer war von weitem sichtbar und zahlreiche Kraftfahrzeugführer hatten ihre Fahrzeuge in der Nähe des brennenden Baumes auf der Bundesstraße 10 angehalten, um ihre Neugier zu befriedigen. Die Freiwillige Feuerwehr Dornstadt rückte mit einer Stärke von etwa 10 Mann aus und hatte das Feuer gegen 22:35 Uhr unter Kontrolle gebracht. Der Baum »glostete« aber im hohlen Stamm und den hohlen Ästen weiter. Weil sich im unteren Teil des Baumstamms mehrere große Löcher befanden und sich die Hohlräume im Baum bis auf eine Höhe von 12 m fortsetzten, geriet so viel Zugluft in den Baum, dass man den Luftzug wie in einem Kamin hören konnte. Die Linde erlitt durch das Feuer einen großen Schaden. 1960 war die Linde durch zündelnde Kinder bereits schon einmal in Brand geraten und musste auch damals durch die Feuerwehr gelöscht werden.

Die nun entstandenen Schäden waren so umfangreich, dass es aus Sicherheitsgründen nicht zu verantworten gewesen wäre, den Baum weiterhin stehen zu lassen. Bei einem mittelstarken Sturm wäre er bestimmt umgerissen worden. Selbst das Besteigen des Baumes zu seiner Demontage war zu gefährlich, da akute Einsturzgefahr bestand. Es wurde deshalb beschlossen, den Baum mit einer Sprengladung zu fällen. Das Landratsamt Ulm erteilte die Genehmigung zur Sprengung. Das Bürgermeisteramt beauftragte zur Durchführung die Firma Heitmann aus Westerstetten, die zu diesem Zweck drei Sprengmeister entsandte. Am Stamm des Baumes wurden an mehreren Stellen Sprengladungen angebracht. Der Verkehr wurde in einem Umkreis von 300 m gesperrt. Die Sprengung wurde am 3. August 1962, gegen 17:15 Uhr vollzogen. Der Baum fiel wie vorgesehen in nordwestlicher Richtung ins Gelände. Durch ein durch die Luft fliegendes Holzteil wurde ein Telefondraht getroffen und abgeschlagen. Der Schaden wurde aber sofort wieder behoben.

Langenau, den 09. August 1962
Landespolizei-Abteilung«

Die Krotenberg-Buche bei Markbronn

Weithin bekannter ist und war die Krotenberg-Buche bei Markbronn. Gut 800 m südöstlich vom Rathaus, mitten auf der höchsten Geländeerhebung, dem »Krotenberg«, stand diese einmalige Weidbuche. Wie vielen Menschen und wie vielen Schafen mag sie in all den Jahrhunderten wohl Schutz gewährt haben mit ihrem breit ausladenden Kronendach? Die Krone ruhte auf einem mannshohen kräftigen Stamm, mit einem gleich mächtigen Durchmesser. In den 50er Jahren des vergangenen Jahrhunderts wurde der Baum von der Kreis-stelle für Naturschutz und Landschaftspflege im Kreis Ulm - Land ins Naturdenkmalbuch eingetragen. Aus der Würdigung erfahren wir folgendes: »Südlich vom Ort Markbronn liegt eine Schafweide mit einer sehr schönen Weidbuche, »Krotenbergbuche« genannt. Ein Baum, der von den Markbronner Bürgern hoch geschätzt wird. Der frühere Schultheiß Duckek (1850 geboren und 1919 verstorben) hat damals schon die Buche auf ein Alter von 300 Jahren geschätzt (Dr. L. Schäfle).« Demnach dürfte der Baum wohl auf die Zeit um 1600 zurückgehen. Im Juni des Jahres 1999 zog ein Sommergewitter über die Alb und eine übermächtige Windböe erfasste die geschwächte Buche und zerfetzte deren Krone. Den Stumpf hat man stehen lassen und die letzten schweren, dicken Äste liegen noch heute um ihn herum. Nur 20 Meter entfernt hat man vor gut 10 Jahren wohlweislich einen der zahlreichen Sämlinge hochkommen lassen und so lebt der Geist der ehemaligen »Grottenbergbuche« in einem eigenen Nachkommen an gleicher Stelle weiter. Ob diese junge Buche das Jahr 2400 sehen wird?

Die Friedenslinde
von Oberbalzheim

Die Winterlinde im Schlossgarten des Rittergutes von Oberbalzheim wurde beim Sturm »Lothar«, der am 26. Dezember 1999 im Illertal besonders wütete, umgeworfen. Sie war 1648 anlässlich des Westfälischen Friedens, am Ende des 30-Jährigen Krieges, als »Friedensbaum« gepflanzt worden. Bis zur Kreisreform 1973 war der imposante Baum, mit hohem Stamm und einem Umfang von 5,5 m, als erhaltenswertes Naturdenkmal des Landkreises Biberach geführt. Am Baum wurden in den letzten Jahrzehnten erhaltende Pflegemaßnahmen durchgeführt. Zum Verhängnis wurden für den historischen Baum letztlich Mauersanierungsarbeiten an der nur 5 m entfernt liegenden Kirche, die mit dem Baum ein harmonisches Ensemble bildete. Die Trockenlegung der Grundmauern führte zu Beeinträchtigungen im Wurzelraum, die Wurzelplatte mit Stamm neigte sich in nur wenigen Jahren immer stärker nach Osten, bis schließlich der Sturm das Ende besiegelte.

*Ehemalige
Winterlinde im Park des
Ritterguts Oberbalzheim.*

Napoleonslinde
in Neenstetten

In der Dorfmitte von Neenstetten war bis 1982 ein Baum zu bewundern, der zu Beginn des 19. Jahrhunderts zu Ehren Napoleons gepflanzt wurde. Baum und Dorfhüle prägten wesentlich das Bild im Zentrum des typischen Albdorfes. So trug der Baum bis zu seiner Fällung zwei Bezeichnungen. Der eine, »Napoleonslinde«, trägt den Anlass und den Zeitpunkt der Pflanzung in sich, der schlichte Name »Dorflinde« benannte die Rolle und zentrale Erscheinung des Baumes für das Dorf. Der Name »Dorflinde« ging später auf eine andere Linde im Dorfkern über, die inzwischen auch als Naturdenkmal ausgewiesen ist. Dieser stille Namenwechsel zeigt den Zuspruch des Menschen für ein natürliches Symbol der Standhaftigkeit, Erhabenheit, Natürlichkeit und Größe, in einer sonst vom Menschen so stark geprägten Umgebung.

Ähnliches wäre von vielen Dörfern des Alb-Donau-Kreis zu berichten. So stand in Tomerdingen, in der heutigen Lindenstraße bis in die 60er Jahre des 20. Jahrhunderts eine sehr alte Linde. Ihr Stamm war innen völlig ausgehöhlt, so dass die Kinder ins Innere des Baumes schlüpfen und den Baum von innen ersteigen konnten. Der Baumgreis mit dem schlichten Namen »d'Linda« wurde aus Sicherheitsgründen gefällt, aber zugleich

Napoleonslinde in Neenstetten mit Wanderschäfer. Aufgenommen im Jahr 1959. (©LMZ-BW)

eine junge Linde an Ort und Stelle nachgepflanzt und der Straßenzug nach ihr benannt. So lebt der Geist von uralten und verehrten Bäumen in jungen Bäumen, oft auch in Orts-, Gewann- und Flurnamen weiter.

Anhang

Glossar

A

Abtragungsfläche ... 26
Landfläche, die durch das Wirken eines Meeres eingeebnet bzw. abgetragen wurde. Hier: Das Tertiärmeer und die Flächenalb.

Albrandflexur 90
Geländestufe der Alb zum Donautal. Die abfallende Kalkalb schiebt (biegt) sich unter die südlich angrenzenden Molasseschichten ohne, dass es zu einem Bruch (=Verwerfung) der Biegung kommt.

Alluvium 23
Talbodenablagerungen (Schwemmlandböden), die nach der jüngsten (Würm)Eiszeit in den letzten 10.000 Jahren entstanden sind.

Äolisches Sediment 23
Ablagerung und Verfestigung von feinen Bodenpartikeln, die durch Wind heran transportiert worden sind.

Arealfremdes Gehölz 152
Aus fremden Wuchsgebieten eingeschleppte Gehölze.

B

Aurignacien 31
Untergliederungszeitspanne in der Jung-Altsteinzeit benannt nach französischen Fundstellen für den Zeitraum 44.000 bis 30.000 Jahre vor Heute. Hier: Eine von drei Hauptfundschichten bei den Grabungen im Hohlen Fels.

Ausliegerpopulation 53
Kleine Untergruppe außerhalb von der größeren Gesamtheit einer Artengruppe eines zusammenhängenden Lebensraumes.

Balme 56
Aushöhlung unter überhängenden Felswänden, die durch Verwitterung einer wenig widerstandsfähigen Schicht entstanden ist.

Bandkeramiker 95
Zum donauländischen Kreis gehörige Kultur der Jungsteinzeit.

Baumschutzsatzung 178
Verordnung zum Schutz von Bäumen im Siedlungsbereich per Satzung des Gemeinderates.

Berme 60
Abbausohlen in Kalksteinbrüchen, die als Fahrstraßen dienen.

Biotoptyp 58
Lebensstätte von Tieren und Pflanzen mit einheitlichen Lebensbedingungen. Sie sind in Typen einteilbar nach der jeweiligen Ausprägung der Feuchte, Wärme, Trockenheit, Nährstoffgehalt.

Biotopverbund (-system) 58, 65
Vernetzung der unterschiedlichen Biotope in einem Raum mit Hilfe von linearen Strukturen wie Hecken, Gräben, Raine, aber auch durch flächige extensive Grünstrukturen.

Blockflur 56
Grobe Hangschuttmassen in und am Fuß von Felsen, die das Ergebnis von Hang- und Felsabtragungen sind.

Brandungshohlkehle 26
Hohlform am Felsen, die durch Meeresbrandung oder Fließgewässer herausgearbeitet worden sind.

Brenne 106
Freie Kiesbank in Wildflüssen, die nur bei Hochwasser überspült werden.

D

Danubischer Relieftyp 19
Von der Donau geprägte und gestaltete Landschaftsformen südlich und nördlich des Flusses, spezifisch nach dessen Eigenschaften (Fließtyp, Erosionsverhalten, Einzugsgebiet, Entwicklungsgeschichte).

Dealpine Art 57
Pflanzen und Tiere, die auch außerhalb der Alpen existieren können. Sie sind aus Alpen in die Mittelgebirgslagen z. B. der Schwäbischen Alb eingewandert (vgl. auch Eiszeitrelikt).

Donau-Iller-Lech-Platte 22
Geographische Abgrenzung des Gebietes zwischen Iller (Westen), Lech (Osten) und Donau (Norden) in Anlehnung an die von den Eiszeiten geprägte Geologie.

Donauflexur 19
(Flexur = Biegung) Geländestufe am Übergang zwischen Alb und Donau bzw. dem südlich angrenzenden Gebiet.

E

Eiszeit 22
Zeitabschnitt, in dem weltweit niedrige Temperaturen (Durchschnittstemperaturen unter Null ° C) auftraten, die zu Gletschervorstößen und Inlandeisbildung führten. Tiere und Pflanzen wanderten oder starben aus.

Eiszeitrelikte 53
Floren- und Faunenreste, die sich in die Lagen der heute vergletscherten Hochgebirge zurückgezogen haben bzw. an solchen Extremstandorten auch außerhalb, als nordischalpine Gäste und Schneetälchenspezialisten, anzutreffen sind. Eiszeitbedingt gibt es auch noch Wärmereliktarten aus den Zeiten vor der Vereisung, die während der Eiszeit in nicht vergletscherten Gebieten überdauerten und heute noch anzutreffen sind.

Engobe 30
Keramische Überzugsmasse.

Erstpflege 143
Erste Maßnahme zum Aufhalten bzw. zur Rückführung einer Sukzession und zur Wiederherstellung der ursprünglichen Nutzungsform.

Eutrophierung 97
In der Regel durch den Menschen verursachte Nährstoffanreicherung in einem Lebensraum, mit der Folge erhöhter Biomassenproduktion.

F

Fauna-Flora-Habitat-Richtlinie (FFH) 61
Richtlinie des Rates der Europäischen Gemeinschaft (1994), mit dem Ziel durch Ausweisung bestimmter Gebiete und deren Vernetzung ein Europaweites Schutzgebietsnetz aufzubauen.

Faunenwechsel 33
Fauna = Gesamtheit der Tiere, die zu einem bestimmten Zeitpunkt in einem bestimmten Lebensraum leben. Durch starke Veränderung des Lebensraumes, verändert sich auch das ursprüngliche Tierreich in seiner Artenausstattung und Artenzahl.

Felsbandgesellschaft 54
Pflanzengesellschaft auf heiß-trockenen Felsbändern der Alb (Pfingstnelkenflur).

Kuppenalb 20, 25
Nördlicher (höchst gelegener) Teil der Schwäbischen Alb, der im Gegensatz zur Flächenalb nicht im Einflussbereich des Tertiärmeeres war.

L

Lampenflora 43
Pflanzen- und Algenvorkommen in einer Höhle, die ihren Lichtbedarf von der Beleuchtung erhalten. Oft sind sie rund um die Lichtquelle angesiedelt.

Landschafts-element 13
Teil der Landschaft welches nach äußerem Bild und innerem Zusammenwirken eine (Raum-)Einheit bildet.

Lebensraum (-typ) .. 59
Gesamter Raum in dem sich das Dasein eines Organismus abspielt. Einteilbar in unterschiedlichen Typen wie: Fels, Stillgewässer, Wald, Moor, Quelle, Gehölz.

Limnisch 20
Im Süßwasser-Stillgewässer lebend, entstanden oder abgelagert.

Limnokrene 82
Quellentyp nach der Struktur und dem Abflussverhalten der Quelle. Hier: Tümpelquelle.

Luv-Lee-Effekte 24
Einfluss eines Gebirges oder Talrückens auf das Standortklima und die Standortbedingungen, durch die Auswirkungen auf die Klimaelemente wie Niederschlag, Wind und Bewölkung.

M

Mäander 20, 23, 76
Flussbogen oder –schlinge; windungsreicher Fluss in Anlehnung an einen historischen kurvenreichen Fluss in Kleinasien.

Magdalénien 31
Untergliederungszeitspanne in der Jung-Altsteinzeit benannt nach französischen Fundstellen für den Zeitraum 15.000 bis 11.500 Jahre vor Heute. Hier: Eine von drei Hauptfundschichten bei den Grabungen im Hohlen Fels.

Mähgutauftrag 59
Renaturierungsmaßnahme in Steinbrüchen. Kalk-Magerrasen-Mähgut wird auf den rohen Fels aufgebracht.

Malm epsilon 30
(= Oberes Kimmeridgium) Geologische Untereinheit vor ca. 140 Mio. Jahren im oberen Weiß-Jura/Malm (vor 154 bis 136 Mio. Jahren).

Mergel 20
Sedimentgestein aus Ton und Kalk, mit schwankenden Mischungsverhältnissen und Beimengungen.

Miozän 28
Einer von fünf Zeitabschnitten im Tertiär. Eine Zeitepoche des Jungtertiärs (vor 26 bis 7 Millionen Jahren).

Mittelriss-vereisung 20
Vereisung des Alpenvorlandes zur Zeit der Risseiszeit vor ca. 200.000 Jahren.

Molassebecken 66
Lage des einstigen Alpenvorlandmeeres, das im Tertiär mit Meer- u. Flusssedimenten bis zu einem Kilometer Mächtigkeit aufgefüllt worden ist.

Molassekeller 100
Kühler, natürlicher Lagerraum der Landwirtschaft und Brauereien, der leicht in die Molasse gebaut werden konnte.

Molassesedimente .. 20
Ablagerungen im Molassebecken, bestehend aus Konglomerat (abgerundete Gesteinstrümmer, die zusammen gekittet wurden), Sandstein, Fossilien und feinen glimmerreichen Sanden (im Volksmund Pfohsand oder bayerisch Flinz bezeichnet).

Mudde 23, 120, 121
Sammelbegriff für schlammige Sedimente, die viel organisches Material enthalten, das unterschiedlichen Fäulnisprozessen unterliegt.

Mullmoder 165
Geringmächtige Humusauflage (u.a. aus Laub), die im Jahreslauf zeitweise verschwindet.

N

Nassabbau 60, 65
Gewinnung von Schotter, der direkt im oder im Einflussbereich des Grundwassers liegt.

NATURA2000 55
Europaweites Schutzgebietsnetz aus den Komponenten FFH- und Vogelschutzrichtlinie.

Naturdenkmal 68
Naturgebilde (Einzel- oder flächiges Objekt bis zu einer Größe von 5 ha, im und außerhalb des Siedlungsbereiches), das zu seiner Erhaltung vom Landratsamt per Verordnung unter Schutz gestellt worden ist.

Naturraum 14
Ein Erdraum, der mit biotischen (Tiere, Pflanzen) und abiotischen (Klima, Wasser, Gestein) Ökofaktoren ausgestattet ist, die einer mehr oder weniger intensiven Nutzung durch den Menschen unterliegen.

Naturschutzgebiet .. 61
Ein flächenhafter Landschaftsraum mit mindestens 5 ha Ausdehnung, der durch das Regierungspräsidium unter Schutz gestellt wird, um bedrohte Tier- und Pflanzenarten und deren Lebensraum zu erhalten.

O

Obermiozän 20
Jüngere Zeitepoche im Miozän (vor ca. 12 bis 7 Millionen Jahren), zur Zeit der oberen Süßwassermolasse.

Obrigkeitsstein 203
Grenzstein des Königreiches Württemberg.

Oligozän 67
Zeitabschnitt im Mittleren Tertiär (von 40 bis 25 Millionen Jahren).

Ornithologe ... 109, 119
Vogelkundler – ein Mensch der Vögel beobachtet und studiert.

Ortsetter 195
Grenze, die das Dorf von der Flur trennt. Oft durch einen Zaun bzw. Hecke gekennzeichnet.

P

Paläontologie 30
Wissenschaft von den Lebewesen der Vorzeit.

Parabraunerde 24
Aus Löß entstandener stark entkalkter, verbraunter Bodentyp, der in Europa weit verbreitet ist.

Periglazial-erscheinung 22
Formung der Landoberfläche im Bereich von Bodeneis und Frost.

Pferch 142
Lagerplatz in der Wanderschäferei während der Nacht, bei dem die Herde eng mit einem Mobilzaun umgeben wird.

Photosynthese 147
Aus anorganischen Stoffen (Wasser und Kohlendioxid) werden mit Hilfe von Blattgrün und Sonnenenergie organische energiereiche Stoffe (Zucker) aufgebaut und Sauerstoff freigesetzt.

Pioniersträucher ... 140
Die ersten Gehölzpflanzen, die sich auf einem vegetationsfreien Boden ansiedeln. Sträucher die zum Bepflanzen von Rohböden gut geeignet sind.

V

Vauclusequelle 86
Aufsteigende, permanente Karstquellen mit starker Schüttung.

Vegetative Vermehrung 141
Fortpflanzungsstrategie der Pflanze über Triebe, Sprosse und Wurzel (-ausläufer), im Gegensatz zur generativen Vermehrung durch Früchte und Samen.

Verkarstung 20, 37
Das Wirken von Wasser auf lösliche Gesteine wie Kalk und Gips und den daraus entstehenden Formen (chemische Verwitterungsvorgänge, die zur Entstehung des Karsts führen).

Verwitterungskegel 60
Kleinere Verwitterungshalde vor Fels- und Bruchwänden aus grobem Material und fehlendem durchwurzelbarem Feinmaterial.

W

Wanderschäfer 133
Wandern mit ihrer Herde im Sommer auf der Alb von Heide zu Heide und ziehen im Winter in die schneefreien Niederungsgebiete am Bodensee, Rheintal und Unterland.

Weißer Jura-Zeta 19, 64
(= Thitonium)
Oberste Unterteilungseinheit im Weiß-Jura (Malm), vor ca. 136 Millionen Jahren. Endgültiger Rückzug des Jurameeres.

Würmkaltzeit 33
Die jüngste der 4 Eiszeiten im Alpenvorland (vor ca. 70.000 – 12.000 Jahren).

Z

Zementmergel .. 62, 64
Das Ton/Kalksedimentgestein („mageres Kalkgestein" = Extremstandort für Magerpflanzen) ist Rohstoffbestandteil für die Zementherstellung.

Zielbaum 195
Weit sichtbarer Baum auf einer Anhöhe oder auf der Gemarkungsgrenze. Wies früher Wanderern den Weg zu einer Ortschaft.

Sach- und Namensverzeichnis

E

Egelseehüle 98
Ehebach 72
Ehrlos 72, 115
Eibe 177
Eichberg 201
Eiche 174
Eichen
– Hainbuchenwald 24
– steppenheidewald 163, 166
Einebnungsfläche 26
Eingangsregion 38
Einschränkung 55
Einsiedler 44
Einstieg 55
Einsturz 50
Eintiefung 78
Eintiefungsstufe 20
Einzelbaum 174
Einzugsgebiet 47, 83
Eis
– fuchs 33
– gewinnung 100
– keller-Typ 34
– platten 100
– weiher 99
– zapfen 34
Eiszeit 22, 32, 34, 53, 65
– kunst 34
– relikt 53
Elefant 27, 28
Elfenbein 32, 45
Elsbeerbaum 207
Emerberg 170
Empfindungen 179
Energieumsatz 40
Englenghäu 155
Engoben 30
Entbuschung 121
Enten 106
Entkalkung 23
Entwässerung 107, 110
Entwicklungs-
geschichte 27
Erdaushubhalde 60
Erdfall 47, 50
Erdflechten-
gesellschaft 62

Erd
– geschichte 19, 50
– oberfläche 43
– trichter 50
– zeitalter 13, 19, 21
Erholungs
– funktion 66
– nutzung 59
– raum 157
Erlbach 72
Erlenbruch 103
Erlenwald 103
Erosion 26, 151, 160
Erst
– aufforstung 156
– pflege 127, 128
Esche 175
Europäische
Wasserscheide 80
Eutrophierung 97
Evolution 30
Exkursion 30
Exkursions-
teilnehmer 30
Extensive
Bewirtschaftung 107

F

Fabri, Felix 40
Fadengeflecht 43
Farbpigment 39
Farn 43
Farnflora 52
Fauna 27
– hygropetrica 85
Faunenwechsel 33
Federsee 116
Fegsand 48
Fein
– kies 66
– material 59
– schutt 56

Feld
– flur 123, 200
– gehölz 51, 138
– hecken 138
– hülen 92
– kreuz 210
– obstbau 148
Fels
– abtrag 56
– aussichtspunkt 55
– bandgesellschaft 54
– bewohner 54
– biotop 54
– kluft 59
– kopf 54, 59
– kuppe 55
– pflanze 54
– sims 59
– spalte 59
– vorsprünge 61
– wand 59
Felsen 29
– schlucht 168
Fettpolster 40
Feuchte-
verhältnis 68
Feucht
– gebiet 104, 117
– gebüsch 144
– wiesen-Landschaft 104
– wiesengebiet 104
Fichte 177
Fisch 27, 76
– art 77
– fauna 77
Flächen
– alb 91, 143
– verbrauch 24
Flach
– meer 26
– moore 103
– wasserzone 60
Flattertier 40
Fleckenrodel 195
Fledermaus 39
– mist 30
– quartier 40
– tor 41
Fließgewässer 71
– typ 72

Fließ
– länge 74
– quelle 82
Flora 27, 130
Florae Ulmensis 130
Flößerei 78
Flöte 33
Flurbereinigung 140
Fluss 71
– altarm 65
– höhle 40
– landschaft 106
– lauf 33
– schlinge 76
– sediment 120
– versickerung 37
Fohlenhaus 45
Folgenutzung 59, 65
Forstwirtschaftliche
Rekultivierung 59
Fossilien 26, 27, 66
– funde 28
Fraas, Oskar 30, 44
Frank, Helmut 41
Fransental 170
Fraß
– feind 68
– kante 160
Freie Sukzession 59
Freizeitnutzung 59
Freytag, Hans 130
Friedens
– baum 192
– linde 180, 186, 197, 233
Frost- und Auftau-
periode 22
Frostschuttbildung 22
Fruchtkörper 43
Frühalemannische
Bestattungsstätte 40
Frühjahrs
– blüher 79
– durchzug 112
Fuge 37
Fühler 39
Führungsweg 48
Fund
– schicht 31, 32
– stelle 44, 45

Futter
– platz 77
– wiese 106, 107

G

Galeriewald 33
Galgen 221
– berg 186
Gams 33
Garten 174, 218
– anlagen 218
– baum 174
Gebankte
– Fazies 20
– Kalke 19
Gebirge 33
Gedenkstein 184
Gefährdete
Pflanzenart 60
Gefälleverhältnis 72
Gehölz
– saum 73
– strukturen 143
Geißenklösterle 31, 32, 33, 197
Geköpftes Tal 80
Gemeinschafts-
obstanlage 149
Generalreskript 148
Genossenschafts-Obst-
baum-Anlagen 149
Geologisches Röntgen-
bild der Alb 48
Geomorphologisch 23
Gerichts
– linde 173
– stätte 184
Germania 193
Geröllhalde 56, 57, 63
Gesamt
– artenzahlen 60
– härte 83, 95
Geschiebe 78
Gestein 59

Gesteins
– abbau 137
– aufbau 48
Gewässer 69
– mit Flachwasser-
zone 60
– mit Tiefwasserzone 60
– armut 91
– güte 73
– landschaft 71, 72
– organismen 76
– rand 74
– randstreifen 73, 119
– struktur 73
– system 67
Geyer, Anton 183
Glas
– fels 54
– perlen 40
Glaukonitische Sande 20
Glazial 24
Gletscher
– rückzug 21
– vorstoß 21
Gmelin, Johann
Friedrich 130
Gomphotherium 28
Grabstätte 40
Grabungsbefund 32
Gradmann, Robert 125, 130
Graf
– von Mandelsloh 30
– von Wartstein 184
Granattrichter 50
Grauer 79
Graul 22
Graupen
– sande 67
– sandrinne 67
Grävenitz, Fritz von 87
Grenzbaum 192
Grieße 78
Grimmelfinger Grau-
pensande 67, 115
Grimmensee 89
Grobblockhalde 57
Gröber, Josef 193
Grobschutthalde 165
Gronne 65, 66

Ortsverzeichnis

Artenverzeichnis

T

Literaturhinweise

Kapitel 1: LANDSCHAFT

Landschaftsbild und -entstehung – aus wissenschaftlicher Sicht
Herbert Birkenfeld

- Dongus, H. (1989): Oberflächenformen. Der Alb-Donau-Kreis, Amtliche Kreisbeschreibung, Band 1 [Hrsg.: Landesarchivdirektion Baden-Württemberg]: 25-39, Sigmaringen.
- Geyer, O. & M. Gwinner (1991): Geologie von Baden-Württemberg. 4. Auflage: 482 S., Stuttgart.
- Graul, H. (1962): Eine Revision der pleistozänen Stratigraphie des schwäbischen Alpenvorlandes. Petermanns Geographische Mitteilungen 106: 253-271.
- Renners, M. (1991): Geoökologische Raumgliederung der Bundesrepublik Deutschland. - Forschungen zur Deutschen Landeskunde, Band 235: 121 S. - großformatige Kartenbeilage, Trier.
- Thost, G. (1986): Kirchberger Schichten / Illerkirchberg. Aufschlüsse - Geologischer Führer durch die Region Donau-Iller. Ulmer Geographische Hefte 3: 90-95, Ulm.
- Villinger, E. (1986): Untersuchungen zur Flussgeschichte von Aare-Donau/ Alpenrhein und zur Entwicklung des Malm-Karsts in Südwestdeutschland. Jahreshefte Geologisches Landesamt Baden-Württemberg 28: 297-362.

Geologische Besonderheiten
Kurt Niedziolka

- Heizmann, E.P.J. (1992): Das Tertiär in Südwestdeutschland. Stuttgarter Beiträge Naturkunde C33: 1–61, Stuttgart.
- Geologischer Führer der Schwäbischen Alb.
- Beurlen, K., Gall, H. & G. Schairer (1981): Die Alb und ihre Fossilien – Ein Wegweiser für den Liebhaber. Franckh'sche Verlagshandlung Stuttgart: 224 S.

Schätze der Steinzeit
Winfried Hanold

- Autorenkollektiv (1984): Schelklingen - Geschichte und Leben einer Stadt [Hrsg. Stadt Schelklingen].
- Biel, J. (1974): Zur neolithischen Besiedelung der Schwäbischen Alb. Fundberichte aus Baden-Württemberg 1974, Band 1 [Hrsg. Landesdenkmalamt Baden-Württemberg]: 53-64.
- Binder, H. (1963): Gewinnung von Montmilch und Höhlendünger und andere Arten der Höhlennutzung in alter und neuer Zeit. Jahreshefte Karst- und Höhlenkunde., Heft 4, München 1963: 357–367.
- Binder, H. (1977): Höhlenführer Schwäbische Alb. Konrad Theiss Verlag.
- Binder, H. (1995): Höhlen der Schwäbischen Alb. DRW-Verlag, Leinfelden-Echterdingen.

- Bleich, K.E. (1963): Ältere urgeschichtliche Ausgrabungen in Höhlen der mittleren Schwäbischen Alb. Jahreshefte Karst- und Höhlenkunde., Heft 4, München 1963: 335-346.
- Conard, N. J. u.a. (2001): Eiszeitkunst im süddeutsch-schweizerischen Jura – Anfänge der Kunst. [Hrsg. Müller-Beck, H., Conard, N. J. & W. Schürle], Theis-Verlag: 143 S., Stuttgart.
- Frank, H. (1963): Die Höhlen des Ostteils der mittleren Schwäbischen Alb. Jahreshefte Karst- und Höhlenkunde., Heft 4, München 1963: 155-218.
- Hahn, J. (1983): Eiszeitliche Jäger zwischen 35 000 und 15 000 Jahren vor Heute. Urgeschichte in Baden-Württemberg, Konrad Theiss Verlag, Stuttgart.
- Hahn, J. (1986): Kraft und Aggression. Die Botschaft der Eiszeitkunst im Aurignacien Süddeutschlands. Verlag Archaeologica Venatoria, Institut für Urgeschichte der Universität Tübingen, Band 7.
- Hahn, J. (1992): Eiszeitschmuck auf der Schwäbischen Alb. [Hrsg. Schürle, W.]: 55 S., Ulm.
- Maurer, G. (1963): Sagen von Höhlen und Quellen. Jahreshefte Karst- und Höhlenkunde., Heft 4, München 1963: 155-218.
- Paret, O. (1930–32): Fundberichte aus Schwaben. NF VII [Hrsg. Württ. Anthropologischer Verein]: 26 S.

Kapitel 2: STEINIGE ALB

Höhlen und Dolinen
Richard Frank

- Bohnert, J. (2002): Ergebnisse der Tauchforschungen der Arbeitsgemeinschaft Blautopf in der Blautopfhöhle (7524/43) von 1997 bis 2001. - Mitteilungen Verband Dt. Höhlen- u. Karstforschung 48(1): 10-17, München.
- Bronner, G. (1993): Der Schutz der Ostalb als Karstlandschaft. Karst und Höhle 1993 – Karstlandschaft Schwäbische Ostalb: 459-477, München.
- Bronner, G. (1995): Höhlen und Dolinen. Biotope in Baden Württemberg (2): 1-21, Karlsruhe.
- Clarke, S., Haas-Campen, S. & J. Hahn (1997): Ulm und der Alb-Donau-Kreis - Führer zu den archäologischen Denkmälern in Deutschland 33: 1-224, Stuttgart.
- Duckeck, J. (2002): Höhlenkundliches Museum: „http://www.tiefenhoehle.de /Hoehlenmuseum/index.html"
- Mayer, J. (1681): Vorstellung Deß jüngst-erschienenen Cometen..Deme beygefügt Eine wahrhaffte Erzehlung und Beschreibung deß im Decembri obigen Jahrs entstandenen weitbeschreyten Erdbruchs bey Blaubeyren (Kühnen): 56 S., Ulm.
- Reysmann, T. (1986): Poetische Beschreibung des Blautopfs und des Kloster Blaubeuren aus dem Jahr 1531. Reprint des Originals aus 1531 (Fons Blavus Verlag), Tübingen.
- Striebel, T. (2001): Dolinenkartierung in Baden-Württemberg, die Kartierung der Hfg Blaustein und Dolinenkataster in Deutschland. Mitteilungsheft der Höhlenforschungsgruppe Blaustein 16(1+2): 49-54, Hemsbach.

Ufrecht, W. (1987): Weitere Überlegungen zum Karstalter der Laichinger Alb. Laichinger Höhlenfreund 22(2): 83-86, Laichingen.

Winterstein, R. (1989): Ökologische Untersuchungen an Farn- und Blütenpflanzen in Höhleneingängen des Ach- und Schmiechtals. Laichinger Höhlenfreund 24(1): 3-20, Laichingen.

Felsen / Block- und Geröllhalden
Hermann Muhle

Breunig, Th. & G. Thielmann (2001): Wälder, Gebüsche und Staudensäume trockenwarmer Standorte. Biotope in Baden-Württemberg 11: 1-36.

Hepp, K.F., Schilling F. & P. Wegner (1995): Schutz dem Wanderfalken. Beiheft zu den Veröffentlichungen der Landesanstalt für Naturschutz und Landschaftspflege in Baden-Württemberg 82: 1-392, Karlsruhe.

Herter, W. (1996): Die Xerothermvegetation des Oberen Donautals. Landesanstalt für Umweltschutz Baden-Württemberg [Hrsg. Projekt „Angewandte Ökologie"] 10: 1-274. Karlsruhe.

Herter, W. (2001): Belastungen der Vegetation von Mittelgebirgsfelsen durch Sportklettern. Bund Naturschutz Alb-Neckar e.V. 1: 13-23, Reutlingen.

Kronenthaler, M. (1991): Zur Ökologie flechtenfressender Schnecken an Kalkfelsen des Blautales. Diplomarbeit Univ. Ulm: 1-74.

Künkele, G. & F. Schilling (2003): Europäische Juwelen - Felsen der Schwäbischen Alb. (Hrsg. Bund Naturschutz Alb-Neckar e.V. Reutlingen): 1-128.

Pfleiderer, J. & S. Winkler (1991): Beziehungen zwischen Krustenflechten und Schnecken auf Kalkfelsen im Ulmer Raum. Jahreshefte Gesellschaft für Naturkunde Württemberg 146: 91-113.

Weible, R. (1990): Scharen von Freizeit-Kletterern nageln die Felsen der Alb kaputt. Südwestpresse Ulm vom 20.1.1990.

Wilmanns, O. (1959): Zur Kenntnis des Toninion Coeruleonigricantis Reimers 1951 in Südwestdeutschland. Botanische Jahrbücher 78: 481-488.

Wilmanns, O. & S. Rupp (1966): Welche Faktoren bestimmen die Verbreitung alpiner Felsspaltenpflanzen auf der Schwäbischen Alb? Veröffentlichungen der Landesanstalt für Naturschutz und Landschaftspflege Baden-Württenberg 34: 62-86, Karlsruhe.

Abbaustätten - Biotope aus zweiter Hand
Ulrich Tränkle / Erich Lauffer

Albrecht, H. (1991): Kalk und Zement in Württemberg. Industriegeschichte am Südrand der Schwäbischen Alb. Technik + Arbeit 4, Schriften des Landesmuseums für Technik und Arbeit in Mannheim. Verlag Regionalkultur, Ubstadt-Weiher: 349 S.

Beißwenger, T., Tränkle, U. & M. Hehmann (2002): Naturschutz und Zementindustrie. Projektteil 3: Management-Empfehlungen. Herausgegeben vom BDZ/VDZ (Bundesverband der Deutschen Zementindustrie e.V./Verein Deutscher Zementwerke e.V.), Köln. Verlag Bau + Technik, Düsseldorf: 26 S.

Geyer, O .F. u. a. (1979): Die Schwäbische Alb und ihr Vorland. Sammlung Geol. Führer 67, Stuttgart.

Gilcher, S. & D. Bruns (1999): Renaturierung von Abbaustellen. [Hrsg. E. Jedicke] Praktischer Naturschutz, Ulmer Verlag: 355 S.

Hagenmeyer, A. (2001): Uferschwalbenkolonien im Raum Ehingen. Sonntag aktuell vom 7.6.2001.

Klepser, H.-H. & W. Wünsch (1979): Das Naturschutzgebiet „Blauer Steinbruch" bei Ehingen. Ein schutzwürdiger Biotop aus zweiter Hand. Veröffentlichungen der Landesanstalt für Naturschutz und Landschaftspflege Baden-Württemberg 49/50: 31-50.

LGRB (Landesamt für Geologie, Rohstoffe und Bergbau Baden-Württemberg) (2002): Rohstoffbericht Baden-Württemberg 2002. Gewinnung, Verbrauch und Sicherung von mineralischen Rohstoffen. Themenschwerpunkt: Steine und Erden. L.-Amt Geol. Rohst. u. Bergb. Baden-Württ., Informationen 14: 92 S.

Loske, K.-H. (1982): Uferschwalbe - Vogel des Jahres 1983. DBV Merkblatt Nr. 82/12-006.

Quenstedt, F.A. (1858): Der Jura. Bd. 1 und 2.

Poschlod, P., Tränkle U., Böhmer, J. & H. Rahmann (1997): Steinbrüche und Naturschutz – Sukzession und Renaturierung. Ecomed Landsberg: 486 S.

Poschlod, P. (1986): Vegetationskundliche Beobachtungen im Sotzenhausener Steinbruch - ein Beitrag zum Problem der natürlichen Vegetationsentwicklung in aufgelassenen Kalksteinbrüchen. Mitteilungen des Vereins für Naturwissenschaft und Mathematik Ulm/Donau. Festschrift Karl Igel 34: 1-36.

Rademacher, M. (2000): Sukzession in Kiesgruben als Vorbild für die Rekultivierung? Culterra 26: 33-52.

Rademacher, M. (2001): Untersuchungen zur Vegetationsdynamik anthropogener Kiesflächen am Oberrhein unter Berücksichtigung landschaftsökologischer und naturschutzfachlicher Belange. Inaugural-Dissertation, Fakultät für Biologie der Albert-Ludwigs-Universität Freiburg i.Br.: 311 S. + Anhang.

Rockenbauch, D. (1998) Bd.1 und (2002) Bd.2: Der Wanderfalke in Deutschland und umliegenden Gebieten. Verlag Christine Hölzinger Ludwigsburg: 1043 S.

Schubert, G. H. (1886): Naturgeschichte der Vögel. Repro Uferschwalbe. Esslingen 1886.

Tränkle, U. (1997): Vergleichende Untersuchungen zur Sukzession von Steinbrüchen und neue Ansätze für eine standorts- und naturschutzgerechte Renaturierung. In: Poschlod, P., Tränkle, U., Böhmer, J. & H. Rahmann, [Hrsg.]: Steinbrüche und Naturschutz, Sukzession und Renaturierung. Umweltforschung in Baden-Württemberg. ecomed: 1-327.

Tränkle, U. (2000): Steinbrüche. [Hrsg. Konold, W., Böcker, R. & U. Hampicke] Handbuch Naturschutz und Landschaftspflege. ecomed. Teil XIII-7.25: 16 S.

Tränkle, U. & T. Beißwenger (1999): Naturschutz in Steinbrüchen. Naturschutz, Sukzession, Renaturierung. Schriftenreihe der Umweltberatung im ISTE Baden-Württemberg 1: 83 S.

Tränkle, U., Offenwanger, H., Röhl, M., Hübner, F. & P. Poschlod (2003): Naturschutz und Zementindustrie. Projektteil 2: Literaturstudie. Herausgegeben vom BDZ/VDZ (Bundesverband der Deutschen Zementindustrie e.V./Verein Deutscher Zementwerke e.V.) Köln. Verlag Bau + Technik Düsseldorf: 113 S.

Tränkle, U., Poschlod, P. & A. Kohler (1992): Steinbrüche und Naturschutz: Vegetationskundliche Grundlagen zur Schaffung von Entwicklungskonzepten in Materialentnahmestellen am Beispiel von Steinbrüchen. Veröffentlichungen Projekt „Angewandte Ökologie". Landesanstalt für Umweltschutz Baden-Württemberg, Karlsruhe 4: 133 S.

Tränkle, U. & M. Röhl (2001): Naturschutz und Zementindustrie. Projektteil 1: Auswertung einer Umfrage. Herausgegeben vom BDZ/VDZ (Bundesverband der Deutschen Zementindustrie e.V./Verein Deutscher Zementwerke e.V.), Köln. Verlag Bau + Technik, Düsseldorf: 40 S.

Heckel, A. (1964): Geschichte der Stadt Langenau. Chr. Hanold, Buchdruckerei u. Verlag, Langenau (Württ.).

Jauss A. & H. Muhle (1993): Zur Verbreitung und Ökologie der Wasserpflanzen der Lone. Karst und Höhle: 325-328.

Keller, K. (1987): Sagen aus dem Lonetal. Vaihingen/Enz. Lillich, W. (1962): Die Geologie der Blätter Mehrstetten und Schelklingen. Arbeiten aus dem Geologischen-Paläontologischen Institut der Technischen Hochschule Stuttgart 34.

Müller, M. (1994): Untersuchungen zur Belastungssituation der Nau, unter besonderer Berücksichtigung der Makrophyten und deren Chrombelastung. Diplomarbeit Universität Ulm, Abt. Biologie V: 82 S.

Schwoerbel, J. (1999): Einführung in die Limnologie. Gustav Fischer - Stuttgart, Jena, Lübeck, Ulm: 465 S.

Tessenow, U. (1980): Untersuchungen zum Schwebstoffgehalt und zur Hydrochemie des Blautopfs, ein Beitrag zur Karsthydrologie der Schwäbischen Alb. Jahresheft Gesellschaft Naturkunde Württemberg 135: 192-219.

Tessenow, U. (1993): Langfristige Tendenzen im Chemismus einiger Karstquellen der Ostalb. Karst und Höhle: 317-323.

Tessenow, U. & A. Heihoff (1980): Die Lone - ein Fließgewässer im Streß. Ulmer Geographische Hefte 5: 44-71.

Villinger, E. (1973): Seichter Karst und Tiefer Karst in der Schwäbischen Alb. Geologisches Jahrbuch C2, Hannover 1972.

Villinger, E. (1977): Über Potentialverteilung und Strömungssysteme im Karstwasser der Schwäbischen Alb (Oberes Jura, Südwestdeutschland). Geologisches Jahrbuch L18, Hannover 1977.

Kapitel 3: GEWÄSSER

Flüsse und Bäche
Hans-Helmut Klepser

Klepser, H.-H. & S. Lelke (1989): Geschützte Pflanzen im Alb-Donau-Kreis. Biberacher Verlagsdruckerei: 272 S.

Quellen
Gerhard Maier

Binder, H. (1960): Die Wasserführung der Lone (mit einigen Bemerkungen über den Hungerbrunnen). Jahresheft Karst- und Höhlenkunde 1, Stuttgart 1960.

Binder, H. (1979): Höhlenführer Schwäbische Alb. Konrad Theiss Verlag, Stuttgart und Aalen: 200 S.

Binder, H. (1993): Die volkstümliche Überlieferung um Höhlen und Quellen. Karst und Höhle: 25-44.

Biss, R. (1999): Quellen und Quellbereiche. Biotope in Baden-Württemberg 12: 39 S.

Eisele, K. & P. Groschopf (1963): Zur Karsthydrologie der Schwäbischen Alb. Jahresheft Karst- und Höhlenkunde 4., München 1963.

Gwinner, M.P., Maus, H.J., Prinz, H., Schreiner A. & J. Werner (1974): Geologische Karte Baden-Württ. 1:25000. Erl. Bl. 7723 Munderkingen: 107 S., (Stuttgart 1974).

Hülen
Gerhard Maier

Belser, E. (1936): Die Albwasserversorgung in ihrer geographischen Bedeutung. Erdgeschichtliche und landeskundliche Abhandlungen aus Schwaben und Franken 20: 1-116.

Döler, H.-P. (1988): Zur Odonatenfauna der Ostalb. Hülben und Weiher als Lebensraum für gefährdete Libellenarten. Veröffentlichungen für Naturschutz und Landschaftspflege Baden-Württemberg 63: 211-235.

Hartmayer, P. (1986): Vergleichende ökologische Untersuchungen zur Crustaceenfauna in periodischen und permanenten Kleingewässern (Hülben) im Gebiet der Ulmer Alb. Staatsexamensarbeit an der Universität Ulm (Abt. Biologie III): 158 S.

Hauff, R., Walderich, B., Köhrer, H. & W. Bückling (1984): Die Neue Hülbe bei Böhmenkirch - eine Feldhülbe der Ostalb, seit 50 Jahren unter Naturschutz. Die Vegetationsentwicklung in der Neuen Hülbe von 1930 bis 1981. Veröffentlichungen für Naturschutz und Landschaftspflege Baden-Württemberg 57/58: 129-156.

Kirchhauser, J. (1988): Vergleichende Untersuchungen zur Insektenfauna stehender Kleingewässer der Schwäbischen Alb. Diplomarbeit an der Universität Ulm (Abt. Biologie III): 142 S.

Mattern, H. & H. Buchmann (1983): Die Hülben der nordöstlichen Schwäbischen Alb - Bestandsaufnahme, Erhaltungsmaßnahmen – I. Albuch und angrenzende Gebiete. Veröffentlichungen für Naturschutz und Landschaftspflege Baden-Württemberg 55/56: 101-166.

Mattern, H. & H. Buchmann (1987): Die Hülben der nordöstlichen Schwäbischen Alb - Bestandsaufnahme, Erhaltungsmaßnahmen - II. Härtsfeld. Veröffentlichungen für Naturschutz und Landschaftspflege Baden-Württemberg 62: 7-139.

Rilk, A. (1991): Zieralgenvorkommen der Falchenhülbe bei Königsbronn-Ochsenberg. Jahreshefte der Gesellschaft für Naturkunde in Württemberg 146: 115-128.

Schmieg, J. (1985): Beobachtungen zur Amphibienfauna an periodischen und perennierenden Hülben der Schwäbischen Alb. Staatsexamensarbeit an der Universität Ulm (Abt. Biologie III).

Walz, U. (1997): Hülen der Laichinger Alb. Blätter des Schwäbischen Albvereins 103: 108-112.

Walz , U. (1999): Hülen der Laichinger und Blaubeurer Alb. Blaubeurer Geographische Hefte 17: 3-29.

Eisweiher
Hans-Peter Seitz

Konold, W. (1987): Oberschwäbische Weiher und Seen. Geschichte, Kultur, Vegetation, Limnologie, Naturschutz. Beiheft Veröffentlichung Naturschutz und Landschaftspflege Bad.-Württ. 52 (2 Teile.), Karlsruhe.

Kapitel 4: FEUCHTE RIEDE

Moore und Streuwiesen
Hans-Helmut Klepser / Ulrich Mäck

Dobler, D., Klepser, H.-H. & R. Petermann (1977): Das Naturschutzgebiet „Langenauer Ried". Ein Beitrag zur Landschaftsentwicklung in Niedermoorgebieten. Veröff. Naturschutz Landschaftspflege Bad.-Württ. 46: 189-240.

Göttlich, K. (1979): Moorkarte von Baden-Württemberg 1:50.000. Erläuterungen zum Blatt Günzburg L 7526. Landesvermessungsamt Baden-Württemberg, Stuttgart.

Haber, W., Jürging, P. & F. Jung (1983/93): Günzburger Donauried - Landschaftsökologische Rahmenuntersuchung. Schriftenreihe bayer. Sand- und Kiesindustrie 6: 1-73.

Hölzinger, J. & M. Mickley [Hrsg.] (1974): Existenzbedrohte Landschaften: Donaumoos und Auwälder zwischen Ulm und Dillingen. Umweltschutz in Baden-Württemberg 3, Oberelchingen.

Kraft, K. (1993): Die Kunstdenkmäler von Schwaben. Landkreis Günzburg 1 - Stadt Günzburg. Oldenbourg, München: 636 S.

Mäck, U. (1995): Kraniche Grus grus im Schwäbischen Donaumoos. Ornith. Jahresh. Bad.-Württ. 11: 219 - 224.

Mäck, U. (1999): Regionale Konzepte für Landschaften: Schwäbisches Donaumoos. [Hrsg. Konold, W., Böcker R. & U. Hampicke] Handbuch Naturschutz und Landschaftspflege. Ecomed, Landsberg X-2.2: 1-16.

Mäck, U., Anka, K., Beissmann, W., Böck, H. & K. Schilhansl (2002): Zur Vogelwelt im Schwäbischen Donaumoos. Öko. Vögel 24: 247-300.

Mäck, U. & H. Ehrhardt (Hrsg.) (1995): Das Schwäbische Donaumoos und die Auwälder zwischen Weißingen und Gundelfingen. B. Settele-Verlag, Augsburg.

Müller, H. (1985/86): Wiederansiedlung des Wiesenpiepers (Anthus pratensis) im Langenauer Donaumoos im Jahr 1985. Jahresber. 1985/86 Arbeitsgem. Donaumoos, Langenau: 29-30.

Ortlieb, S. (1997): Heimatbuch Riedheim. Selbstverlag, Riedheim: 118 S.

Schilhansl, K. (1983/84): Vogelkundliche Beobachtungen 1983 und 1984 im Donaumoos zwischen Langenau und Gundelfingen. Jahresber. 1983/84 der Arbeitsgemeinschaft Donaumoos e.V. Langenau: 29-30.

Schilhansl, K. (1989): Vogelkundliche Beobachtungen 1988 und 1989 im Donaumoos zwischen Langenau und Gundelfingen. Jahresber. 1989 der Arbeitsgemeinschaft Donaumoos e.V. Langenau: 29-30.

Schloz, G. (1979): Geologische Gegebenheiten und Moorbildung. Göttlich, K.: Moorkarte von Baden-Württemberg 1:50.000. Erläuterungen zum Blatt Günzburg L 7526. Landesvermessungsamt Baden-Württemberg, Stuttgart: 6 - 11.

Steiner, H. (1982): Das Leben im Moor erhalten. Ein Einblick in Aufgaben und Anliegen der Arbeitsgemeinschaft Schwäbisches Donaumoos e.V., Ulmer Forum 63: 17-24.

Zweckverband Landeswasserversorgung (1997): Das württembergische Donauried: 178 S.

Kapitel 5: FELDFLUR

Wacholderheiden und Magerrasen
Hermann Muhle

Beinlich, B. & H. Plachter [Hrsg.] (1995): Ein Naturschutzkonzept für die Kalkmagerrasen der Mittleren Schwäbischen Alb (Baden-Württemberg): Schutz, Nutzung und Entwicklung. Beihefte Veröffentlichungen Naturschutz und Landschaftspflege Baden-Württemberg 83: 1-520, Karlsruhe.

Briemle, G., Eichhoff D. & R. Wolf (1991): Mindestpflege und Mindestnutzung unterschiedlicher Grünlandtypen aus landschaftsökologischer und landeskultureller Sicht. Beihefte Veröffentlichungen Naturschutz und Landschaftspflege Baden-Württemberg 60: 1-160, Karlsruhe.

Döler, H.-P. & C. Haag (2001): Magerrasen.
Biotope in Baden-Württemberg 4: 1-32, Karlsruhe.

Duffy, E., Morris, M.G., Sheail, J., Lena, K., Ward, D.A. & T.C.E. Wells (1974): Grassland Ecology and Wildlife Management. Chapman, London: 281 S.

Ellenberg, H. (1954): Steppenheide und Waldweide - Ein vegetationskundlicher Beitrag zur Siedlungs- und Landschaftsgeschichte. Erdkunde 8: 188-194.

Götz, V. (1979): Pflege von Wacholderheiden auf der Münsinger Alb. Mitteilungen des Vereins für Forstliche Standortskunde und Pflanzenzüchtung 27: 49-54.

Kratschwil, A. & A. Schwabe (1984): Trockenstandorte und ihre Lebensgemeinschaften in Mitteleuropa - ausgewählte Beispiele. Ökologie und ihre biologischen Grundlagen 6: 1-84, Univ. Tübingen.

Obergföll, F.-J. & H.-G. Vresky (1998): Kooperative Landnutzungsstrategien am Beispiel des Alb-Donau-Kreises. Regierungsbezirk Tübingen. Landinfo 2: 11-13.

Schumacher, M. (1998): Vegetationskundliche Untersuchungen an Trockenrasen des Lonetales. Diplomarbeit Univ. Ulm: 1-149.

Tränkle, U. (1993): Vegetationskundliche Untersuchungen unterschiedlich genutzter Halbtrockenrasen unter Berücksichtigung ihrer historischen Entwicklung. Berichte des Instituts für Landschafts- und Pflanzenökologie Univ. Hohenheim 2: 269-280.

Die Sotzenhausener Heide – eine artenreiche Wacholderheide
Erich Lauffer

Baur, Th. E. (1905): Die Flora von Blaubeuren. Blaubeuren.

Dreher, H. (1964): Die Flora von Blaubeuren. Stuttgart, Bl. d. SAV, Nr. 3

Gmelin, J. F.: Enumeratio stirpium agro tubingensi indigenarum. Tübingen.

Gradmann, R. (1900): Das Pflanzenleben der Schwäbischen Alb. Band I und II.

Hummel, H. (1992): Heimatbuch 900 Jahre Gerhausen-Blaubeuren.

Lauffer, E.: Tieren und Pflanzen in Gerhausen.

Leopold, J. D. (1772): Florae Ulmensis. Ulm 1728.

Memminger von, (1830): Oberamtsbeschreibung Stuttgart-Blaubeuren.Tübingen.

Müller, K. (1955/57): Ulmer Flora. - Mitteilungen des Vereins für Naturwissenschaft und Mathematik, H. 25, Ulm.

Rauneker, H. (1984): Ulmer Flora. - Mitteilungen des Vereins für Naturwissenschaft und Mathematik, H. 33, Ulm.

Scheer, G. (1950): Die Pflanzenwelt um Blaubeuren. Imhof, E. - Blaubeurer Heimatbuch – Blaubeuren.

Schübelin, E. (1900): Illustrierter Führer durch Blaubeuren und Umgebung. Blaubeuren.

Die Orchideen der Gemarkung Allmendingen im Jahreslauf
Michael Rieger

Danesch, O.: Die wild wachsenden Orchideen Mitteleuropas sicher bestimmen - Orchideen Kompass. Verlag Gräfe und Unzer.

Raunecker, Hugo (1984): Ulmer Flora. Mitteilungen des Vereins für Naturwissenschaft und Mathematik, Ulm/Donau 33.

Streuobstwiesen
Karl-Heinz Glöggler

Gussmann, K. (1896): Zur Geschichte des württembergischen Obstbaus (Festschrift). [Hrsg. Württembergischer Obstbauverein], W. Kohlhammer, Stuttgart.

Lucke, R., Silbereisen, R. & E. Herzberger (1992): Obstbäume in der Landschaft. E. Ulmer, Stuttgart.

Obst und Gartenbauverein Laichingen (1987): Festschrift zum 100jährigen Vereinsjubiläum. Laichingen.

Weller, F., Eberhard, K., Flinspach H.-M. & W. Hoyler (1986): Untersuchungen über die Möglichkeiten zur Erhaltung des Landschaftsprägenden Streuobstbaus in Baden-Württemberg. [Hrsg. Ministerium für Ernährung, Landwirtschaft, Umwelt und Forsten Baden-Württemberg], Stuttgart.

Hohlwege
Udo Herkommer

Wolf, R. & D. Hassler [Hrsg.] (1993): Hohlwege – Entstehung, Geschichte und Ökologie der Hohlwege im westlichen Kraichgau. Beiheft Veröffentlichungen Naturschutz und Landschaftspflege Bad.-Württ. 72, LfU Karlsruhe: 416 S.

Kapitel 6: WÄLDER

Wald zwischen Alb–Donau–Iller
Rudi Lemm / Josef Stauber

Hornstein von, F. (1951): Wald und Mensch – Waldgeschichte des Alpenvorlandes. Otto Maier Verlag, Ravensburg: 282 S.

Kremer, B. P. (1990): Naturspaziergang Wald – Beobachten-Erleben-Verstehen. Kosmos-Naturführer, Franckh., Stuttgart: 128 S.

Kapitel 7: BÄUME

Geschichte und Mythologie
Hans-Peter Seitz

▓ Blamires, S. (2001): Baummagie – Celtic Tree mysteries.
Weltbild Augsburg: 272 S.

▓ Buff, W. (1986): Bäume im Bild – Leben und Schönheit unserer Bäume.
Wissenschaftliche Verlagsgesellschaft Stuttgart: 128 S.

▓ Laudert, D.: Mythos Baum. BLV Verlagsgesellschaft mbH, München.

▓ Hesse, H.: Bäume – Betrachtungen und Gedichte. Insel Taschenbuch 455.
Frankfurt, 1984: 144 S.

▓ Koch, A. (2001): Tipps zur Eingrünung landwirtschaftlicher Bauwerke –
Broschüre des Landratsamt Alb-Donau-Kreis: 20 S.

▓ Kremer, B. P. (1996): Steinbachs Naturführer Bäume.
Mosaik Verlag München: 288 S.

▓ Kühn, S., Ullrich, B. & U. Kühn (2002): Deutschlands alte Bäume.
BLV Verlagsgesellschaft mbH, München: 159 S.

▓ Lewington, A. & E. Parker (1999): Alte Bäume –
Naturdenkmäler aus aller Welt. Bechtermünz: 192 S.

▓ Schaffer, U. (2002): Verwurzelt wie ein Baum oder wachsen ins Leben.
Herder spektrum Band 5184, Freiburg: 125 S.

Dorfbäume und Grenzbäume
Walter Hohneker

▓ Gemeinde Heroldstatt: Fleckenrodel.
Gemeindebuch von Sontheim aus dem Jahre 1590.

Bäume der Feldflur
Karl-Heinz Glöggler / Albert Koch

▓ Kühn, S., Ullrich, B. & U. Kühn (2002): Deutschlands alte Bäume -
Schinderwasenbuche bei Suppingen: 117., BLV Verlagsgesellschaft mbH,
München.

Bäume an religiösen Kleindenkmalen
Albert Koch

▓ Kapff, D. & R. Wolf (2000): Steinkreuze, Grenzsteine, Wegweiser: 175 S., Stuttgart.

▓ Kneer, K. & S. Mall. Ehingen/Donau: 59 S.

Alleen
Hans Jürgen Heliosch

▓ Brockhaus Enzyklopädie (1928): »Allee«. Leipzig.

▓ Bundesministerium für Verkehr [Hrsg.]: Merkblatt Alleen. MA-StB 92.

▓ Fröhlich, Hans-Joachim (1996): Zauber der Alleen. Frankfurt am Main.

▓ Schomann, Stefan: Alleen. Sonntag Aktuell - Südwest Presse, vom 7. Juli 2002.

▓ Schwäbische Zeitung: Zeit & Welt, vom 17. April 1993.

Historische Garten- und Parkanlagen –
welt- und kirchliche Kleinode
Hans-Peter Seitz

▓ Deutscher Heimatbund (1992): Erfassung der historischen
Gärten und Parks in der Bundesrepublik Deutschland.

▓ Henne, A. (1987): Klosteranlage Obermarchtal.
Diplomarbeit der Fachhochschule Nürtingen.

▓ Müller, M., Reinhardt, R. & W. Schöntag [Hrsg.] (1992): Marchtal –
Festgabe zum 300jährigen Bestehen der Stiftskirche St. Peter und Paul.
Süddeutsche Verlagsgesellschaft Ulm: 480 S.

▓ Scheffold, M. (1927): Kloster Obermarchtal. Deutsche Kunstführer Bd. 6,
Verlag Benno Filser Augsburg: 40 S.

Baumpflege - unvergessene Bäume
Hans-Peter Seitz

▓ Drolshagen, V. & K. Hoffmann (1997): Die Sprache der Bäume –
Neue Erkenntnisse in der Baumpflegepraxis. Mosaik Verlag München: 111 S.

▓ Königlich württembergische Forstdirektion (1911): Schwäbisches Baumbuch.
Stuttgart.

▓ Mattheck, C. (1999): STUPSI erklärt den Baum. Ein Igel lehrt die
Körpersprache der Bäume. Forschungszentrum Karlsruhe GmbH: 115 S.

▓ Meyer, F. H. (1982): Bäume in der Stadt. Ulmer Fachbuch für
Landschafts- und Grünplanung. Stuttgart: 380 S.

Grafik- und Bildnachweise

Grafiken

ADK:	41, 73, 109, 111
Bronner:	51
Tränkle/ISTE:	59

Bilder

A

Alb-Donau-Kreis
- (Archiv): 35, 46(2), 78, 79, 80, 82, 85, 86, 87(2), 143, 149, 220, 229, Umschlag
- (Frank, Jochen): 15, 29, 40, 42(2), 45(4)
- (Glöggler, Karl-Heinz): 148, 149, 200, 201, 202, 203(2), 204, 205
- (Hohneker, Walter): 193(3), 195, 196, 197, 198, 199
- (Kiefer, Johannes): 141, 174, 175, 215
- (Koch, Albert): 11, 13, 14, 15, 69, 117, 148, 180, 181, 182, 183, 184, 185(3), 186(2), 187(2), 188, 189, 190, 191, 206, 207(2), 209, 210, 211(2), 217, Umschlag
- (Seitz, Hans-Peter): 56, 57, 64, 67, 81, 100, 165, 215, 222, 227

B

Banzhaf, Peter: 100, 107
BNL-Tübingen
- (Archiv): 80
- (Grohe, Manfred): 65, 105, 113, 114, 118, 120
- (Klepser, Hans-Helmut): 71, 79, 81, 101, 106, 115, 119, 121, 130, 132, 230
Bräunicke, Michael: 163, 164

F

Fischer, Christian: 38, 43
Frank, Helmut: 41, 50
Frank, Richard: 40, 41, 44(2)

G

Gemeinde Gerstetten: 26
Grohe, Manfred: 17, 21, 22, 23, 25

H

Heliosch, Hans-Jürgen: 213, 216(2), 217, 223, 225, 226
Hemera: 147
Herkommer, Udo: 138, 139, 140, 141, 142(3), 144(2), 145(3), 146, 151, 152
Herrmann, Günter: 54
Höhlenverein Laichingen: 48(3), 49(2)
Hüttenmoser, Eugene: 64

I

Institut für Ur- und Frühgeschichte der Universität Tübingen (Jensen, Hilde): 30, 33

J

Jantschke, Herbert: 45

K

Kiefer, Johannes: 123, 126, 147, 219
Klepser, Hans-Helmut: 72, 74, 75, 78, 88, 116
Klein, Walter: 54
Koch, Albert: 13, 15, 16, 148, 171, 191, 212, Umschlag

L

Landesmedienzentrum BW: 37, 192, 234
Lauffer, Erich: 121, 129, 131(3), 132(3), 134, 168
Lemm, Rudi: 158, 161
LfU-Karlsruhe: 64

M

Maier, Gerhard: 84(5), 89, 90(2), 91, 92(2), 93, 96(2), 97(4), 98, Umschlag
Mäck, Ulrich: 61, 68(2), 77, 105, 108(2), 109, 110, 111, 112(2), Umschlag
Muhle, Hermann: 53(3), 57(2), 58, 125, 126(4), 127(3), 128, 137

N

Niedziolka, Kurt: 26

R

Rieger, Michael: 59, 133, 134(4), 135, 136(2)
Rieger, Walter: 232(2)
Rockenbauch, Dieter: 54
Rosendahl, Winfried: 39

S

Schmied, Richard: 136
Seitz, Hans-Peter: 12, 14(2), 16(2), 27, 34, 52, 55, 56, 57, 61, 66, 67, 85, 95, 99, 116, 122, 142, 150, 155, 156(2), 157, 159, 160, 163, 166(2), 167, 169, 170, 174, 175(2), 176(3), 177(2), 178(2), 179, 194, 195, 208, 210, 212, 218, 221, 225, 226, 228, 233, Titelfoto
Sibbert, Hans: 39, 47
Siehler, Willi: 26, 31, 53, 125, 153, Umschlag
Sprissler, Rita: 99
Staatl. Museum für Naturkunde Stuttgart
- (Haehl, Hanns E.): 28
- (Lumpe, Hans): 28
Stadtarchiv Laichingen: 94
Stadtarchiv Munderkingen: 194
Stauber, Josef: 133, 135

T

Tränkle, Ulrich: 60(2), 62(2), 63
Trautner, Jürgen: 162

U

Ulmer Museum (Stephan, Thomas): 44

W

Württembergisches Landesmuseum Stuttgart (Frankenstein/Zwietasch): 32

Die Autoren

Dr. Herbert Birkenfeld
- Jahrgang 1947 Dr. rer. nat. der Geowissenschaften, Oberstudiendirektor am Robert-Bosch-Gymnasium Langenau.

Richard Frank
- Jahrgang 1961 Vermessungsingenieur beim Amt für Flurneuordnung und Landentwicklung in Ehingen, Höhlenforscher, Katasterführer des Höhlenkatasters Schwäbische Alb.

Karl-Heinz Glöggler
- Jahrgang 1956 Dipl. Ing. (FH) Landespflege Kreisfachberater für Gartenbau und Landespflege an der unteren Naturschutzbehörde beim Landratsamt Alb-Donau-Kreis.

Winfried Hanold
- Jahrgang 1950 Lehramtsstudium in Chemie und Biologie, Realschullehrer.

Hans-Jürgen Heliosch
- Jahrgang 1949 Lehrer an der VHWRS Langenau und Naturschutzbeauftragter des Alb-Donau-Kreises seit 1992.

Udo Herkommer
- Jahrgang 1957 Diplom Biologe, Büro für Landschaftsplanung und Ökologie in Neu-Ulm.

Walter Hohneker
- Jahrgang 1960 Dipl.-Ing.(FH) Landespflege, Naturschutzfachkraft an der unteren Naturschutzbehörde beim Landratsamt Alb-Donau-Kreis.

Dr. Hans-Helmut Klepser
- Jahrgang 1949 Dr. rer. nat. für angewandte Ökologie, Gewässerökologe des Regierungspräsidiums Tübingen.

Albert Koch
- Jahrgang 1952 Dipl.-Ing.(FH) Landespflege, Naturschutzfachkraft an der unteren Naturschutzbehörde beim Landratsamt Alb-Donau-Kreis.

Erich Lauffer
- Jahrgang 1936 Gymnasiallehrer für Chemie, Geographie und Sport, Oberstudienrat i.R. und Naturschutzbeauftragter des Alb-Donau-Kreises von 1993 - 2004.

Rudi Lemm
- Jahrgang 1952 Diplom Forstwirt, Leiter des Staatlichen Forstamtes Ulm und Naturschutzbeauftragter des Alb-Donau-Kreises seit 1992.

Dr. Ulrich Mäck
- Jahrgang 1960 Diplom Biologe, Dr. rer. nat. der Biologie (Avifauna/Ornithologie), Geschäftsführer beim Landschaftspflegeverband „Arbeitsgemeinschaft Schwäbisches Donaumoos e.V." (ARGE Donaumoos) mit Sitz in Leipheim-Riedheim.

Dr. Gerhard Maier
- Jahrgang 1952 Dr. rer. nat. der Biologie (Gewässerökologie), APL-Professor für Limnologie an der Universität Ulm, Gewässerökologische Gutachten.

Dr. Hermann Muhle
- Jahrgang 1942 Studium der Biologie, Chemie und Geographie, Dr. Biologie/Ökologie (Flechten und Moose), Wissenschaftlicher Mitarbeiter in der Speziellen Botanik an der Universität Ulm und Naturschutzbeauftragter des Alb-Donau-Kreises seit 1994.

Dr. Kurt Niedziolka
- Jahrgang 1952 Dr. rer. nat. der Geologie, Selbständiger Umweltgeologe für Altlasten- und Baugrunduntersuchungen (Mitinhaber der M + N Geotechnik & Umweltberatung GmbH).

Michael Rieger
- Jahrgang 1942 Studiendirektor i.R. und Naturschutzbeauftragter des Alb-Donau-Kreises seit 1990.

Hans-Peter Seitz
- Jahrgang 1961 Diplom Agrarbiologe, Naturschutzfachkraft an der unteren Naturschutzbehörde beim Landratsamt Alb-Donau-Kreis.

Siegfried Schenk
- Jahrgang 1939 Leiter des Staatlichen Forstamtes Blaubeuren bis August 2004 und Naturschutzbeauftragter des Alb-Donau-Kreises von 1978 - 2003.

Josef Stauber
- Jahrgang 1946 Büroleiter beim Staatlichen Forstamt Ehingen und Naturschutzbeauftragter des Alb-Donau-Kreises seit 1996.

Dr. Ulrich Tränkle
- Jahrgang 1958 Diplom Biologe, Dr. rer. nat. der Biologie (Renaturierung von Steinbrüchen) Selbständige Tätigkeit in der Landschaftsplanung und im Naturschutzmanagement.

Alb und Donau – Kunst und Kultur

Herausgegeben von Wolfgang Schürle

(Fehlende Nummern sind vergriffen)

5   Joachim Hahn, Eiszeitschmuck auf der Schwäbischen Alb, 1992. ISBN 3-88-294-180-4

8   Sebastian Sailer, Das Jubilierende Marchtall, 1771
(Neudruck in Zusammenarbeit mit der Deutschen Schillergesellschaft), 1995. ISBN 3-87437-370-3

10   Hans Gassebner, Werkverzeichnis, Zeichnungen und Druckgraphik mit einer Briefdokumentation, 1995. ISBN 3-88-294-223-1

13   Sebastian Sailer, Karfreitagsoratorien. Geistliche Schaubühne des Leidens Jesu Christi, in gesungenen Oratorien aufgeführt,
Augsburg 1774. Neudruck 1997.ISBN 3-87437-394-0

14   Susanne Clarke und Sigrid Haas-Campen, Führer zu archäologischen Denkmälern in Deutschland.
Ulm und der Alb-Donau-Kreis, 1997. ISBN 3-8062-1219-8

18   Herbert Hummel u.a., Die Revolution 1848/49. Wurzeln der Demokratie im Raum Ulm, 1998. ISBN 3-88294-270-3

21   Wolfgang Manecke und Johannes Mayr, Historische Orgeln in Ulm und Oberschwaben,
Pfeifenorgeln im Alb-Donau-Kreis, in Ulm, Hayingen und Zwiefalten, 1999. ISBN 3-88294-268-1

22   Sebastian Sailer, Schriften im schwäbischen Dialekte, 1819
(in Zusammenarbeit mit der Deutschen Schillergesellschaft), 2000. ISBN 3-87437-437-8

23   Immo Eberl und Jörg Martin, Urkunden aus Blaubeuren und Schelklingen.
Regesten aus den Stadtarchiven Blaubeuren und Schelklingen sowie dem Pfarrarchiv Schelklingen, 2000. ISBN 3-9806664-2-5

27   Jakob Bidermann, Himmelglöcklein. Das ist: Catholische auserlesene Gesäng auf alle Zeit des Jahrs
(Neudruck der dritten Ausgabe 1627), 2000. ISBN 3-87437-447-5

29   Michael Braig, Wiblingen. Kurze Geschichte der ehemaligen vorderösterreichischen Benediktinerabtei in Schwaben.
Neudruck der Originalausgabe Isny, bei Joseph Rauch, 1834. Mit einer biographischen Skizze über
Michael Braig von Stefan J. Dietrich, 2001. ISBN 3-87437-250-2

28   Nicholas J. Conard und Hansjürgen Müller-Beck u.a., Eiszeitkunst im süddeutsch-schweitzerischen Jura.
Anfänge der Kunst, 2001. ISBN 3-8062-1674-6

30   Lina Benz u.a., Bausteine zur Geschichte 1 – Kleinode aus vier Jahrhunderten, 2002. ISBN 3-9806664-5-X

31   Anna Moraht-Fromm und Wolfgang Schürle, Kloster Blaubeuren. Der Chor und sein Hochaltar, 2002. ISBN 3-9806664-6-8

32   Johannes May, Die Bibliothek des Benediktinerklosters Wiblingen, 2002. ISBN 3-9806664-7-6

33   Herbert Birkenfeld und Wolf-Dieter Hepach, Bewegte Jahre. Gesellschaftlicher Wandel im Alb-Donau-Kreis seit 1945.
Eine Sozialgeschichte, 2002. ISBN 3-9806664-8-4

35   Nicola Assmann u.a., Bausteine zur Geschichte 2, 2003. ISBN 3-9808725-2-1

37   Meister Hartmanns Dornstadter Altar, Zwischen Hütte und Zunft, 2003. ISBN 3-9808725-4-8

38   Markus Hörsch, Sankt Afra in Schelklingen. Die Wandmalereien, 2004. ISBN 3-9808725-5-6

39   Brigitte Kühn,Uli Pohl. Werkverzeichnis 1955-2000, 2004. ISBN 3-9806664-9-2

40   Anna Moraht-Fromm, Zweimal hingeschaut. Die Altäre in Rißtissen und Ersingen.
Jakob Acker und Jörg Stocker, 2004. ISBN 3-9808725-6-4

41   Herbert Birkenfeld u.a., Schätze der Natur im Alb-Donau-Kreis und in Ulm, 2004. ISBN 3-9808725-7-2